页岩油气资源评价

[美] Jean-Yves Chatellier　　Daniel M. Jarvie　编

崔龙涛　张倩萍　马　栋　李克果　译

石 油 工 业 出 版 社

内 容 提 要

本书包含 10 篇有关页岩评价的文章，从地球化学、地质学、盆地分析、成岩作用、地球物理学、地质力学和工程学等方面，评价了北美和欧洲的页岩油气资源。

本书可供从事页岩油气资源研究的科研人员及相关院校师生参考。

图书在版编目（CIP）数据

页岩油气资源评价／（美）让-伊夫·查特里尔
（Jean-Yves Chatellier），（美）丹尼尔·M. 贾维
（Daniel M. Jarvie）著；崔龙涛等译 . — 北京：石油
工业出版社，2019.6
书名原文：Critical Assessment of Shale
Resource Plays
ISBN 978-7-5183-3132-1

Ⅰ . ①页… Ⅱ.①让… ②丹… ③崔… Ⅲ. ①油页岩
资源-油气资源评价 Ⅳ. ①TE155

中国版本图书馆 CIP 数据核字（2019）第 044718 号

Translation from the English language edition："Critical Assessment of
Shale Resource Plays" edited by Jean-Yves Chatellier and Daniel M.
Jarvie, ISBN：978-0-89181-904-2
Copyright © 2013
By the American Association of Petroleum Geologists
All Rights Reserved
本书经 American Association of Petroleum Geologists 授权石油工业出
版社有限公司翻译出版。版权所有，侵权必究。

出版发行：石油工业出版社
　　　　　（北京安定门外安华里 2 区 1 号　 100011）
　　　　　网　　址：www. petropub. com
　　　　　编辑部：（010）64523544
　　　　　图书营销中心：（010）64523633
经　　销：全国新华书店
印　　刷：北京中石油彩色印刷有限责任公司

2019 年 6 月第 1 版　 2019 年 6 月第 1 次印刷
787×1092 毫米　 开本：1/16　 印张：13
字数：320 千字

定价：120. 00 元
（如发现印装质量问题，我社图书营销中心负责调换）

前　　言

　　AAPG、SEG、SPE、SWPLA 于 2010 年 12 月 10—15 日在得克萨斯州奥斯汀联合举办 Hedberg 研讨会——页岩油气资源评价，会议目的是为大家提供一个平台，以便公开讨论当前成果、研究进展，以及为该领域将来如何发展提供一个研究方向。跨专业领域之间的交织旨在促进互动，以便学者之间更好地沟通交流。这些领域涉及地质学、岩石物理学、地球化学、地球物理学，以及钻井、生产业务等。

　　组委会由 11 位多个组织及不同专业领域的专家、代表组成，他们共同发起了本次会议并邀请相关工业界和学术界同行参加。为让参会者及组委会成员更好地融入此次会议，所有人都必须提交一份摘要，汇报或展板均可，独著或合作均可，以便大家更好地参与现场互动，让所有出席者都是参与者而不是与会者。

　　Core Laboratories 公司为参会者提供了 4 套岩心以便观察讨论，分别取自 Barnett、Eagle Ford、Haynesville 和 Marcellus 页岩。IRS 主席 Randy Miller 为与会者介绍了不同页岩区域的地质背景以及主要特征、差异。

　　会议最后，由 Art Donovan 和 BP 公司同事带领参会者去 Eagle Ford 页岩（Boquillas 页岩）观察露头以及得克萨斯州 Val Verde 和 Terrell 县的公路断面。BP（英国石油）公司安排参观了他们租赁的私人地产，并且提供了一本阐述此次野外露头地层情况的特别指南。大约有 30 人参加了这条非常受欢迎的实地考察路线，为此次页岩油气资源评价的会议画上了一个圆满的句号。

　　由于页岩含油气系统有相当多的跨学科互动，因此进行如下分类：（1）地质学，其子类有①案例研究、②层序地层学、③裂缝和岩石力学、④沉积学和⑤岩石学；（2）地球化学；（3）地震；（4）油藏工程。

一、地质学

　　会议以地质学为主题拉开了帷幕。Mike Miller 在会上首先发言，其主题是页岩评价的分析方法和相关技术，介绍了从不同实验室和不同技术得出的多种结果，并分析了垂向井数据应用到水平井时的多种影响因素。

1. 案例研究

1）Haynesville—Bossier 页岩气区带

Younes 等介绍了 Haynesville—Bossier 组的页岩油气资源，评价了目前看来最有前景的完井层位。其沉积演化模型能够很好地解释 TOC（总有机碳）、岩石性质以及断裂的发育。Henk 等在展板中演示了在 Haynesville 页岩中建立的地层格架。通过对比与水体深度相关的岩性地层学，识别出了三个主要的准层序，认为在整个 Haynesville 地区，从北往南储层物性逐渐变好。

2）Gothic 页岩气区带

Moreland 和 Brocha 介绍了 Paradox 盆地科罗拉多西部 Gothic 页岩的主要特征和研究结

论，其中该区域的热成熟度已达到生气窗口。预测天然气地质储量（GIP）共计 $73 \times 10^{12} ft^3$。由于油田增产措施，形成的盐会导致大量回流及一系列储层问题。而淡水滴灌系统则有效解决了盐堵塞的问题。

3）Bakken 页岩气区带

Williams 等介绍了北达科他州 Williston 盆地 Sanish 和 Parshall 油田 Bakken 页岩气资源勘探开发中的科技成果。研究认为，气田的最终采出程度（EUR）很大程度上取决于三个因素：（1）岩石骨架的体积；（2）水平井的长度；（3）次生断裂均匀分布的地区。通过使用高功率井下电泵或在衬管中使用橡胶衬管散热，钻井成本大幅度降低。通过使用顶部驱动侧铰孔技术（Top Drive to Ream Lateral），钻井时间从 50d 减少到 21d。

关于 Bakken 页岩气资源，Hill 等认为 Bakken 组中段是物性较差的常规储层，并非之前认为的非常规储层。证据如下：Parshall 油田的石油从成熟度更高的 Bakken 页岩运移到 Bakken 组中段的地层圈闭里。

Holubynak 等以 Bakken 页岩气资源为例，介绍了适合气井酸化的储层特征以及气井增产措施。目前 Bakken 页岩是有利的烃源岩，原因推测是各种化学相互作用的结果，具体原因仍在研究中。

Schoell 等提出利用 Bakken 页岩中气体同位素特性来预测烃源岩特征，如氢指数、气油比（GOR）。乙烷碳同位素与氢指数（HI）有很高的相关性。高成熟度原油中的溶解气成熟度较低，表明低成熟度气体通过裂缝驱替进入 Bakken 页岩。

4）Marcellus 页岩气区带

Zagorski 等介绍了 Appalachian 盆地的 Marcellus 页岩，认为总有机碳、有机质孔隙度、热成熟度、矿物组分和超压是影响 Marcellus 页岩两个主力产区的关键因素。他们用 "Phosphatic Rollover"（磷酸盐倒转）定义如下现象：伽马测井曲线的响应高于测量的 TOC 值。他们推测，还有一部分油气储量可能来自干酪根衍生的有机酸溶解的碳酸盐岩，尤其在碳含量丰富的夹层特别重要。

Randy Blood 介绍了 Marcellus 页岩的层序地层研究对水平井着陆段决策的影响。他介绍了两个三级海侵—海退旋回（即 T—R 旋回）的序列，其中海侵旋回中有机质含量及石英质含量较高，而海退旋回中有机质含量降低。

Scotchman 等介绍了一个 Marcellus 页岩盆地范围的沉积模型，该模型充分参考了成岩作用和成熟作用模型，类似于 Kimmeridge Clay 组的沉积相研究。利用测井资料和岩心数据，表征了 Marcellus 组上、下段底部的页岩段。

Laughrey 等介绍了 Marcellus 页岩中石油（天然气）保存的上限，并强调了扫描电子显微镜（SEM）对岩石样品成像的重要性。以甲烷的稳定性为例，研究了石墨化、石英胶结、转化反应等作用的影响，可能会导致乙烷碳同位素倒转，以及高成熟度岩石（$R_o > 3.0\%$）中的含水饱和度较高。

Boyce 等讨论了沉积作用对有机质丰度的控制作用，采用多种测井方法来确定 Marcellus 页岩的岩性地层边界。研究结果表明，页岩的厚度与 Marcellus 页岩下伏的古构造和古地形相关性很大。

5）Eagle Ford 页岩含油气区带

Cherry 认为 Eagle Ford 页岩（EFS）是一种非常典型的非常规含油气体系，包含有机质丰富的 II 型干酪根，碳酸盐含量高，热成熟度达到可生成石油、干气的窗口。生产状况较好的油井，其地层压力一直保持在较高水平。此外，Eagle Ford 页岩在垂直和水平方向上存在较强的非均质性，如果在水平井的各个阶段使用不同的完井工艺，则可以最大限度地提高产量。保持较高的产量递减速率可能会使初始产量（IP）更高，但生产井显示裂缝的导电性因此下降。相反，较低的产量递减速率可能会使初始产量更低，递减率也会降低，但最终采收率（EUR）会较高。

Edman 和 Pitman 展示了 Eagle Ford 页岩中石油多种组分存在的证据。分析原因可能是热应力的快速变化以及不同有机相包括高硫有机相的存在。

6）Woodford 页岩含油气区带

Cardott 介绍了俄克拉何马州的多种成藏体系类型：生物成因和热成因气体、凝析油，并通过镜质组反射率可区分油品的类型。讨论了不同成藏体系的特征。

Fishman 等根据 Woodford 页岩渗透性的不同，将其划分为两种不同的岩相：硅质岩和泥岩。

7）Baxter 页岩气区带

Mauro 等描述了美国科罗拉多州西北部和怀俄明州南部的 Vermillion 盆地上白垩统 Baxter 页岩成藏体系，镜质组反射率在 1.8%~2.0% 之间，TOC 的平均值为 1.61%，孔隙度平均值为 5.37%，渗透率为 9~34nD。

8）其他页岩含油气区带

Elliott 等介绍了 Cooper 盆地的湖相页岩。提出的问题是，"湖相含剩余油的体系中，是否应该用同一个标准来定义有利储层？"

Jay 介绍了 San Joaquin 盆地的含油气系统，其中始新统 Kreyenhagen 组发育不同成因的裂缝类型（构造作用、成岩作用）以及不同的渗透率。Peters 等模拟了加利福尼亚州 San Joaquin 盆地 Monterey 页岩的成岩改造作用，介绍了一种识别地层圈闭的方法。

Faqira 等介绍了位于沙特阿拉伯西北部的 Silurian Qusaiba 页岩气藏。该页岩厚度为 250m±1000m，富含有机质，烃源岩类型为 II 型干酪根，最新的研究表明，该页岩含气的可能性较大。

Hicks 提供了在加拿大西部沉积盆地 Second White Specks（SWS）页岩的相关参数。他认为，由于该含油气系统中的热成熟度较低，生物气、页岩油、凝析油和一定规模页岩气存在发育潜力。据统计，在加拿大阿尔伯达省南部 Colorado 组中蕴藏有数以万亿立方英尺的生物气，已经生产了超过 100 年。Pederson 等研究认为，由于不把水作为二氧化碳还原至甲烷的氧气来源，生物气的体积可能会被大大低估。Cokar 等认为，由于物质守恒原理，生产井开采过程中会产生大量的生物气。研究表明，30% 的天然气地质储量（GIP）可能来自：（1）干酪根或黏土释放的气体；（2）通过纳米孔扩散而来的气体；（3）产生的生物气。

Li 等认为中国四川盆地上奥陶统和下志留统页岩具有较大的页岩气发育潜力。上奥陶统五峰组发育硅质页岩，而最下部的志留系龙马溪组发育笔石页岩，TOC 含量为 3%，热成熟度从 2.3% 到 3.4% 不等。

Van Bergen 等介绍了荷兰的 TNO 在线数据库。该数据库包含欧洲大部分页岩地层的信息。Van Grass 等介绍了如何在全球范围内寻找页岩油气藏数据。研究认为基本的地球化学数据（如 TOC、岩石热解数据）通常都是容易获取的，而储层的相关参数以及可压裂性质却较难得到，因为页岩通常不被认为是储集岩。

2. 案例研究回顾

Dan Steward 探讨了其思考的过程和开采技术的变化，这些进展对 Barnett 组等其他页岩的开发是至关重要的。这些页岩含油气区带的成功开发都离不开石油工作者的辛勤付出。为了实现相关技术的创新，一般有一个最初的想法，并对想法进行了大量的尝试和不断的错误测试并最终得以实现，而不是为评估风险而推行大量的理论研究。他认为综合性的团队在技术革新中起到非常重要的作用。

3. 泥岩系统

Macquaker 通过实例研究认为，目前的泥岩沉积模型过于单一。由于生物扰动中断的有机矿物聚集现象表明，有机质是在短时间内发育的，而不是像降雨一样持续发育。此外，小型底栖生物的存在证明当时沉积环境并不总是缺氧条件。

Scheiber 曾对页岩沉积进行了研究和报告，他认为泥岩能指示高能量环境的水流搬运。他还发现，表面的泥岩侵蚀产生了透镜状的构造，以及层状碳酸盐灰泥沉积来源于移动的悬浮碳酸盐灰泥。

Milliken 和 Day-Stirrat 介绍了在泥岩中形成胶结物的过程，其中关键问题是泥岩是如何发生固结的。最后提出了一个问题：胶结类型和分布是否影响气井的生产动态？

Kuila 和 Prasad 阐述了黏土对孔隙度、渗透率和孔径分布的影响。研究综合考虑了矿物学、黏土含量和压实作用，目的是为了更好地了解页岩含油气区带的物理性质。

Spaw 等提出了一种基于岩性的泥岩分类方案，该方案主要参考岩石的总体成分和薄片观察鉴定的显微结构。使用多种先进的分析技术来支持该项研究，包括 CT 扫描、X 射线衍射数据（XRD）和聚焦—离子光束扫描电子显微镜（FIB—SEM）。该泥岩分类方案可以测试对孔隙度、渗透性、脆性和增产措施的影响。

May 和 Anderson 提出了一种分析岩石结构与地层相关性的详细方法。结果表明，岩石组成和结构与地层层序变化息息相关，层序也影响着储层和力学性质。

Allix 等在报告中专门介绍了页岩相关术语。报告定义了页岩气、油页岩和含油性烃源岩（可生产石油的页岩）的概念。

4. 岩石物理学

Loucks 等总结了不同页岩气系统的多种孔隙类型。例如，Haynesville/Bossier 页岩气系统的孔隙类型主要是粒间孔隙，Pearsall 页岩的孔隙类型主要是粒内孔隙，Barnett 页岩的孔隙类型主要是生物骨架孔隙。孔隙的类型主要取决于矿物学、不同泥岩的纹理和结构。

Passey 等认为，有机质丰度受多种作用相互影响，总结为以下几种因素：（1）生物生产速率；（2）生物破坏或改变速率；（3）非有机质稀释的速率。

Sigal 和 Odusina 认为，通过核磁共振技术（NMR）可以计算游离气体和吸附气体的总量，以及生物骨架孔隙中气体的含量。Sigal 等还提出，在地层压力条件下，在固体塞中使用甲烷可以测量孔隙度、游离气以及吸附气的含量。

Curtis 等通过 SEM、FIB—SEM 和 TSEM（透射扫描电子显微镜）实验的证据表明，在微尺度上孔隙存在内部连通现象。由于缺少一致的孔隙类型，实验对象仅考虑了三种类型的孔隙：断裂状、层状硅酸盐以及有机类型的孔隙。

利用 BP 公司的有机相模式，Evenick 和 Mcclain 以矿物学资料的三元表达法对五种不同的有机相进行了评价。

Hammes 介绍了盆地地貌的影响，因为它影响了 Haynesville 和 Bossier 页岩含油气系统的性质。泥岩的沉积受到基底构造、碳酸盐岩台地和盐运动的影响。

Ver Hoeve 等介绍了一种基于测井资料的方法来识别盆地中的"甜点"，即具有足够的

TOC 值，热成熟度也足以产生气体。基于密度和中子孔隙度测井数据，建立了页岩的孔隙度—厚度图版，其中孔隙度的下限为 5%±6%，结果与 Eagle Ford、Haynesville 和 Marcellus 页岩含油气系统的最终采收率呈现较好的相关性。Bowker 和 Grace 以 Marcellus 页岩为例，介绍了根据伽马测井数据计算 TOC 值的方法并不理想；同时参考电阻率和密度测井数据使结果更加真实，以避免富含有机质的 Marcellus 页岩在天然气地质储量测算中过于乐观。Cluff 介绍了根据测井数据评价页岩 TOC 的多种方法，从最早的尝试用伽马和密度测井数据测算，到现今采用地球化学数据进行测算。在使用测井曲线测算页岩气资源 TOC 值的过程中碰到了一些新的问题，归根结底，还是为了计算不同基质和有机质中的天然气地质储量。

Breyer 等介绍了一种使用手持式密度计和微回弹锤来测算非封闭抗压强度和内部摩擦角的方法，以及在同样的尺度下，利用体积密度和声波测井测算脆性指数，并推导出一个可压裂指数，使用一种数值方法来评估压裂的潜在有效性。

Clennel 等介绍了泥岩储层表征的多种分析技术，包括 CT 扫描、NMR 和介电光谱学，意在探索岩石力学、化学和物理化学性质之间的关系，如易破裂性、流体识别和润湿性。

Diaz 等使用成像技术来评估碳氢化合物的体积、孔隙度、渗透率以及页岩的矿物组分和各向异性。

Hu 等利用毛细管运移实验等多种方法对泥岩渗透率和扩散系数进行了研究。

Ojala 和 Sonstebo 介绍了一种计算有效应力系数的实验方法，该方法综合考虑了孔隙压力和外部应力。Rozhko 根据流体饱和度、流体类型和盐度等参数的不同，可以推导页岩的强度，该方法可应用于井眼的稳定性和油田增产措施方面。

Islam 等介绍了塑性和扩张角等参数对于塑性页岩中的井眼稳定性起到至关重要的作用，但在脆性页岩中则可以忽略。

Rokosh 等针对加拿大阿尔伯达省的 Duvernay、Muskwa 和 Montney 页岩进行了评估，使用氦比重瓶法测量颗粒密度，该方法比 XRD 矿物法计算的结果低 $0.25\sim0.30$ g/cm^3。

5. 层序地层学

Ottmann 和 Bohacs 对 Fort Worth 盆地 Barnett 页岩从层序地层学方面进行评估，介绍了层序地层学引起的生产速率、底部能量和含氧量的变化，以及积累的速率和模式的变化，如该页岩系统的沉积是动态且变化的。

Hart 评价分析了可产气和不可产气的页岩单元，结果表明，富含浮游生物的沉积物主要在海侵体系域中，密集段产出气体较好。而低位体系域和高位体系域的页岩由于黏土矿物含量较高，存在一定韧性。由于页岩岩性和厚度的横向变化，高位体系域一般不适合钻水平井。

Slatt 和 Rodriguez 在多个北美的页岩气系统中重点阐述了二级和三级旋回中海侵体系域（TST）的环境。

6. 裂缝

Kieschnick 总结了几种压力及压力引起的裂缝。诱发裂缝的压力通常为水力、机械或孔隙压力。垂向或近于垂向的裂缝预示着由拉伸形成，并建议降低水平应力，这也是增产措施的首选位置。低角度剪切裂缝和剪切裂缝都证明了构造挤压的存在。

Gale 等研究认为，裂缝的相互作用可以导致裂缝在一定范围内延伸。这种现象的主控因素有差异应力、胶结强度和交叉角度。发育有天然裂缝的岩石强度是不发育裂缝的岩石的一半。

George 和 Deacon 介绍了一种应变公差指数，即裂缝强度除以刚度。应变公差指数意味着强度较高的岩石一般不会首先产生裂缝。研究还表明，水湿性、细粒的、低渗透的岩石在一定程度上容易吸收水分。Park 的报告显示，页岩的非均质性将会影响水力压裂的效果。

Cherry 和 Spies 论述了天然裂缝的存在致使 Eagle Ford 组生产情况更加复杂。Hawkins 以 Niobrara 和 Pierre 页岩为例，讨论了一种基于天然裂缝建立次生裂缝结构的方法。Engelder 讨论了与地下蓄水层、地下水有关的天然裂缝和钻井次生裂缝的延伸，露头裂缝的存在一定程度上与人工挖掘相关。Thompson 和 Holt 介绍了一种来自采矿工业的技术，该技术可以通过数值模拟刻画页岩固有的地球化学特征，包括次生裂缝的预测。

Mack 等研究了离散的天然裂缝结构以及微地震压裂成像的应力场模型，并预测了裂缝的导流能力和生产井的生产能力。

基于动态滑移概念，Clarkson 和 Ertekin 提出了一种页岩气基质流模型用以获取多机械流，并证明了滑移和脱附作用对气井产量预测的影响。

二、地球化学

Reed 等介绍了一种根据干酪根类型和热成熟度来预测气油比和相位的方法。乙烷碳同位素表明与气油比、重度具有相关性。Tang 和 Xia 讨论了引起乙烷和丙烷碳同位素倒转的几种可能机理。在大多数页岩气系统中，由于乙烷碳同位素变轻，在较高的热成熟度下（$R_o >$ 1.5%），乙烷碳同位素容易发生倒转。

Chatellier 等的研究表明，页岩气井中可能存在不同的压力机制。如乙烷和丙烷碳同位素倒转证明，C_1—C_3 的碳同位素趋势与压力梯度 D 区的正常压力和超压有关。

Pepper 提出了一个有争议的议题，在传统分析技术和解释方法的应用中，并没有较多涉及与非传统页岩资源有关的问题，比如滞留、保存机制，驱替引起的产品分馏，以及高热成熟度时生成天然气。

Hill 介绍，凝析油地球化学方面的变化与金刚烷数据是不同步的，因此需要使用多个属性来表征凝析油。Fuex 等指出从 C_{16} 烷烃开始，生产的凝析油的相似性、岩心中提取的碳氢化合物在油气产量上都有一个斜率的变化。利用从生产状况和岩心得到的状态方程，能够与凝析油的析出量相匹配。

Behar 等提出了一种非常详细的石油生成的组分模型。结果表明，从干酪根中提取的非烃类馏分产生了更多的气体。

Jarvie 等提供了一种方法来评估烃源岩/储集岩中石油的总含油量，并减去其吸附的石油，以获得可采石油的数量，并能预测瞬时的气油比。

Krooss 等介绍了正在进行中的欧洲页岩气项目的实验测试，以评价页岩中的吸附作用和运移过程。Levine 描述了有机质中与气体保存有关的术语问题。认为吸附作用使用 Sorption 更合适。Valenza 等介绍了气体吸附量的测算，结果显示气体表面积和孔隙体积随着成熟度的增加而增加。Strapoč 等根据相关数据评价了游离气和吸附气对 Barnett 页岩产量的贡献，这些数据包括岩心吸附实验、泥浆气和产出气体总量。Mukhopadhyay 介绍了加拿大新斯科舍省和新布伦瑞克省的河流相—湖相 Hourton 组。他认为，在干酪根内部可能会有类似的吸附机制，而这都取决于其内部的显微组分。

Mastalerz 等研究认为，天然气的体积主要取决于有机质含量、微孔隙体积和成熟度。无定形的有机质吸附保存气体的能力更强。Michael 和 He 应用盆地建模评估了天然气地质储量（OGIP）。研究认为，模拟相态行为取决于石油成分，但对气油比最为敏感。Moretti 等在盆地模型方面提出了一个新手段来处理 Klinkenberg 渗透率效应。研究认为，由于 Klinkenberg 效应，页岩无机基质中保存的天然气储量也会增加。Xia 和 Tang 认为，天然气地质储量与可裂解的剩余油储量（未排出）之比与生产状况有一定相关性。此外，研究使用碳同位素值估测不同来源的气体数量。

Zhang 等的研究表明，不同的干酪根类型中，Ⅰ型干酪根释放最多的天然气，其中在 Langmuir 常数方面，Ⅰ型>Ⅱ型>Ⅲ型。

Douds 的研究表明，使用 R_o 图预测气体丰度是不精确的。另外，在生产过程中，基于基底裂缝热异常的氢指数与气体热值（BTU）、生产阶段的转换具有较好的相关性。

Tobey 等讨论了热成熟度的控制因素，认为除了测量镜质组反射率和岩石热解最高峰温（T_{max}）数据，还需要其他热成熟度测量方法。根据流体包裹体的数据，57amu 与 55amu 的比例随着成熟度的增加而增加。

三、3.0 微地震和地震

通过将地表微地震与三维地震和气井生产状况相结合，Keller 等分别比较了得克萨斯州 Delaware 盆地 Barnett 页岩和 Woodford 页岩的气井。各井的地表微地震监测显示为不同的事件模式，其中一口井表现出强烈的微地震活动性和强烈的倾向性。三维地震显示断层延伸至该井，微地震似乎与现有断层面的重新活动有关。Eisner 等讨论了地表和地下监测地震活动的能力，强调需要联合监测以达到对地震事件的空间理解。研究发现，在增产措施和拉伸（非剪切）裂缝中，现有的天然断层被重新激活。

在一个有限的地理范围内，如在阿肯色州 Arkoma 盆地 Fayetteville 页岩钻探的 13 口新井中，Simon 等使用叠前和叠后三维地震属性预测最终采收率，结果显示，13 口新钻井中有 9 口井准确地预测了最终采收率。这项工作需要对地质和工程数据进行校准，并对黏土含量、气体有效孔隙度、水平应力和天然裂缝进行合理预测。

Treadgold 等介绍了三维地震在裂缝 EFS（Eagle Ford 页岩）应用中的重要性，如有效避开断层、辅助刻画油气藏，以及在裂缝、孔隙度和有效增产措施方面的目标高效搜索。从三维数据集可以确定 EFS 的各向异性参数。小层和方位的各向异性有助于评价黏土矿物含量和天然裂缝发生的概率。通过声阻抗反演，可以很容易地评估出 EFS 岩石学的性质。然而在 EFS 中，波阻抗和孔隙度相关性一般。

Thompson 等利用地震数据探测振幅随方位角的变化。根据随机的数据集进行了统计并排列重要地震属性，要求这些数据集的可靠性较高，以确保针对诱发性裂缝进行表面检测。Strecker 等的研究表明，在 Marcellus 页岩中，弹性地震属性（P 波反演）可以用来预测生产井的产能；而在局部的层序地层条件下，这些矿物学控制下的弹性性质在垂向和空间的变化更容易预测。

针对诱发地震因素的可能性，Frolich 等提出了一些假设，但需要大量地震活动的基础数据验证。总体上，关于地震活动他提出了五方面的认识：（1）诱发性地震相比于大型区域性地震小得多；（2）大型地震（$M>2.5$）表明区域性构造应力沿断层进行释放；（3）区域性断层附近有大量注水井处，较大性的诱发性地震（$M>2.5$）易见；（4）较大型的诱发性地震（$M>2.5$）与任何水力压裂诱发产生的地震在物理机理上不同；（5）小型地震（M 约为 2.0）经常发生，小到难以察觉，但也可能是自然产生的或诱发导致。

Dallas/Fort Worth 国际机场（DFW）在 2008—2009 年发生的地震 M 是 3.3。然而，根

据大地震和小地震的总体统计学评估，该次地震的 b 值是 $2.0\sim2.5$，而诱发性地震的 b 值为 $1.0\sim1.3$。其结论是，Dallas/Fort Worth 国际机场发生的地震与区域断层附近的大量盐水注入井有一定关系，并非是由钻探、水力压裂或天然气生产引起的。

与 Frolich 的研究类似，Keller 的研究表明，在盐水注入井关停后，Dallas/Fort Worth 国际机场的地震持续至少 $9\sim10$ 个月，表明此次地震活动并非被诱导引发。$M<3$ 的地震带来的危害非常小，但是容易受公众及政治上的关注。他还指出，由于该地区的地震活动性较低，地震监测站在得克萨斯州的大部分地区分布不太合理。

四、工程——增产措施和储层建模

1. 增产措施

Miller 等强调，在新完钻的油井中应限制流速，其与增产措施同等重要。一定压力条件下，在岩心塞上测量稳态气体渗透率，不考虑微裂缝，结果表明渗透率明显下降，而且渗透率的改变是不可逆的。

针对生产井钻遇原油或液化天然气，特别是在不饱和原油的情况下，Matthews 介绍了一些复杂的钻井设计和增产措施手段。Kassis 和 Sondergeld 建议通过实验室先行测试，以避免措施设计中的不断尝试和错误方法，同时也能降低成本。模型表明，通过使用更柔软的 Ottawa 砂，渗透率会增加，这可能会在岩石结构中形成微裂缝。根据 Wang 的实验，把水力压裂的水注入水浸的无机孔隙中，能把气体驱赶到有机孔隙中；而把气体驱赶到油浸、有机孔隙时，压裂液对于天然气的生产贡献较小。由于不同井的完井方式不同，给表征"甜点"带来一定困难，Roth 和 Bashore 采用多变量统计方法来解决该难题。

2. 储层建模

Devegowda 等介绍了对储层模拟器的评估及与低孔隙度、超低渗透率的页岩储层有关的问题。研究认为，随着气体储存在高压、看似孤立的孔隙中，孔隙度和渗透率会相应增加，然而目前连通性方面还不清楚。

Creties Jenkins 研究认为，在生产井早期利用产量递减法预测产量，会明显高估井的生产能力和最终采收率。

通过限制压裂增产措施，以及获取某口井的储层性质，如流速、压力历史，就能较准确地预测产能。Citron 介绍了评估页岩油气藏时的影响因素和不同方法。De Jong 等提出了一种分析非常规天然气生产生命周期的随机方法，包括建立关键决策点、临界值的确定、资源量以及开发。

Moorman 等统计分析了 Barnett 页岩的 10000 口生产水平井的数据，并利用该项分析成果评估其他页岩资源系统。

Chatellier 等介绍了一种可靠的采收率标定方法，在油气藏投产不久后，根据重新标定的递减曲线就能确定采收率。根据产量——生产时间的关系可重新校正生产数据，这为探索剩余油、寻找生产井位提供了一个参考。

Mohaghgh 和 Bromhal 提出了一种基于生产动态历史、自上而下的储层建模方法。使用神经网络方法来建立一个一致的、模糊的储层静态模型。

Fazilpour 介绍了现代油藏模拟的新进展，通过一种整合的工作流来获取页岩油藏的核心特性（水力压裂、微地震、产量预测）。他还介绍了一种定量化方法用以高效开发油田。

目　　录

第 1 章　荷兰下侏罗统 Posidonia 组和石炭系 Epen 组的页岩气评价

Frank van Bergen

Nexen Petroleum UK Ltd. , Charter Pl. , Vine St. , Uxbridge, Middlesex, UB81JG, United Kingdom（e-mail：frank_ vanbergen@ nexeninc. com）

Mart Zijp 和 Susanne Nelskamp

TNO, Princetonlaan 6, 3584 CB Utrecht, The Netherlands（e-mails：mart. zijp@ tno. nl；susanne. nelskamp@ tno. nl）

Henk Kombrink

Total E & P UK, Crawpeel Rd. , Altens, Aberdeen, AB123FG, United Kingdom（e-mail：henk. kombrink@ total. com）

　　摘要　由于 Groningen 气田的发现，荷兰成为重要的天然气供应国和消费国。目前的预测认为，传统海上和陆地油田的产量在未来几十年将明显下降。荷兰有信心保持其在西北欧天然气市场的重要地位，并能够满足未来国内需求。因此，无论是从北非和中东，还是从东部 Nord-stream 管道进口液化天然气都在评估和规划当中。随着美国页岩气的发展，荷兰国内是否也有页岩气资源来增加国内产量？2009 年初步评估证实了这一潜力，尽管存在很大的不确定性。然而，一些人却质疑对荷兰潜在资源的看法过于乐观。接下来的工作就是在丰富的信息评价和解释基础上，对荷兰潜在页岩气目标区进行详细研究。

　　荷兰有着漫长而精细的勘探历史，因此数据覆盖率很高，且大部分没有版权限制。对荷兰潜在页岩气藏的初步评估就利用了这个独一无二的数据库。页岩气的主要目的层位包括下侏罗统 Posidonia 页岩地层、石炭系（纳缪尔阶、谢尔普霍夫阶—下巴什基尔阶）Epen 组，特别是其有机质含量高的基底部分。

　　大量钻井和独特的地震响应特征表明，Posidonia 页岩地层位于 West Netherlands 盆地的滨岸地区，气测录井显示有气体存在。三维地震证实，断层封闭的断块是几乎未遭破坏的储集体。这些独立断块的天然气地质储量取决于总有机碳含量（TOC）和孔隙度。总有机碳含量通过测井数据计算，并与实测数据交叉校正。根据测井推导的杨氏模量表明，沉积体的大部分区域可能是脆性的（因此容易被压裂）。评价结果显示，页岩气前景乐观，总有机碳含量约 6%，孔隙度为 5%~9. 5%，平均厚度为 30m（98. 42ft）。对三个典型断块的评估表明，每平方千米天然气地质储量为 $2.6 \times 10^8 \sim 4.6 \times 10^8 m^3$（每平方英里 $230 \times 10^8 \sim 420 \times 10^8 ft^3$）。需要进一步调查该气藏的可靠性。对石炭系 Epen 组的评价更加复杂，因为它的埋藏更深。Geverik 段 [50~70m（164. 04~229. 65ft）厚] 是这套地层最底部的储层，由于其有机质含量高（总有机碳含量约 7%），被认为是页岩气勘探的主要目标区。最新的成像测井及新钻井表明，这套储层沉积受控于碳酸盐岩台地形成的古地貌。Geverik 段的勘探难点在于，钻穿的井有限，导致数据缺乏，目前埋藏深度较大，荷兰大部分地区模拟及测量显示的高成熟度。总之，该项研究提供了荷兰潜在页岩气开发的地质相关资料，在过去的两年中对这类信息的需求变得非常重要。截至 2010 年，荷兰向不同公司发放了四份勘探许可证。在荷兰，公众对页岩气开采的环境影响和安全性的担忧也在加剧，这让政策制定者们在荷兰的页岩气开发问题上面临挑战。

自从 50 多年前 Groningen 气田发现以来，荷兰已经发展成为西北欧地区重要的天然气生产国，同时荷兰的能源供应很大程度上依赖天然气。凭借其高度发达的天然气基础设施和其位于西北欧的天然气管网中心形成巨大内部市场，荷兰在西北欧天然气市场发挥着突出的作用，并有保持这一地位的雄心。然而，目前的预测显示，传统的海上和陆地油田产量将在未来几十年明显下降。荷兰开始评估和规划从北非、中东进口液化天然气或者通过 Nordstream 管道从东部输送天然气的可能性。随着美国页岩气的发展，荷兰国内是否也有页岩气资源来增加国内天然气产量的问题也被提了出来。

目前已有几份报告从国家层面评估了这一可能性，通常这些报告是欧洲总体评估报告的一部分。就欧洲整体而言，由于其地质条件、庞大的市场、业已广泛分布的管道基础设施、日益增长的需求以及对天然气进口的高度依赖等综合因素，页岩气开发前景广阔。

尽管具备有利条件，但第一口页岩气勘探井并不是在荷兰钻探的，而是在德国。2008年埃克森美孚公司在德国 Lower Saxony 盆地开始钻探。此后进一步的预探作业在欧洲展开，壳牌公司 2009 年在瑞典钻探，多家公司 2010 年和 2011 年在波兰开展钻探，Cuadrilla 公司 2011 年在英国钻探。截至目前，几乎所有的欧洲国家都在研究其页岩气的潜力。然而，越来越多的兴趣和关注也引起了公众对页岩气生产的影响和安全性的担忧，这导致在一些地方钻探作业暂停，比如法国和北莱茵—威斯特法伦州（德国），荷兰也不例外，公众对 2009 年和 2010 年间授予探矿许可证的未来活动感到担忧，这引起了媒体、市政厅和议会的广泛关注。

荷兰总共颁发了四个油气勘探许可证，考虑到这些地区的地质条件，很可能与页岩气或煤层气勘探有关。在关于非常规气在荷兰能源结构中所扮演角色的争论中，焦点是如何准确评估地下的资源以及这些评估的不确定性。根据荷兰的规定，勘探井数据可能需要 5 年的时间才能公开，因此需要评估现有可用的数据，以便为决策者和其他利益相关方提供这些信息。Muntendam 等（2009）根据区域地质特征作了初步估算，尽管存在相当大的不确定性，但仍有助于认识页岩气生产潜力，这次估算并没有对荷兰地下已有的大量数据进行重新评估和重新解释。Muntendam 等（2009）认为页岩气潜力最大在 $1.1×10^{14}$ m³ 数量级上，在不考虑局部地质地形和技术的限制时，这代表了地下总地质储量。Herber 和 De Jager 对这一数据提出了质疑，他们对此进行了降级，但也没有对数据进行重新评估。

在对荷兰潜在页岩气目标区大量数据进行评价和解释的基础上，本研究提供了更详细的信息，荷兰两个可能成功进行页岩气生产的主要目标区域分别为石炭系（纳缪尔阶、谢尔普霍夫阶—下巴什基尔阶）Epen 组，特别是有机质含量高的基底部分和下侏罗统 Posidonia 页岩地层，两者都是富含有机质的黑色页岩矿床，本文描述了与评价其页岩气生产潜力相关的特征，这些特征是通过地震数据和解释、井数据（包括测井数据）、岩心和岩屑资料或者推导得出的。由于漫长和精细的勘探历史，荷兰有非常高的数据覆盖率，且大部分没有版权限制，这形成了一个独一无二的数据库（图 1.1）。对于 Posidonia 页岩地层，除了区域性或者全国性的评估外，还有针对独立断块的气藏地质储量的初步评估。

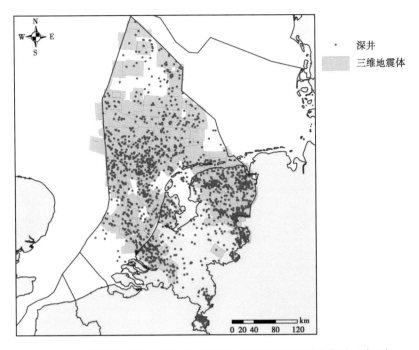

图 1.1　荷兰公开的井点位置（蓝点）和三维地震覆盖范围（浅蓝框）

大量二维地震覆盖范围没在这幅图上显示

图例：
- · 深井
- ▨ 三维地震体

1.1　地质背景

荷兰的地质演化最终形成了高度构造化和多变的地下构造，主要特征是硅质碎屑沉积物覆盖于加里东期基底之上（De Jager，2007）。这套前寒武系—志留系的基底通常埋藏深、轻微变形、轻度变质，几乎不为人所知（Geluk 等，2007）。中泥盆统—下石炭统的硅质碎屑岩和碳酸盐岩地层呈不整合披覆在这套基底之上，以盎格鲁—布拉班特（Anglo—Brabant）变形带最为出名（Geluk 等，2007）。最后，在加里东造山运动的早泥盆世，一套地垒—地堑构造控制了沉积发育，河流相位于断层的下盘，而盆地沉积位于断层的上盘。地垒构造覆盖了大片区域，使其免于来自中北海高地的硅质碎屑侵入，从而早石炭世在荷兰的中部和南部形成了广泛分布的碳酸盐岩台地。同期沉积的地垒和地堑断块逐渐消失，华力西期西里西亚阶（Silesian）前陆含煤磨砾层盆地的区域沉降开始发育（Geluk 等，2007）。

超过 10km 厚的地质沉积记录显示，从晚古生代以来，尽管存在几个大的不整合面，地层几乎是连续的（De Jager，2007）。在连续构造阶段，原有的构造要素重新活跃，新的构造要素也出现（Duin 等，2006）。这些不同的标志性区域构造要素分为六个时期：晚石炭世、二叠纪、三叠纪、侏罗纪、晚白垩世和新生代（Duin 等，2006）。中生代裂谷运动伴随着泛古大陆的解体，而在晚白垩世和古近纪非洲大陆和欧洲大陆的碰撞导致了高山反转。从渐新世构造运动至今，发育形成了莱茵河地堑断裂系统（De Jager，2007）。

Duin 等（2006）证实许多构造要素和断裂系统会持续活动，在长期构造要素和短期构造要素之间存在清晰的界面。一般的构造模式是：尽管构造范围和应力方向存在变化，仍有

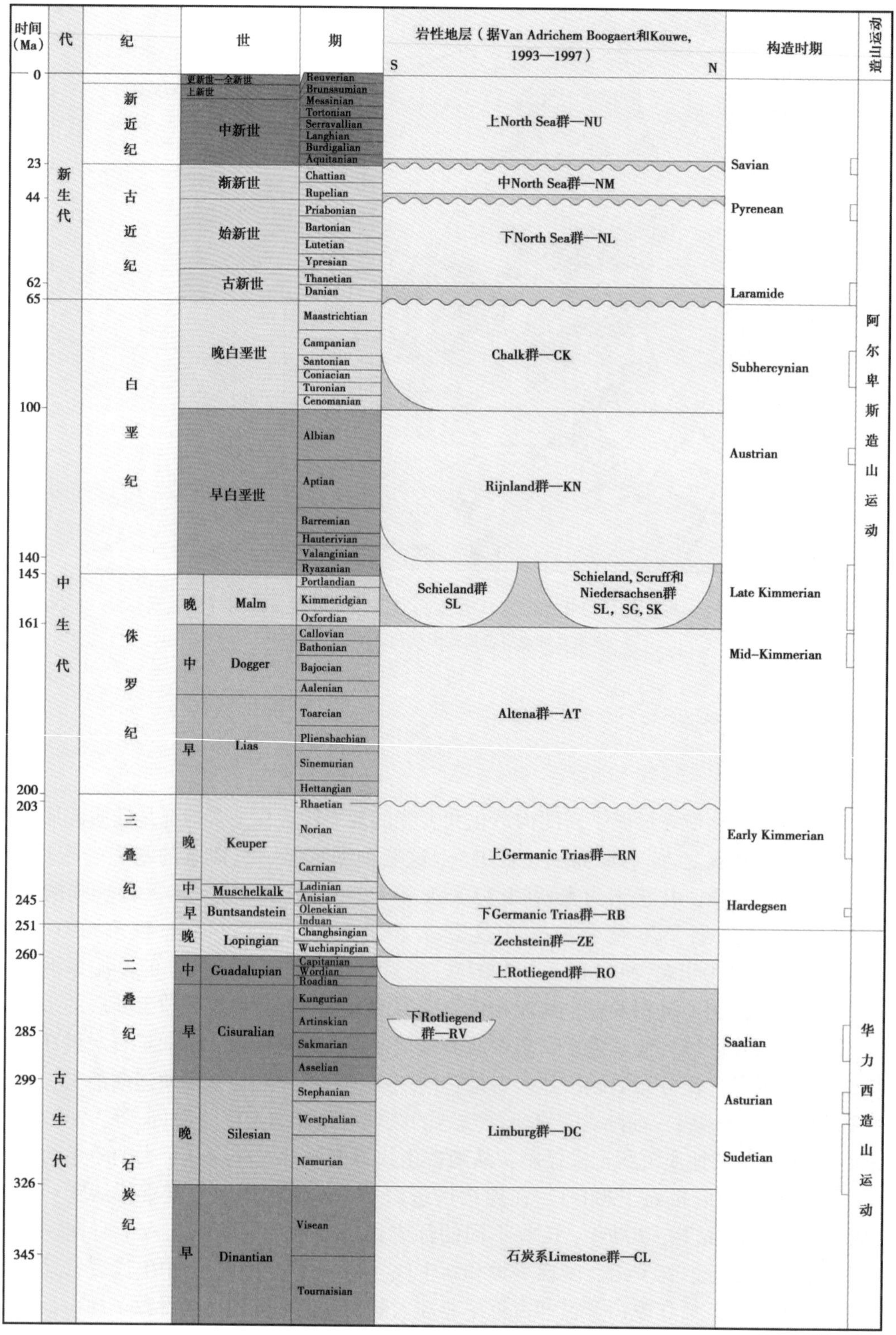

时间(Ma)	代	纪	世	期	岩性地层（据Van Adrichem Boogaert和Kouwe，1993—1997）S　　　　　N	构造时期	造山运动
0	新生代	新近纪	更新世—全新世 上新世 中新世	Reuverian / Brunssumian / Messinian / Tortonian / Serravallian / Langhian / Burdigalian / Aquitanian	上North Sea群—NU		阿尔卑斯造山运动
23		古近纪	渐新世	Chattian / Rupelian	中North Sea群—NM	Savian	
44			始新世	Priabonian / Bartonian / Lutetian / Ypresian	下North Sea群—NL	Pyrenean	
62 / 65			古新世	Thanetian / Danian		Laramide	
100	中生代	白垩纪	晚白垩世	Maastrichtian / Campanian / Santonian / Coniacian / Turonian / Cenomanian	Chalk群—CK	Subhercynian	
140 / 145			早白垩世	Albian / Aptian / Barremian / Hauterivian / Valanginian / Ryazanian	Rijnland群—KN	Austrian	
161		侏罗纪	晚 Malm	Portlandian / Kimmeridgian / Oxfordian	Schieland群 SL ／ Schieland, Scruff 和 Niedersachsen群 SL, SG, SK	Late Kimmerian	
			中 Dogger	Callovian / Bathonian / Bajocian / Aalenian	Altena群—AT	Mid-Kimmerian	
200			早 Lias	Toarcian / Pliensbachian / Sinemurian / Hettangian			
203		三叠纪	晚 Keuper	Rhaetian / Norian / Carnian	上Germanic Trias群—RN	Early Kimmerian	
245			中 Muschelkalk 早 Buntsandstein	Ladinian / Anisian / Olenekian / Induan	下Germanic Trias群—RB	Hardegsen	
251	古生代	二叠纪	晚 Lopingian	Changhsingian / Wuchiapingian	Zechstein群—ZE		华力西造山运动
260			中 Guadalupian	Capitanian / Wordian / Roadian	上Rotliegend群—RO		
285			早 Cisuralian	Kungurian / Artinskian / Sakmarian / Asselian	下Rotliegend群—RV	Saalian	
299		石炭纪	晚 Silesian	Stephanian / Westphalian / Namurian	Limburg群—DC	Asturian / Sudetian	
326 / 345			早 Dinantian	Visean / Tournaisian	石炭系Limestone群—CL		

图 1.2　主要构造变形阶段（据 Duin 等，2006）的地质时间（据 Gradstein 等，2004）与岩性层序柱状图（据 Van Adrichem Boogaert 和 Kouwe，1993—1997）

一套持续活动的基底断裂控制构造发育（De Gager，2007）。荷兰北部的断裂系统深受二叠系 Zechstein 巨厚盐层的盐构造作用影响（De Jager，2007）。

  在荷兰，下石炭统（杜内阶和维宪阶）是通过少数几口井认识的。维宪阶碳酸盐岩台地的存在得到地震资料证实（Kombrink，2008）。最新的成图和钻井资料表明，维宪阶的沉积受沉积时期的古地貌控制，而不是盆地影响。现在的古地貌可能是在碳酸盐岩台地存在的条件下形成的（Kombrink，2008）。在荷兰南部的陆上和海上，这些沉积物的成分为黑色石灰岩，而在荷兰北部的海上，下石炭统的岩石具有碎屑物源（Duin 等，2006）。上石炭统［纳缪尔阶、威斯特伐利亚阶（Westphalian）和斯蒂芬阶（Stephanian）；图 1.2］广泛分布于荷兰的地表之下（Van Adrichem Boogaert 和 Kouwe，2006）。由于埋藏深，对石炭系厚度和分布的认识并不十分详细。然而，在荷兰的大部分地区，石炭系隐伏露头的资料是非常翔实的，因为它是许多气田的烃源岩，也是气田的勘探目标（Lutgert 等，2005）。石炭系顶部的埋深可能超过 6000m，在局部地区，石炭系厚度可达 4000m 以上（TNO－NITG，2004）。石炭系被中二叠统和上二叠统 Rotliegend 群和 Zechstein 群的上部所覆盖。在构造高部位，比如 Texel—IJsselmeer 高地，石炭系被下白垩统 Rijnland 群不整合覆盖，而在荷兰南部地区，石炭系被上白垩统的 Chalk 群覆盖。在陆地最南端，石炭系缺失，泥盆系直接被上白垩统 Chalk 群覆盖（Duin 等，2006）。经过一段非沉积期，沉积过程继续进行，上二叠统—中侏罗统没有重大中断。在该时期，主要是碎屑沉积物沉积。中侏罗世—晚侏罗世，泛古大陆解体引起的裂谷活动形成了倾斜断块并向东西向扩张。在裂谷带断裂过程中，Delfland 亚群的陆相砂岩和泥岩发育于下伏的半地堑，而相邻的高点则受到剥蚀（Den Harttog Jager，1995）。在早白垩世，裂谷活动停止，此时 Rijnland 群叠覆于盆地边缘的水下和滨岸相中。在晚白垩世，Chalk 群沉积之后，地质构造发生反转，盆地抬升而周围的台地下沉。这一事件改变了原有的构造，形成了新的构造。隆升和剥蚀作用对盆地中心影响最大。在古近—新近纪，荷兰陆地经历了相对温和的构造演变，形成了 North Sea 群厚层碎屑沉积。在局部地区，反转运动的影响一直延续到古近—新近纪中期（比如 Voorne 地槽）。在 West Netherlands 盆地，Chalk 群和 North Sea 群沉积期间的下沉引起盆地局部地区向南倾斜，这可能会进一步改变现有的构造（De Jager 等，1996）。

1.2 页岩矿床前景评价

1.2.1 页岩气评价标准

  尽管在不同盆地中，决定页岩气成功开发的因素各不相同，但人们普遍认为，要使盆地或区域具有开发前景，必须满足主要标准。这些主要标准包括：储层厚度、埋藏深度、热力学历程、总有机碳含量、成熟度、地质力学性质、孔隙度和吸附能力。这些参数的临界值或者窗口值见表 1.1。但必须强调的是，这些参数值还存在争议，不同的盆地可能有所不同。这些参数只能用作参考，如果过于机械地照搬这些值，可能会忽略掉新的矿床。例如，运用表 1.1 可能把生物页岩矿床排除在外，然而美国的 Antrim 页岩表明，这是一种很有前景的矿床。

表 1.1 潜在页岩气藏评价标准

性质	界限	参考文献
深度	<4km	AAPG EMD Annual Report，2010
厚度	>20m	AAPG EMD Annual Report，2010
总有机碳含量	>2%	Evans 等，2003
有机质类型	Ⅱ 型	Kabula 等，2003
氢指数	>250mg/g	Kabula 等，2003
成熟度	镜质组反射率 1.4%~3.3%	Jarvie 等，2007

1.2.2 Posidonia 页岩地层

1.2.2.1 地质特征

在西北欧，Toarcian 阶 Posidonia 页岩地层是一套非常独特的地层。目前的分布范围从英国（Jet Rock 段）延伸到德国（Posidonienschiefer 或 Ölschiefer；图 1.3）。考虑到整个盆地统一的特征和统一的厚度（大部分为 30~60m 厚，深灰色—棕黑色，含沥青、裂缝性泥岩），通常认为 Posidonia 页岩可能是海平面升高时期、海底循环局限条件下形成的大面积沉积。目前的分布范围反映了盆地边缘和局部高点的侵蚀（Pletsch 等，2010）。荷兰官方报告（Van Adrichem Boogaert 和 Kouwe，1993—1997）认为，Posidonia 组是在海平面升高时期、

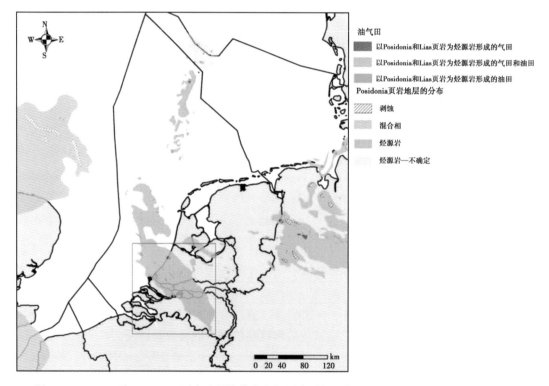

图 1.3 Toarcian 阶 Posidonia 页岩地层的分布和烃源岩品相（据 Doornenbal 和 Stevenson，2010）
红色框表示该位置比例尺为 20km（12.4mile）的详细地图

海底循环局限、缺氧环境下形成的深海沉积。最新的研究表明，这一概念可能要重新认识（Trabucho，2011）。

在荷兰境内，Posidonia 组局限在晚侏罗世形成的断陷盆地中心（例如，从 West Netherlands 盆地延伸到 Roer Valley 地堑，Central Netherlands 盆地和 Lower Saxony 盆地一些孤立的区域；图 1.3）。普遍的观点也认为，由于构造反转事件（Wong 等，2007），荷兰部分地区盆地中心以外沉积的沉积物也遭到侵蚀，尽管早侏罗世的同沉积构造对这一看法形成了质疑。

Posidonia 页岩地层整合叠覆于下侏罗统 Aalburg 组的非沥青质泥岩上，尽管 Aalburg 组局部也发育沥青质泥岩（De Jager 等，1996）。该套地层由暗灰色—棕黑色沥青质裂缝泥岩构成，是荷兰全国范围内非常独特的一套地层，可以通过测井曲线识别，其具有高伽马和高电阻率特征（Van Adrichem Boogaert 和 Kouwe，1993—1997）。对测井响应的评价结果表明，Posidonia 页岩地层可以进一步细分为界面清晰的小层，可以在整个盆地上进行井间对比（图 1.4）。这说明在 Posidonia 页岩地层的沉积过程中，沉积环境发生了变化，造成矿物和粒度不同，进而引起测井响应变化。根据地球化学参数的变化，在德国也观测到了 Posidonia 页岩地层的分层现象（Frimmel 等，2004；Schwark 和 Frimmel，2004）。在 Pseudo-van-Krevelen 图上（图 1.5），干酪根类型变化很大，也能识别这种分层性。大多数化验表明，多变的沉积环境形成了Ⅱ型烃源岩，而样品分析表明更可能是Ⅲ型烃源岩。盆地岩心样品的宏观和微观观测数据证实了这种沉积环境的变化。无论是 West Netherlands 盆地的陆地钻井还是中央地堑的海上钻井，在 Posidonia 页岩地层都观察到了不同粒径的交互层。在海洋沉积中，砂泥岩互层结合侵蚀面可以作为浪基面附近沉积的主要识别标志（Trabucho，2011）。

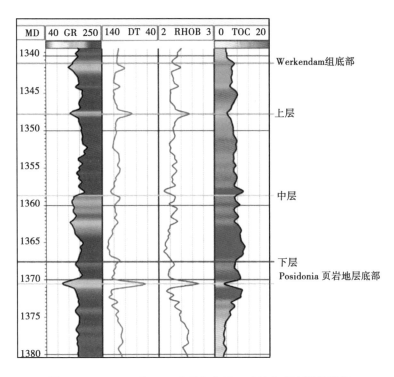

图 1.4　MRK-01 井 TOC 含量与伽马、声波和密度测井数据

深度测量单位是米

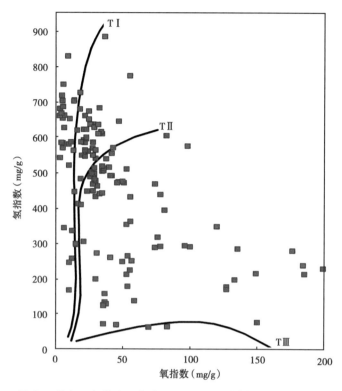

图 1.5 陆上（蓝色）与海上（红色）Posidonia 页岩的 Psedo-van-Krevelen 图

尽管在局部地区存在间断和不整合，Posidonia 页岩地层基本被中侏罗统 Werkendam 组的非沥青质泥岩和粉砂岩整合叠覆（Van Adrichem Boogaert 和 Kouwe，1993—1997；TNO-NITG，2004）。在荷兰境内，Posidonia 页岩地层在 West Netherlands 盆地几乎全区发育，埋深为 830~3055m（图 1.6）。在该深度，晚侏罗世断裂和白垩纪构造反转事件形成了目前的地垒和地堑组合构造。

1.2.2.2　数据

荷兰的采矿法规定，地质数据在获取五年后需要对外公布。该国精细的石油和天然气勘探历程，致使公共领域的数据库非常庞大。对于荷兰陆上和海上而言，该数据库包含 5000 口井的数据、超过 500000km 的二维地震测线数据和超过 70000km² 的三维地震数据体以及其他数据，本次研究中的所有数据都来自该数据库。

共有 70 口井钻遇荷兰西部盆地的 Posidonia 页岩地层，其中 43 口井用于本次研究。由于钻井时期不同，测井序列有所不同（有些井是 20 世纪 50 年代钻的），包括声波、密度、伽马测井和泥浆录井。本文对三维地震覆盖范围内的井进行了特别的研究，优选盆地东部的三个地震体进行精细研究，包括 Uitwijk_L3NAM1988A、Uitwijk_L3NAM1988B 和 Waalwijk_L3CLY1992A。对于可获取的岩心和岩屑数据，比如孔隙度和总有机碳含量等，也用于本次研究。但岩心及其观测数据有限，因为对于常规气井来说，Posidonia 页岩地层通常并不是取心的目的层位。

Nelskamp 和 Verweij（2012）建立了 West Netherlands 盆地和 Roer Valley 地堑的三维盆地模型。主要地质层位的深度图来自 Duin 等（2006）对井和二维以及三维地震的研究成果。

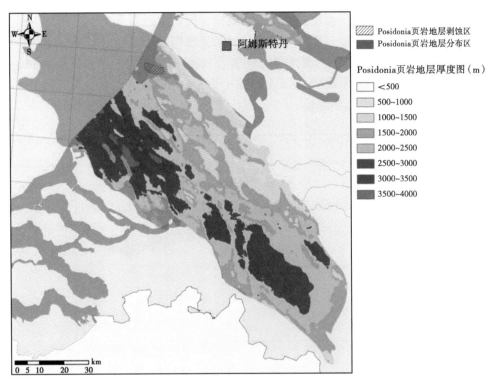

图 1.6　Posidonia 页岩储层范围与深度图

此外，一幅新解释的 Posidonia 页岩地层深度图也用到了该模型中（图 1.6）。模型的网格数为 143×156，网格的分辨率为 1km×1km。对镜质组反射率（R_o）、当前温度和孔隙度等进行了校正。利用构造数据和成熟度数据绘制了剥蚀图，运用 Pepper 和 Corvi（1995）的 TII 热力学公式计算了 Posidonia 页岩地层的潜在地质储量。

1.2.2.3　物性特征

Posidonia 页岩地层的重要物性，比如烃源岩特征参数（干酪根类型或者总有机碳含量）可以从数据中推导而来（图 1.5）。其他必要的参数可以根据测井数据计算或者查阅文献。

1.2.2.3.1　干酪根类型和总有机碳含量

在 West Netherlands 盆地的西部，Posidonia 页岩地层是生成原油最主要的烃源岩（Van Balen 等，2000；De Jager 和 Geluk，2007；Pletsch 等，2010），同时某些伴生气也来自该地层。油气成藏模拟表明，油气藏系统在早侏罗世主构造反转事件后开始集聚油气。本次研究还表明，West Netherlands 盆地的下白垩统油气藏在 Subhercynian 反转事件后开始填充（Van Balen 等，2000）。烃源岩全部为 Ⅱ 型干酪根，平均总有机碳含量为 5%~7%（最高可达14%），平均氢指数为 550mg/g，对于未成熟的样品，氢指数可达到 1000mg/g 以上。生物标志物分析结果为海相有机质（图 1.5；Pletsch 等，2010）。显然，这些值符合表 1.1 中所列出的标准。

Posidonia 页岩地层共有 11 口井的岩屑样品进行了总有机碳含量化验，平均总有机碳含量为 5.73%。另外，有 10 口井根据测井曲线利用 Passey 等（1990）的方法计算了总有机碳含量。计算得到总有机碳含量在 0~17.3% 之间。MRK-01 井的计算结果见图 1.4。计算整个

9

Posidonia 页岩地层 10 口井的平均总有机碳含量为 5.66%，与实测数据非常吻合。从 MRK-01 井和 MED-03 井可以看出，密度测井数据与根据深侧向电阻率及声波测井计算的总有机碳含量之间具有明显的相关性（图 1.7），这反映了低密度的干酪根对岩石密度的影响，但其他 8 口井并没有这样的相关性。测井曲线描述了 Posidonia 页岩地层层序中总有机碳含量的变化，这是沉积过程中沉积环境发生变化的又一证据。总有机碳含量最高值似乎与地层底部的最大洪泛面有关，往上逐渐降低。

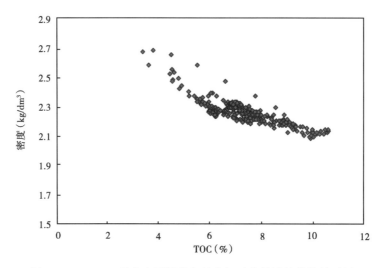

图 1.7　MKR-01 井密度测量值与总有机碳含量计算值的关系图

1.2.2.3.2　成熟度

对 West Netherlands 盆地 Posidonia 页岩地层岩屑样品的成熟度检测包括镜质组检测、岩石热解分析（Rock Eval T_{max}）和生物标志物检测。镜质组反射率的检测可靠性有限，因为在海相 II 型沉积物中，镜质组往往很难识别。对于 III 型煤，在整个沉积期间，镜质组反射率和 T_{max} 之间存在较强的相关性（Teichmuller 和 Durand，1983），这可以从荷兰的威斯特伐利亚期沉积物中得到证实。这一相关性用于将 T_{max} 转换为镜质组反射率来进行比较，尽管不同样品的检测值并不完全符合该相关性。

所有的检测结果都表明，整体上看，West Netherlands 盆地的成熟度从西部的生油窗到东部逐渐降低，这与西部发育油田而东部缺乏油田的情况是对应的。然而，检测是对井中的样品进行的，而井往往打在构造高点，成熟度较低，据此预测，周围较低区域的成熟度也较低。因为石油通常在低成熟度的烃源岩中生成，当沉积体达到生油窗口时，石油主要在相邻的地堑中生成，然后运移到构造圈闭中。二维和三维盆地模拟证实了这种观点（Van Balen 等，2000；Nelskamp 和 Verweij，2012；图 1.8），尽管模拟得到的成熟度与实测值并不完全匹配。这种差异可能归因于合成地震记录时的时深转换精度、Posidonia 页岩地层镜质组反射率检测的难度或者模型的精度，这可能掩盖该地区巨大的深度差异。

总的结论是，可能盆地西部仅有一小部分烃源岩达到了生成气体的成熟度（图 1.8、图 1.9），表明 Posidonia 页岩地层生成气并储存气的潜力区域局限于盆地未钻遇的更深的地层。然而，构造高点钻井的泥浆录井显示，Posidonia 页岩地层中气体存在于未成熟区域或者油成熟区域。

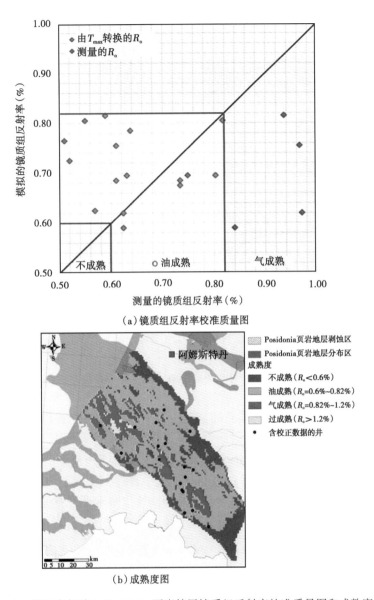

（a）镜质组反射率校准质量图

（b）成熟度图

图 1.8　荷兰南部陆上 Posidonia 页岩储层镜质组反射率校准质量图和成熟度图

1.2.2.3.3　气体含量

在泥浆录井数据库中，可以检索到 26 口井的泥浆录井在 Posidonia 页岩地层有气体显示（表 1.2）。这些气体在泥浆录井曲线上显示为高值或者峰值，气体的绝对含量差异大，7 个样品的含量从 200×10^{-6} 到 20000×10^{-6} 不等。气体含量最高的为 BRAK-01 井，在 Posidonia 页岩地层泥浆录井中为 175500×10^{-6}。几种成熟度测定的结果清楚地表明，Posidonia 页岩地层的成熟度为不成熟—成熟早期（图 1.8、图 1.9）。例如 OTL-01 井在 Posidonia 页岩地层的几次独立成熟度测定证实，Posidonia 页岩地层存在于生油窗早期，但是泥浆录井显示气体含量超过 60000×10^{-6}。由于 Posidonia 页岩地层的干酪根类型为 Ⅱ 型干酪根，只有非常有限的气体在成熟早期通过热成因形成（Dieckmann 等，1998）。结果表明，泥浆录井所观察到

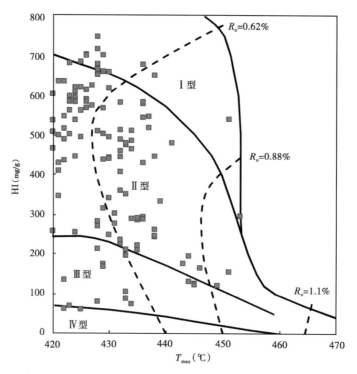

图 1.9 陆上（蓝色）和海上（红色）Posidonia 页岩储层岩石热解测量值的 T_{max} 与氢指数关系图

的气体可能是生物成因的。在没有样品的情况下，生物成因并没有直接证据。在 Posidonia 页岩地层的泥浆录井中几乎没有乙烷，事实上，乙烷不存在并不能成为生物成因的证据。另外，在研究区的大部分地区，Posidonia 页岩地层的当前深度和温度对于生物持续生成气来说太高了。一种假设是，气体生成后在进一步埋藏中保存了下来。气体含量与埋深的关系（图 1.10）表明，随着埋深的增加，气体含量减少，这也暗示还没有完全了解进一步的演化过程。

表 1.2　本次研究涉及的井钻遇的 Posidonia 页岩储层的深度、泥浆录井测得的
气体峰值含量和成熟度的测量值与计算值

井名	顶深 （m，测深）	底深 （m，测深）	顶深 （m，垂深）	底深 （m，垂深）	气体峰值 （10^{-6}）	T_{max} （℃）	模拟的镜质 组反射率 （%）	测量的镜质 组反射率 （%）
AND-06	1977	2015	1706	1744	20211			
BKZ-01	1855	1886	1852.7	1883.7	72111		0.64	0.43
EVD-01	992	1006	992	1006		435	0.659	（0.8）
BRAK-01	1814	1842	1732	1760	175777			
BSKP-01	1408	1439	1405.3	1436.3	3913			
GAG-01	2920	2937	2917.5	2934.5	1066	436	0.805	0.55（0.82）
GSB-01	1940	1989	1887.9	1936.9	4356			

井名	顶深 （m，测深）	底深 （m，测深）	顶深 （m，垂深）	底深 （m，垂深）	气体峰值 （10^{-6}）	T_{max} （℃）	模拟的镜质 组反射率 （%）	测量的镜质 组反射率 （%）
HST-01	1400	1422	1399.4	1421.4		430	0.685	0.48（0.73）
HVB-01	1730	1758	1680.44	1708.44	12706	422	0.59	0.61（0.62）
IJS-64	2596	2630	2591.8	2625.8	1150			
KDZ-02	2613	2645	2612	2644	244			
KWK-01	1792	1822	1705.1	1735.1	4810		0.645	0.44
LOZ-01	2458	2511	2458	2511		421	0.755	0.966（0.61）
MKP-01	1148	1177	1142.3	1171.3		422		（0.6）
MOL-02	1790	1827	1758.5	1795.5		421	0.685	（0.61）
MRK-01	1340	1371	1291.46	1322.46	94524			
OTL-01	1705	1744	1549.1	1588.1	62158	418	0.625	（0.57）
PKP-01	1327	1351	1197.1	1221.1	224	430	0.675	（0.73）
PRW-04	2715	2753	2454.55	2492.55	14654			
RDK-01	2384	2418	2328.3	2362.3	12517	422.5	0.695	0.75（0.63）
RKK-32-S3	2604	2654	2202.57	2252.57	9364			
RZB-01	2617	2645	2471.24	2499.24	3418			
SMG-01	2014	2043	2014	2043	9000			
SPC-01	2260	2274	2102.85	2116.85	1725			
SPG-01	2638	2660	1469.5	2491.5			0.765	0.51
SPKW-01	2334	2395	2334	2395	19063			
VAL-01	2114	2146	1778.16	1810.16	12313			
VEH-01	2060	2106	2057	2103		422	0.62	0.97（0.62）
VLW-03-S5	1526	1554	1440.93	1468.93	522			
WAA-01	1622	1650	1621.3	1649.1			0.645	0.43
WED-03	2264	2289	2195.64	2220.64	39109	419.5	0.815	0.94（0.59）
WLK-01	1072	1099	1008.67	1035.67	3626			
WWK-01	2674	2703	2231.46	2260.46	6522		0.69	0.44
WWN-03	2435	2475	2103.69	2143.69	60251			
WWS-01-S1	2586	2615	2254.75	2283.75			0.725	0.52

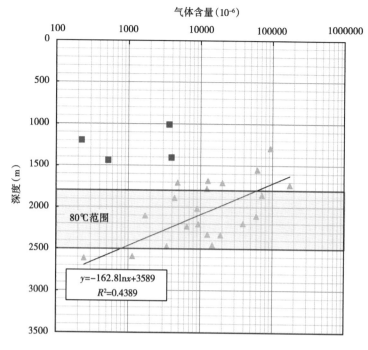

图 1.10　荷兰盆地西部不同井的气测或泥浆录井所计算的气体含量与深度的关系
红色井可能埋藏更深，500m（1640.42ft）以上

　　由于泥浆录井不能直接推导出气体的绝对含量，因此是从文献资料估算的。Posidonia 页岩地层总的气体含量与总孔隙度相关。Posidonia 页岩地层的孔隙度测量值来自 BRK-01 井和 LOZ-01 井。这两口井平均的孔隙度测量值分别为 7.38%（$n=5$）和 10.34%（$n=15$），高于孔隙度评价标准值（表 1.1）。这是在 20 世纪 50 年代对岩心样品实施的测量，大致遵循了常规储层岩石的标准流程。然而，由于缺乏最新的页岩特有的孔隙度测试，这些数据被用作三维盆地模型生成的孔隙度图的校准数据（图 1.11）。图 1.11 表明孔隙度和埋深之间存在相关性，因为随着埋深增加，岩石的压实作用增强。根据上述结果，整个盆地Posidonia 页岩地层的孔隙度足以满足表 1.1 的评价标准。

　　页岩孔隙（微孔隙）中游离气的含量还与含水饱和度有关，根据 Barnett 页岩和 Marcellus 页岩报告的平均值，含水饱和度预计为 30%。

　　在缺少 Posidonia 页岩地层等温吸附曲线的情况下，估算有机质吸附气的含量是非常困难的。Ross 和 Bustin（2009）的研究结果表明，页岩的总有机碳含量和吸附能力之间存在正相关关系。因此本文决定根据 Ross 和 Bustin（2009）公布的吸附等温线确定吸附能力。尽管这些吸附等温线的测定条件（30℃和最高 6.5MPa）和 Posidonia 页岩储层的温压条件（18~25MPa，64~85℃）差别非常大，但在缺乏该盆地实测吸附等温线的条件下，仍认为这些吸附等温线是具有代表性的。在总有机碳含量为 5.5% 的情况下，Ross 和 Bustin 测得的 Langmuir 吸附体积在 0.4~1.6cm³/g 之间。由于甲烷的吸附等温线在 6.5MPa 压力下达到稳定状态（D. J. K. Ross, 2010），压力（深度）继续升高，甲烷吸附量没有明显增加。温度和吸附能力之间存在明确的负相关关系。Krooss 等（2002）对煤炭的研究结果表明，对吸附能力的温

14

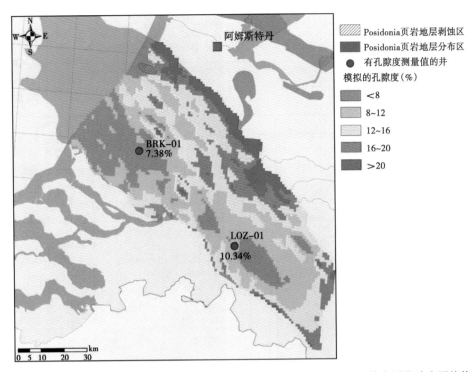

图1.11　三维盆地模拟计算Posidonia页岩储层孔隙度图和研究区两口井实测孔隙度平均值

图例：
- Posidonia页岩地层剥蚀区
- Posidonia页岩地层分布区
- 有孔隙度测量值的井

模拟的孔隙度（%）
- <8
- 8~12
- 12~16
- 16~20
- >20

BRK-01 7.38%
LOZ-01 10.34%
阿姆斯特丹

度校正是不可忽略的。基于上述原因，本文保守假设气体吸附量为0.4cm³/g，在页岩平均密度为2.5g/cm³时，1m³岩石的吸附量为1m³气体。

1.2.2.3.4　岩石体积

由于盆地构造演化贯穿整个地质历史时期，Posidonia页岩地层发育于被断层封隔的不同断块中。West Netherlands盆地大型断裂系统的方向为近北西—南东向（图1.12）。Posidonia页岩地层三维地震体的地震属性分析表明，在局部范围内，可以识别北西—南东向的断裂系统，但是似乎也存在着另一组正交的断裂系统。三维地震体的局部断裂系统解释表明，主断层的延伸范围为5~10km，次级断层的延伸范围为1~2km（图1.12）。由于沥青导致的低声波速度，该地层地震响应非常明显，可以非常精确地绘制成图（图1.13）。在断层封闭的断块内，Posidonia页岩地层呈现良好的横向连续性和较小的起伏性。由于技术的原因，也可能是Posidonia组沿断层断距的原因，水平钻穿边界断层存在难度，因此，West Netherlands盆地的页岩气开采将在断层封闭的断块中进行，面积为几平方千米。在本次研究中，根据三维地震筛选了三个面积为7~17km²的区域（图1.12）。选择这三个区域的原因除了有三维地震资料覆盖，还基于周围井有良好的测井资料，储层埋藏较深等因素。

West Netherlands盆地地层的厚度在6~62m之间，通常为30~35m（TNO-NITG，2004；De Jager和Geluk，2007）。考虑到断块构造内储层的均质性，本次研究选择30m的固定厚度来进行评价。所筛选的断块构造的岩石体积为面积与厚度的乘积（表1.3）。

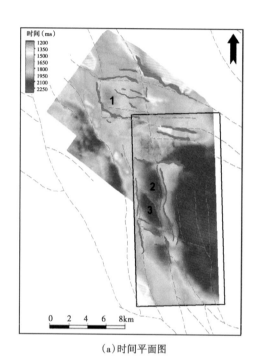

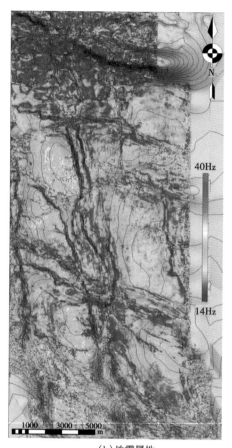

(a)时间平面图		(b)地震属性

图 1.12　地震体上 Posidonia 页岩储层的时间平面图及断块内 Posidonia 页岩地层的地震属性
（a）虚线为区域地震图上识别的大型断裂，红实线为新解释的局部断层；（b）断块内 Posidonia 组页岩层的地震属性
显示频率变化范围窄（18~25Hz），说明地层厚度均匀，达 1000m（3280ft）

表 1.3　荷兰陆上三个目标断块 Posidonia 页岩储层计算的气藏储量

区块	规模 （km）	面积 （$10^6 m^2$）	岩石体积 （$10^9 m^3$）	深度 （m）	温度 （℃）	压力 （MPa）	膨胀 系数	孔隙度 （%）	气藏储量 （$10^9 m^3$）	单储系数 （$10^9 m^3/km^2$）
区块 I	3.0×7.0	17.3	0.519	2300	81.3	23	195	5.5	4.41	0.26
								10	7.6	0.44
区块 II	2.1×4.5	8.68	0.26	2455	86	24.5	202	5.5	2.29	0.26
								10	3.94	0.45
区块 III	1.5×5.5	7.5	0.225	2485	87	25	205	5.5	2	0.27
								10	3.46	0.46

1.2.2.4　气体储量计算

考虑到孔隙度的变化范围，本文决定分两种情况计算，假设孔隙度分别为 5.5% 和 10%。计算孔隙体系中的气体总量时，气体饱和度取 23%，并考虑地层压力和温度下气体膨胀系数，这些参数根据盆地的静水压力梯度和地温梯度（31℃/km；TNO-NITG，2004）计

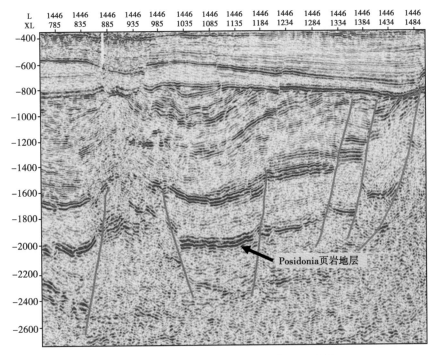

图 1.13　过北北东—南南西方向的典型地震剖面

图中显示了 Posidonia 页岩地层的断层断距

算而来，对每一个断块基于井数据取一个深度值。对于气体吸附量，取固定值 $1m^3/m^3$。

计算结果（$0.26×10^9 ~ 0.46×10^9 m^3/km^2$ 和 $23×10^9 ~ 42×10^9 ft^3/mile^2$）是高度不确定的，在根据探井的第一手结果进行更好的估算之前，只能作为参考。该值仅作为与美国页岩气田的对比。例如，Barnett 页岩核心区和 Tier 县报告的气藏单储系数为 $140×10^9 ~ 145×10^9 ft^3/mile^2$（Hayden 和 Pursell，2005），而 Marcellus 页岩的气藏单储系数为 $130×10^9 ~ 150×10^9 ft^3/mile^2$（Wrightstone，2008；Petzet，2009）。也有人估算 Marcellus 气藏单储系数较低（$0.3×10^9 ~ 2.5×10^9 ft^3/mile^2$；Zielinski 和 Mclver，1982；纽约 Marcellus 页岩气，2009）。相比于美国页岩气的单储系数，Posidonia 页岩地层每平方千米的气体储量估计值略低，但在本次研究中，一些假设是保守的。Barnett 页岩气藏储量高于 Posidonia 页岩气藏储量的主要因素是地层厚度较大（表 1.4）。

表 1.4　本次研究中 Posidonia 页岩储层估计性质与 Barnett 页岩公开
发表性质的对比（据 Cutis，2002）

性质	Barnett 页岩	Posidonia 页岩储层
深度（m）	2000~2600	2300~2500
毛厚度（m）	61~91	30
净厚度（m）	15~61	30
井底温度（℃）	93	72~85
总有机碳含量（%）	4.5	1~15（5.7）
镜质组反射率（%）	1.0~1.3	0.55~1.3

性质	Barnett 页岩	Posidonia 页岩储层
总孔隙度（%）	4~5	5~13
含气孔隙度（%）	2.5	3.9~7.0（估计）
含水孔隙度（%）	1.9	1.7~3.0（估计）
气体含量（m³/m³）	21~25	8~15（估计）
吸附气比例（%）	20	7~13
气藏压力（MPa）	20~27	23~26（估计）
气藏单储系数（10⁹m³/km²）	0.76~1.53	0.26~0.46

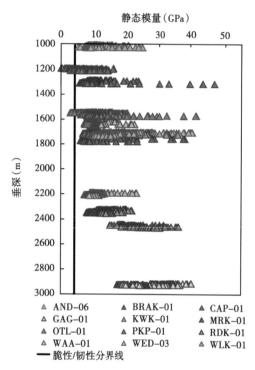

图 1.14　对目标井计算后所得的静态模量
和杨氏模量结果

黑线是泊松比为 0.4 时脆性区与韧性区的分界线

Posidonia 页岩地层的气藏储量还需要通过探井落实。气藏能否开发还不明朗，除了许多其他因素外，还取决于能否改造低渗透岩石来生产气体。改造通常通过水力压裂来实现，这高度依赖于岩石的力学性质。对于该地区的 11 口井，弹性特性（杨氏模量和泊松比）是在测井的基础上根据 Eissa 和 Kazi（1998）及 Castagna 等（1985）的方法确定的。杨氏模量的计算结果表明，随着深度的增加，可以观察到与岩石压缩过程类似的大概趋势（图 1.14），换句话说，随着深度的增加，岩石变得更脆。而且杨氏模量的分布反映了沉积剖面上岩性和矿物性质的变化。根据 Grieser 和 Bray（2007）的方法，泊松比在 0.2 时，脆性到韧性的转换点在 1.45GPa，高泊松比（0.4）下脆性到韧性的转换点在 6.1GPa。在假定的低泊松比（0.2）下，Posidonia 页岩地层没有一口井落在韧性区域。在假定高泊松比（0.4）下，Posidonia 页岩地层两口井部分落入韧性区域（PKP-01 井和 OTL-01 井），Posidonia 页岩地层的 MRK-01 井、RDK-01 井、BRAK-01 井和 KWK-01 井

曲线靠近过渡区，但距离韧性区仍有 0.6GPa 甚至更多的差距。这意味着，根据以上计算结果可以预见，在对岩体施加足够的应力时，West Netherlands 盆地 Posidonia 页岩地层几乎全部表现为脆性。水力压裂的成功与否还进一步高度依赖于目前的应力状态，West Netherlands 盆地的应力状态为南西—北东向的压缩应力（Duin 等，2006）。

1.2.3　Epen 组

1.2.3.1　地质特征

只有有限数量的井钻遇 Epen 组，而且只有少数井钻穿整套地层。这套地层主要属于纳缪尔阶（谢尔普霍夫阶—下巴什基尔阶），局部发育到下威斯特伐利亚 A 阶（上巴什基尔

阶），在 London—Brabant 地块北缘，Epen 组的基底大致与维宪阶—纳缪尔阶的边界契合。

　　基于井信息，Van Adrichem Boogaert 和 Kouwe（1993—1997）对该地层进行了描述：这是一套连续的深灰色—黑色泥岩，并发育少量的砂岩夹层，不存在煤层，但散布的碳质在局部富集。该地层由若干叠置的反韵律层序组成，排列成 50～300m 厚的几套大型反旋回。某些反旋回，特别是地层上部的反旋回顶部发育砂岩夹层。每个旋回的基底及中间部分主要是泥岩，部分含有海相化石。在这套地层底部的局部地区，发现了一种黑色的、含沥青质的、部分硅质化和钙质化的页岩。即所谓的 Geverik 段。其沥青质特性表明，这是一种很有潜力的页岩气目标。这套沥青质页岩叠置于 Dinantian 阶碳酸盐岩之上。在 Geverik-1（GVK-01）井，这种变化是渐进、整合的，但在其他地方接触关系可能是不整合的，碳酸盐岩层作为底部边界对成功实施水力压裂很重要，因为碳酸盐岩形成了天然的屏障，阻止裂缝延伸到这套地层外。

　　所有钻穿 Epen 组的井都位于石炭纪盆地的边缘或者是隆升构造的高点（图 1.15）。可以预见该套地层大范围存在，但在这一区域地层的物性不得而知。其沉积环境被解释为三角洲反复向湖盆进积（Van Adrichem Boogaert 和 Kouwe，1993—1997）。地震剖面上新识别出的 Epen 组下部大片的碳酸盐岩台地表明，沉积时期高点和低点控制了沉积环境，并决定了 Epen 组的分布特征。Epen 组的顶部为穿时的边界，根据其在盆地中的地理位置，可能从纳缪尔 B 阶（Limburg 南部）到下威斯特伐利亚 A 阶（中央海岸）。

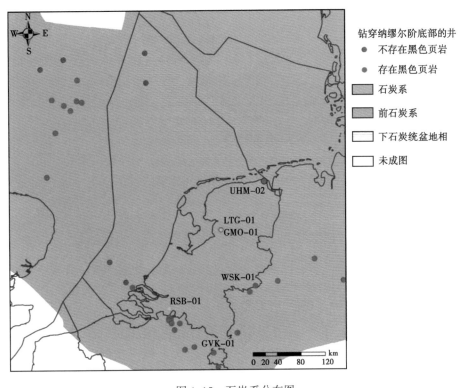

图 1.15　石炭系分布图

井点位置钻遇 Epen 组底部黑色页岩（Doornenbal 和 Stevenson，2010）

1.2.3.2 数据

荷兰有 12 口井钻穿 Epen 组，其信息已收录在公共数据库中，Herber 和 De Jager（2010）发表的地震测线显示，最新完钻的 UHM-02 井钻穿整套 Epen 组。本文评价了公共数据库中的测井及岩屑和岩心观测数据，也检索了该数据库中 EMO-01 井、RSB-01 井和 LTG-01 井的泥浆录井数据，但地震剖面数据仍待解释。

1.2.3.3 物性特征

1.2.3.3.1 干酪根类型和总有机碳含量

GVK-01 井在 Epen 组底部 Geverik 段进行了完整取心，取心资料已被详细研究。此外，对其他井的岩心取样资料也进行了分析。Epen 组除底部以外的地球化学研究表明，总有机碳含量最高可达 5%，中值约为 1.1%。但必须注意的是，样品优先选取测井曲线上高伽马值的井段，这些可能代表了地层层序中富含有机质的层段。由于成熟度高，这套页岩的干酪根类型复杂，且海洋化石显示沉积物具有海相特征（Van Adrichem Boogaert 和 Kouwe，1993—1997），有强烈的迹象表明干酪根为 II 型干酪根。这与 Pletsch 等（2010）描述的海相缺氧沉积环境是吻合的。另外也可能存在一些 III 型干酪根（图 1.16）。总有机碳含量可能高达 7%，由于其成熟度高，可以预计原始的总有机碳含量和氢指数更高。在荷兰，Geverik 段作为油气烃源岩的作用还未明确证实，但可以推测 Geverik 段对油气生成有贡献（Van Balen 等，2000）。

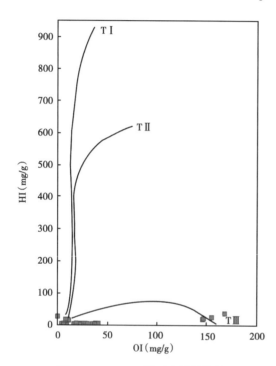

图 1.16　Geverik 段页岩测量值的 Psedo-van-Krevelen 图

1.2.3.3.2 成熟度

在荷兰南部，RSB-01 井在 Epen 组钻进了 1700 多米，仍未触及该地层的底部；在荷兰中部，LTG-01 井钻进了近 1600m 才完全钻穿该地层。考虑到 Epen 组的厚度，从地层顶部到底部，其成熟度明显增加。例如，在 RSB-01 井中，其成熟度从地层顶部的约 2% 增加到最深部的 3% 左右。在荷兰中部地区，成熟度变化趋势更陡峭，比如 NAG-01 井和 EMO-01 井（靠近荷兰中部的 LTG-01 井）。在 WSK-01 井更远的东部，地层顶部的成熟度约为 2%，而底部的成熟度达到 4% 甚至更高。在该国东南部的 Geverik-01 井，由于其位于盆地边缘，Epen 组并没有这么厚，但沉积物仍显示出陡峭的成熟度变化趋势，从地层的上部到底部，成熟度大约从 2% 增加到 3%，成熟度变化趋势的差异反映了热力学历史的差异。其他井和盆地模拟证实，成熟度有逐渐降低的趋势。这意味着，在该国的东南部到东部，富含有机质的基底部分由于成熟度太高而不利于气体保存，而在更远的西部，可能有页岩气成藏的机会，但由于其高成熟度，风险很大。地层的上部仍位于合适的成熟度窗口，尽管岩石中的有机质含量可能偏低。

1.2.3.3.3 气体含量

RSB-01 井、EMO-01 井和 LTG-01 井的泥浆录井在威斯特伐利亚阶煤层有清晰的气体显示，表明在更深的煤层（1700m 以深）具有储存气体的潜力。然而，在这些井中，Epen 组上部的贫煤层段也出现气体显示。LTG-01 井和 UHM-02 井甚至在 Epen 组底部预测为高成熟的部位，也含有非常少量的气体。虽然这些数据不能提供 Epen 组气体潜力的结论性证据，也不能很容易地转换为岩石的气体含量，但它们为进一步研究页岩气的潜力奠定了基础。

1.2.3.3.4 岩石体积

如果存在气体，Epen 组巨厚的沉积物为成藏提供了足够的空间。该套地层底部富含有机质部分的厚度预计为 50~70m，且展布面积广大。在荷兰的某些地区，该套地层上部的厚度可能达到 2000m，但该套地层的大部分区域缺乏有机质。尽管如此，泥浆录井显示，该地层预计发育几套富含有机质的地层并含有气体，但含气岩石的净体积是不确定的。

1.2.4 勘探挑战

勘探 Posidonia 页岩地层的挑战在于准确评价影响页岩气藏地质储量的计算参数以及在泥浆录井中确认气体存在的证据。由于 Posidonia 组横向连续性和厚度有限，断层、裂缝以及深度的准确成图是准确部署定向井的必要条件。

Epen 页岩地层富含有机质的基底部分的主要勘探难点在于，确定具有合适成熟度窗口（如 R_o<3.3%）、合适深度的页岩储层位置。满足这些标准的可能是位于荷兰西部地区成熟度更低的局部高地。虽然 Epen 组的上部处于合适的成熟度窗口，但是还需要确认含有足够有机质的层段。

除了技术上的挑战，页岩气开发前还需要解决诸多社会问题，公众对页岩气开发的环境影响以及安全性的关注日益提高，公司必须证明它们能够以负责任和安全的方式开发页岩气。在过去两年中，对页岩气潜力和环境影响的信息需求变得非常重要。自 2010 年以来，荷兰已向不同的公司发放了四份勘探许可证，这就要求决策者对荷兰的页岩气开发摆明立场。

1.3 讨论

本次研究所作的评估表明，荷兰具有页岩气潜力，但在潜力开发之前需要解决一些问题。相比欧洲其他的潜在页岩气藏研究，在本次研究中，应用了一个更广泛的地质数据库。将 40 余口井的许多不同数据整合到一起来确定相应的评价参数，包括测井数据（密度、声波、自然伽马、电阻率测井）、地层分层数据、地球化学测量数据、孔隙度测试数据、温度和压力数据以及三维地震数据。

然而，页岩气储层的关键参数还有许多不确定性，不确定性是由于数据的数量和质量造成的。因为此次研究所依赖的数据和测量值，在获取时并不是专门针对页岩气的。例如，地球物理测井就是为了常规油气作业而进行的。这就导致页岩气评价的精度低于预期。计算的页岩气地质储量是高度不确定的，甚至是令人怀疑的，不应脱离限定条件而使用。尽管如此，与世界其他地区一些在生产的盆地相比，它们还是有价值的。根据已获取的数据，本文认为这次评估为进一步的调查和勘探提供了充足的支持。Posidonia 页岩地层和 Epen 页岩地层面临的勘探挑战是不同的。Posidonia 组存在页岩气是众所周知的，泥浆录井证实浅部钻遇气藏，深部气藏是否存在以及经济产能如何还需要证实。对于 Epen 页岩地层，哪些区域拥有富含有机质且位于适宜的成熟度区间还需要确认。

今后的工作应该致力于获取更多专门用于页岩气评价的数据，理想情况下，这些数据将来自新的探井以及从新探井上提取的新样品。但是同时，从以前实施的井上提取的岩心样品也是可用的。新的岩心测试重点是确定地质力学特性、矿物学性质、孔隙度、渗透率、吸附特征以及裂缝结构。在区域地质尺度上的应力测定也很有价值。

本次研究提供了荷兰潜在页岩气开发的地质背景资料，未来荷兰页岩气的勘探开发取决于荷兰是否有技术生产页岩气。虽然几个断块在单位面积上的页岩气预测储量与美国的页岩气藏在相同数量级上（尽管比美国一些成功开发的页岩气藏要低），但是地质构造却完全不同。荷兰的盆地是高度断裂化的，沉积物堆积于地垒和地堑构造中。未遭破坏的构造断块范围在 7.5~17.3km² 之间。如果可以证实经济可行性，这样的断块最好独立开发。

1.4 结论

本次研究证实荷兰地下发育页岩层，由于潜在页岩气的产量很大，应作进一步页岩气调查。多口井的泥浆录井提供了地层中存在气体的证据，预示着这些页岩层前景良好。然而，勘探挑战依然存在，主要是岩石的成熟度问题（Posidonia 页岩地层的成熟度不够，而 Epen 页岩地层的成熟度太过）。在某些构造断块中，虽然每平方千米蕴藏的页岩气预测储量比美国成功开发的页岩气藏要低，但处于同一数量级，地质构造与美国的盆地地质构造却完全不同，荷兰的盆地高度断裂化，沉积物堆积于地垒和地堑构造中。如果经济可行性得以证实，这种断块面积在 7.5~17.3km² 之间的最好逐个开发。总之本次研究提供了荷兰潜在页岩气开发的地质背景资料。在过去两年中，对此类信息的需求变得非常重要，自 2010 年以来，已向不同的公司发放了四份勘探许可证。由于公众对页岩气生产的环境影响和安全性的关注提高，这就要求决策者对荷兰的页岩气开发表明立场。

参 考 文 献

AAPG-EMD, 2010, Energy Minerals Division annual report.

Bruner, K. R., and R. Smosna, 2011, A comparative study of the Mississippian Barnett Shale, Fort Worth Basin, and Devonian Marcellus Shale, Appalachian Basin：DOE/NETL-2011/1478.

Castagna, J. P., M. L. Batzle, and R. L. Eastwood, 1985, Relationships between compressional-wave and shearwave velocities in clastic silicate rocks：Geophysics, v. 4, p. 571-581.

Chew, K., 2010, The shale frenzy comes to Europe：Exploration and Production (March 2010), p. 4.

Curtis, J. B., 2002, Fractured shale-gas systems：AAPG Bulletin, v. 86, no. 11, p. 1921-1938.

De Jager, J., 2007, Geological Development, in T. E. Wong, D. A. J. Batjes, and J. De Jager, eds., Geology of the Netherlands：Amsterdam, Royal Dutch Academy of Arts and Sciences, p. 5-26.

De Jager, J., M. A. Doyle, P. J. Grantham, and J. E. Mabillard, 1996, Hydrocarbon habitat of the West Netherlands Basin, in H. E. Rondeel, D. A. J. Batjes and W. H. Nieuwenhuis, eds., Geology of gas and oil under the Netherlands：Dordrecht, Kluwer, p. 191-209.

De Jager, J., and M. C. Geluk, 2007, Petroleum geology, *in* T. E. Wong, D. A. J. Batjes, and J. De Jager, eds., Geology of the Netherlands, Royal Amsterdam: Dutch Academy of Arts and Sciences, p. 237–260.

Den Hartog Jager, D., 1995, Fluviomarine sequences in the Lower Cretaceous of the West Netherlands Basin: correlation and seismic expression, *in* H. E. Rondeel, D. A. J. Batjes, and W. H. Nieuwenhuis, eds., Geology of gas and oil under the Netherlands: Dordrecht, Kluwer, p. 229–241.

Diekmann, V., H. J. Schenk, B. Horsfield, and D. H. Welte, 1998, Kinetics of petroleum generation and cracking by programmed–temperature closed–system pyrolysis of Toarcian Shales: Fuel, v. 77, p. 23–31.

Doornenbal, H., and A. Stevenson, 2010, Petroleum geological atlas of the southern Permian Basin area: Houten, EAGE Publications.

Duin, E. J. T., H. Doornenbal, R. H. B. Rijkers, J. W. Verbeek, and T. E. Wong, 2006, Subsurface structure of the Netherlands, results of a recent onshore and offshore mapping: Netherlands Journal of Geosciences, v. 85, p. 245–276.

Eissa, E. A., and A. Kazi, 1998, Relation between static and dynamic young's moduli of rocks: International Journal of Rock Mechanics and Mining Sciences and Geomechanics, Abstracts, v. 25, no. 6, p. 479–482.

Evans, D., C. Graham, A. Armour, and P. Bathurst, 2003, The millennium atlas: petroleum geology of the central and northern North Sea: London, GSL.

Frimmel, A., W. Oschmann, and L. Schwark, 2004, Chemostratigraphy of the Posidonia Black Shale, SW Germany: influence of sea–level variation on organic facies evolution: Chemical Geology, v. 206, no. 3–4, p. 199–230.

Geluk, M. C., M. Dusar, and W. de Vos, 2007, Pre–Silesian, *in* T. E. Wong, D. A. J. Batjes, and J. De Jager, eds., Geology of the Netherlands: Amsterdam, Royal Netherlands Academy of Arts and Sciences, p. 27–42.

Gradstein, F. M., J. G. Ogg, A. G. Smith, F. P. Agterberg, W. Bleeker, R. A. Cooper, V. Davydov, P. Gibbard, L. A. Hinnov, M. R. House, L. Lourens, H. P. Luterbacher, J. McArthur, M. J. Melchin, L. J. Robb, J. Shergold, M. Villeneuve, B. R. Wardlaw, J. Ali, H. Brinkhuis, F. J. Hilgen, J. Hooker, R. J. Howarth, A. H. Knoll, J. Laskar, S. Monechi, J. Powell, K. A. Plumb, I. Raffi, U. Röhl, A. Sanfilippo, B. Schmitz, N. J. Shackleton, G. A. Shields, H. Strauss, J. Van Dam, J. Veizer, T. van Kolfschoten, and D. Wilson, 2004, A geologic time scale: Cambridge, Cambridge University Press, 610 p.

Grieser, B., and J. Bray, 2007, Identification of production potential in unconventional reservoirs: SPE Production and Operations Symposium, Oklahoma City, Oklahoma.

Hayden, J., and D. Pursell, 2005, The Barnett Shale, visitors guide to the hottest gas play in the US: Pickering Energy Partners Inc., http://www. tudorpickering. com/Websites/tudorpickering/ Images/Reports Archives/TheBarnettShaleReport. pdf (accessed October 29th 2012). Herber, R., and R. De Jager, 2010, Oil and gas in the Netherlands—is there a future?: Netherlands Journal of Geosciences, Geologie en Mijnbouw, v. 89–2, p. 119–135.

Jarvie, D. M., R. J. Hill, T. E. Ruble, and R. M. Pollastro, 2007, Unconventional shale-gas systems: the Mississippian Barnett Shale of north-central Texas as one model for thermogenic shale-gas assessment: AAPG Bulletin, v. 9, no. 4, p. 475–499.

Kabula, M., M. Bastow, S. Thompson, I. Scotchman, and K. Oygard, 2003, Geothermal regime, petroleum generation and migration, in D. Evans, C. Graham, A. Armour, and P. Bathurst, eds., The millennium atlas: petroleum geology of the central and northern North Sea: London, GSL, p. 289–315.

Kombrink, H., 2008, The Carboniferous of the Netherlands and surrounding areas: a basin analysis: Utrecht, Utrecht University, 184 p.

Kombrink, H., H. Van Lochem, and K. J. Van Der Zwan, 2010, Seismic interpretation of Dinantian carbonate platforms in the Netherlands: Implications for the palaeogeographical and structural development of the Northwest European Carboniferous Basin: Journal of the Geological Society, January 2010, v. 167, p. 99–108.

Krooss, B. M., F. van Bergen, Y. Gensterblum, N. Siemons, H. J. M. Pagnier, and P. David, 2002, High-pressure methane and carbon dioxide adsorption on dry and moistureequilibrated Pennsylvanian coals: International Journal of Coal Geology, v. 51, no. 2, p. 69–92.

Lutgert, J., H. Mijnlieff, and J. Breunese, 2005, Predicting gas production from future gas discoveries in the Netherlands: Quantity, location, timing, quality, in A. G. Dore and B. A. Vining, eds., Petroleum geology: North-west Europe and global perspectives, Proceedings of the 6th Petroleum Geology Conference: London, The Geological Society, v. 6, p. 77–84.

Marcellus Shale in New York, 2009, http://oilshalegas.com/marcellusshalenewyork.html (accessed November 11th 2009).

Muntendam-Bos, A. G., B. B. T. Wassing, J. H. Ter Heege, F. Van Bergen, Y. A. Schavemaker, S. F. Van Gessel, M. L. De Jong, S. Nelskamp, K. Van Thienen-Visser, E. Guasti, F. J. G. Van Den Belt, and V. C. Marges, 2009, Inventory nonconventional gas: Publication of TNO Built Environment and Geosciences.

Nelskamp, S. and J. M. Verweij, 2012, Using basin modeling for geothermal energy exploration in the Netherlands—an example from the West Netherlands Basin and Roer Valley Graben. TNO report, TNO-060-UT-2012-00245, 113 p.

Passey, Q. R., S. Creaney, J. B. Kulla, F. J. Moretti, and J. D. Stroud, 1990, A practical model for organic richness from porosity and resistivity logs: AAPG Bulletin, v. 74, no. 12, p. 1777–1794.

Pepper, A. S., and P. J. Corvi, 1995, Simple kinetic models of petroleum formation, part I: Oil and gas generation from kerogen: Marine and Petroleum Geology, v. 12, p. 291–319.

Petzet, A., 2009, Seneca third largest Marcellus shale player: Oil and Gas Journal, January 2009.

Pletsch, T., J. Appel, D. Botor, C. J. Clayton, E. J. T. Duin, E. Faber, W. Górecki, H. Kombrink, P. Kosakowski, G. Kuper, J. Kus, R. Lutz, A. Mathiesen, C. Ostertag-Henning, B. Papiernek, and F. Van Bergen, 2010, Petroleum generation and migration, in J. C. Doornenbal and A. G. Stevenson, eds., Petroleum geological atlas of the Southern Permian Basin area: Houten, EAGE Publications, p. 225–253.

Rider, M., 1996, The geological interpretation of well logs: Aberdeen, Whittles Publishing.

Ross, D. J. K., and R. M. Bustin, 2009, The importance of shale composition and pore structure upon gas storage potential of shale gas reservoirs: Marine and Petroleum Geology, v. 26, no. 6, p. 916-927.

Schwark, L., and A. Frimmel, 2004, Chemostratigraphy of the Posidonia Black Shale, SW-Germany: II, assessment of extent and persistence of photic-zone anoxia using aryl isoprenoid distributions: Chemical Geology, v. 206, no. 3-4, p. 231-248.

Teichmüller, M., and B. Durand, 1983, Flourescence microscopical rank studies on liptinites and vitrinites in peat and coal, and comparisons with results of the Rock-Eval pyrolysis: International Journal of Coal Geology, v. 2, p. 197-230.

TNO-NITG, 2004, Geological atlas of the subsurface of the Netherlands—onshore: Netherlands Institute of Applied Geoscience TNO - National Geological Survey, Utrecht, 103 p.

Trabucho, A. J., 2011, Mesozoic sedimentation in the North Atlantic and Western Tethys: global forcing mechanisms, and local sedimentary processes: Geologica Ultraiectina, v. 335, Doctoral thesis, Utrecht University, Utrecht. 168 p.

Van Adrichem Boogaert, H. A., and W. F. P. Kouwe, 1993-1997, Stratigraphic nomenclature of the Netherlands, revision and update by RGD and NOGEPA: Haarlem, Mededelingen Rijks Geologische Dienst, 50 p.

Van Balen, R. T., F. Van Bergen, C. De Leeuw, H. Pagnier, H. Simmelink, J. D. Van Wees, and J. M. Verweij, 2000, Modelling the hydrocarbon generation and migration in the West Netherlands Basin, the Netherlands, Geologie en Mijnbouw Netherlands Journal of Geosciences, v. 79, p. 29-44.

Wrightstone, G., 2008, Marcellus Shale geologic controls on production: Presentation, AAPG Eastern Section meeting, Pittsburgh, PA, 49 p.

Wong, T. E., D. A. J. Batjes, and J. De Jager, 2007, Geology of the Netherlands—Jurassic: Amsterdam, Royal Netherlands Academy of Arts and Sciences, p. 107-125.

Zielinski, R. E., and R. D. McIver, 1982, Resource and exploration assessment of the oil and gas potential in the Devonian gas shales of the Appalachian Basin: MLMMU-82-61-0002, DOE/DP/0053-1125, 326 p.

第2章 页岩气资源气体生成的组分模型
——美国 Barnett 页岩和德国 Posidonia 页岩

Françoise Behar

TOTAL S. A. , 2, place Jean Millier – La Dé fense 6, 92400 Coubevole, France
（e-mail：francois. behar@ total. com）

Daniel M. Jarvie

EOG Resources, 1111 Bagby St. , Houston, Texas, 77002, U. S. A.
（e-mail：Dan_ Jarvie@ EOGResources. com）

摘要 本次研究的目的是确定页岩气系统在生油窗口和生气窗口所生成气体的物质平衡。为了实现该目的，分别选取未成熟烃源岩和成熟烃源岩在封闭的热解系统中开展干酪根裂解实验模拟。首先，将经过三种标准类型干酪根校正的组分动力学模型（Behar 等，2008a，2010）分别应用于未成熟的密西西比亚系 Barnett 页岩干酪根和下侏罗统 Posidonia 页岩干酪根。结果表明，在地质条件下，生油窗生成的气体主要是湿气，Barnett 干酪根的最大生气量为 30mg/g，而 Posidonia 干酪根的最大生气量为 25mg/g。随后，将未成熟的干酪根置于 375℃ 条件下 24h，进行人工熟化，以便干酪根达到生气窗口，并通过溶剂萃取除去所有生成物。目的是制备无油干酪根，便于测定只从成熟干酪根中生成的产物。将这些无油的成熟干酪根加热到更高的温度，评估无油干酪根的晚期生气量。结果表明，晚期生成的气几乎 100% 为干气，Barnett 干酪根的最大生气量为 80mg/g，Posidonia 干酪根的最大生气量为 75mg/g。但该数值并不等于晚期生气量的最大值，因为在实验室条件下，即使在最高热强度（550℃/24h）下，生气量也未达到某一平稳值。在动力学模拟中，干酪根晚期生气的活化能为 55~62kcal/mol，频率因子为 $10^{12}s^{-1}$，当把这些数据推广到地质条件时，晚期生成气是在镜质组反射率为 1.5%~3% 时生成。对初次生烃主带残余化合物的二次裂解生气初步模拟表明，镜质组反射率为 1.5%~3.0% 时，尽管能生成 1.5%~2.0% 的湿气，但整体干气的摩尔百分数为 85%~90%。对有机碳含量为 2% 的原始烃源岩初步计算了地质条件下生成气的物质平衡分量：初次生烃主带后，残余油裂解及气体转化生成的湿气量为 20ft³/t，而残余不溶性有机质热演化生成的干气量为 60ft³/t。

干酪根是在沉积物成岩过程中形成的，并在沉积物埋藏过程中逐渐热解为石油烃。首先在后生作用阶段，干酪根生成可作为生气母质的油，在生油窗之后，残余的干酪根继续热成熟，主要生成气。这种晚期生气对应变生作用阶段。

文献中曾提出了两种动力学机理。第一种机理即并行动力学机理认为，石油烃是由干酪根通过一系列并行的化学反应直接生成的。该机理通常应用于从开放系统中获得的数据，因为生成速率基于总火焰电离检测器的响应，它直接与热解反应器相连（Braun 和 Rothman，1975；Burnham 和 Happe，1984；Tissot 和 Welte，1984；Tissot 等，1987；Ungerer 和 Pelet，1987；Burhnam 和 Braun，1990；Ungerer，1990；Sundararaman 等，1992；Burnham 等，

1995；Pepper 和 Corvi，1995；Reynolds 和 Burnham，1995；Schenk 和 Dieckmann，2004）。

并行动力学机理也用于解释在开放和封闭系统中所生成的单个化合物的动力学机理（Reynolds 和 Burnham，1993；Tang 和 Behar，1995；Tang 和 Staufer，1995；Tang 等，1996；Behar 等，1997；Cramer，2004）。然而，并行动力学机理是针对封闭热解系统提出的（Barth 和 Nielsen，1993；Dieckmann 等，2000；Lewan 和 Ruble，2002）。有两篇文献研究表明，并行动力学机理在应用于煤样时还存在缺陷（Burnham 等，1995；Schenk 和 Horsfield，1998）。

并行动力学机理适用于收集到的生成物仅来自反应物，而不是一级产物和二级产物的混合物的情况。前人的研究表明，在 S_2 峰值时收集到的热解生成物主要是氮硫氧有机化合物（Monin 等，1980；Behar 等，1997）。在封闭系统无水条件下（Louis 和 Tissot，1967；Evans 和 Felbeck，1983；Monthioux 等，1985；Monin 等，1990；Teerman 和 Hwang，1991；Behar 等，1991，1997，2008）或有水条件下（Lewan，1993；Mansuy 等，1995；Michels 等，1996；Ruble 等，2001；Behar 等，2003）热解生成物主要也是氮硫氧化合物。

第二种机理即油气生成中的连续动力学机理最初是对油页岩干馏过程研究后提出的（McKee 和 Lyder，1921；Franks 和 Goodier，1922；Maier 和 Zimmerly，1924；Hubbaed 和 Robinson，1950；Fitzgerald 和 Van Krevelen，1959；Allred，1966；Cummins 和 Robinson，1972）。后来其他类型化石有机质也证实了这一概念（Tissot，1969；Tissot 和 Espitalié，1975；Ishiwatari 等，1977；Serio 等，1987；Solomon 等，1988；Lewan，1993，1997）。连续动力学机理表明，氮硫氧化合物（NSO）是烃的主要来源。这意味着烃不是通过并行化学反应同时生成的，而是通过一系列连续反应生成的。最新的文献对三种典型干酪根进行了干酪根和氮硫氧化合物（NSO）裂解定量模型研究，根据 Tissot 等（1974）的分类，这三种类型的干酪根是有机质的三种主要来源。

为此，在封闭系统无水条件下对干酪根进行人工熟化。采用两种溶剂连续提取出热解产物，首先用正戊烷提取出饱和烃、芳香烃化合物和可溶于正戊烷的氮硫氧化合物，然后利用二氯甲烷提取不溶于正戊烷（沥青）的氮硫氧化合物。结果表明，干酪根首先裂解为沥青质，这是烃的第一来源。然后这些沥青质经历二次裂化，生成树脂、固体残渣和预固化物，这是烃的第二来源。这些重质极性化合物生成的固体残渣和树脂化合物，是烃的第三来源。整个动力学机理如下：

干酪根→非烃气+沥青+干酪根 2（初次裂化后结构重整的干酪根）

沥青→非烃气+烃+树脂+残渣

树脂→烃+残渣

在上述动力学反应序列中，产生了两种不溶性残渣。第一种为残余干酪根，第二种是沥青和树脂二次裂解过程中产生的固体（Behar 等，1991，2008b，2010；Lewan，1993；Erdmann 和 Dieckmann，2006）。活化能的分布清晰地表明，大部分沥青质是非常不稳定的，在与母质干酪根相同的温度下就开始裂解（图 2.1）。为了证实这些优化结果，对残余干酪根及随成熟度提高逐渐收集的伴生沥青进行了烃源岩评价分析。图 2.2 为 Behar 等（2008b，2010）对 I 型和 II 型干酪根研究的结果。正如预期的那样，随着干酪根成熟度提高，氢指数降低，相应的 T_{max} 均匀提高。相比之下，在低转化率时形成的沥青质的氢指数与初始干酪根的氢指数非常接近，并一直保持到转化率达到 60%。同时，沥青质的 T_{max} 也随着成熟度的提高而提高，但与干酪根测得的 T_{max} 相比，其 T_{max} 整体向低值大幅度偏移。这些结果清晰地表明，干酪根测得的氢指数与其生成的沥青质的氢指数相对应，同时也表明大部分的沥青质非常不稳定。因此，油气生成的主要来源不是干酪根而是氮硫氧化合物（沥青质和树脂），在地质条件下，沥青质非常不稳定，在生油主带之前可能就会裂解，产生的大量固体残渣与残留干酪根混合在一起。随着成熟度提高，混合物将经历二次裂化生成干气（Behar 等，1991，1997，2008b，2010；Braun 和 Burnham，1991；Burnham，1991；Lewan，1993；Dieckmann 等，2006；Erdmann 和 Horsfield，2006；Mahlstedt 等，2008）。

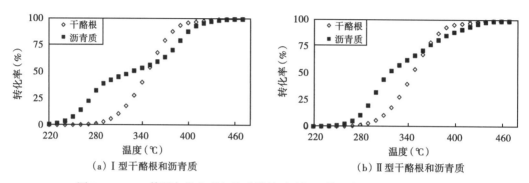

（a）Ⅰ型干酪根和沥青质　　　　　　　　（b）Ⅱ型干酪根和沥青质

图 2.1　Behar 等研究的Ⅰ型和Ⅱ型样品干酪根及其生成的沥青质的转化率

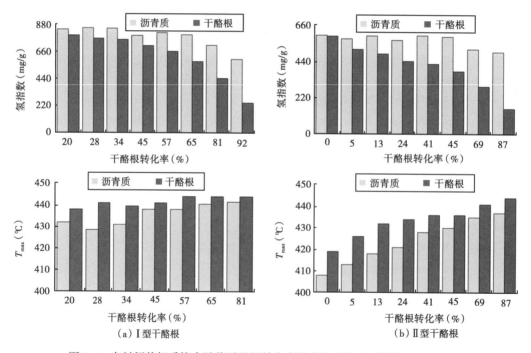

（a）Ⅰ型干酪根　　　　　　　　　　（b）Ⅱ型干酪根

图 2.2　在封闭热解系统中随着干酪根转化率提高Ⅰ型和Ⅱ型样品的干酪根及
沥青质的岩石评价数据（据 Behar 等，2008a，2010）

　　总而言之，大量油气是通过氮硫氧化合物生成和裂解的一系列连续动力学反应生成的。因此，干酪根的人工熟化只能在封闭的热解系统中进行，因为在开放的体系中，所产生的沥青质在热解腔中发生二次裂解，而不能被收集量化。反应过程中不需要加水，因为对Ⅰ型干酪根（Behar 等，2010）的最新研究发现，在含水和无水的条件下，烃生成速率和最大生成量均基本一致。

晚期气体通常指在生油主带之后生成的甲烷和其他烃类及非烃类气体（Hunt，1979；Tissot 和 Welte，1984；Whiticar，1994）。深层气体聚集可能是成熟有机质的最终转化、未排出的残余油热分解、储层中油二次裂解等过程形成的。

成熟干酪根生成的晚期气体被认为是Ⅲ型煤热裂解的特定产物（Schoell，1983；Cooles 等，1986；Quigley 和 Mackenzie，1987；Chung 和 Sackett，1988；Clayton，1991）。然而，对未成熟的Ⅰ型和Ⅱ型干酪根所做的实验（Campbell 等，1980；Huss 和 Burnham，1982；Behar等，1997；Lorant 和 Behar，2002）表明，大量甲烷是由成熟干酪根生成的，关键在于通过将油二次裂解降到最低来实现干酪根的晚期生气。

文献中提出了两种方法。第一种方法是对镜质组反射率高于 1.3%～1.5% 的天然成熟样品进行人工熟化。Behar 等（1997）及 Lorant 和 Behar（2010）提出了一套特定流程，将天然样品置于 350～375℃ 的金袋式反应器中 15～48h，然后提取生成的气和油以消除大量油裂解的影响。残余的干酪根加热至 400～550℃ 温度范围 1～48h。虽然大多数油被排出了，但他们发现在晚期生气阶段的初期仍然生成了 15～30mg/g 油。在已知这种晚期油化学组成的条件下，可以计算其生气潜力，并从总生成的气量中扣除。第二种方法（Erdmann 和 Horsfield，2006）是在非等温条件下以 0.7℃/min 或 2℃/min 的速度将封闭热解系统中未成熟的干酪根加热到 700℃，晚期生气量等于 700℃ 条件下收集的气量减去 500～560℃ 条件下收集的气量。利用这种方法，他们提出了特定的参数，将烃源岩分为具有晚期生气潜力和无晚期生气潜力两类。

根据地质条件下晚期生气窗的定义，文献中提出了各种动力学参数。Campbell 等（1980）的模型预测晚期生气开始于生油窗之后，而 Quidley 等（1987）的模型则认为生油窗和晚期生气窗存在重合。Behar 等（1991，1997）提出的动力学参数，将晚期生气时机定位于镜质组反射率在 2% 以上。Erdmann 和 Horsfield（2006）也是如此。在最新的研究中，Lorant 和 Behar（2002）提出晚期生气窗为镜质组反射率为 1.5%～3.0%。由于生气窗和生油窗大幅度重叠，利用气油比来定义黑油、挥发油、凝析油、湿气和干气窗口可能更合适，例如气油比大于 100000ft³/bbl 时，通常定义为干气窗口。

总而言之，推导一个组分动力学机理来描述 Barnett 和 Posidonia 页岩不同干酪根的气体生成，其研究策略包括以下步骤：

（1）在密闭热解系统中不加水的条件下，将两种初始干酪根加热至 250～350℃ 进行人工熟化，根据 Behar 等（2008）提出的组分动力学机理描述其连续的热裂解步骤。

（2）根据 Behar 等（1997）的方法，对来自 Barnett 页岩的两组成熟干酪根进行人工熟化确定晚期生气热解条件，以便最大限度排除油裂解的贡献量，也最大限度降低对晚期生气量评估的不确定性。

（3）运用同样的方法，对 Barnett 页岩和 Posidonia 页岩的两组不成熟干酪根进行人工熟化，模拟晚期生气，并详述相应的动力学机理。

（4）模拟镜质组反射率为 1.0% 的烃源岩天然提取物的二次裂解，以确定成熟度为 1.1%～3.0% 时生气的贡献量。

（5）计算地质条件下成熟度为 1.1%～3.0% 时的气体平衡分量。

2.1　样品筛选

Barnett 页岩烃源岩取样自美国得克萨斯州 Fort Worth 盆地（Jarvie 等，2007；Pollastro 等，2007），Posidonia 页岩烃源岩取样自德国 Lower Saxony 盆地（Düppenbecker 和 Horsfield，1990；Schmid -Röhl 等，2002）。在每一套地层中，选取一组未成熟烃源岩，并选取三组成熟的 Barnett 样品。这两组不成熟页岩含有丰富的有机碳，含量在9%以上，尽管 T_{max} 在 420℃以下，Barnett 页岩的生烃潜力为 479mg/g，大大低于 Posidonia 页岩的生烃潜力 （680mg/g）。该结果与其原子组成相符，Barnett 干酪根的原子组成值低，为 1.053，而 Posidonia干酪根的原子组成值高，为 1.238。各种文献中，两种烃源岩的氢指数都是典型值 （Mann，1989；Jarvie 等，2007）。初始烃源岩和相应干酪根的岩石评价参数见表 2.1。

表 2.1　初始烃源岩及经二氯甲烷萃取后相应干酪根的岩石评价数据

| 样品 | VR (%) | 烃源岩 | | | | | 干酪根 | | | |
		S_1 (mg/g)	S_2 (mg/g)	TOC (%)	HI (mg/g)	T_{max} (℃)	S_2 (mg/g)	TOC (%)	HI (mg/g)	T_{max} (℃)
Barnett	0.45	1.3	51.5	11.6	445	416	313	65.3	479	414
Barnett	1	5.7	13.7	6.3	217	449	98.8	56.9	174	449
Barnett	1.4	1.0	1.7	3.4	49	465	19.1	56.7	34	461
Barnett	1.6	0.9	1.4	4.7	30	476	8.5	55.6	15	463
Posidonia	0.49	1.1	53.6	9.4	570	416	421	62.0	680	418

2.2　实验与动力学模拟

在热解之前，在氮气环境中用非氧化酸溶解岩石中的矿物分离出干酪根（Durand 和 Nicaise，1980）。通过两次二氯甲烷连续提取，从干酪根中除去所有可提取的有机质，将提纯后的干酪根干燥后置于手套式操作箱的氮气环境中。

2.2.1　分析步骤

2.2.1.1　金袋式反应器与高压釜

在手套式操作箱内的氮气环境下进行金管填充与焊接，将这些金管置于不锈钢格中，旁边的空管中装有热电偶，用于温度反馈和控制。热解时间从达到所需的等温温度开始测量。在整个实验过程中，利用计算机记录温度。到所需的反应时间结束时，将高压釜用水浴冷却，并缓慢降压，以免金管破裂。每个温度/时间条件使用两个管：一个用于气体分析，另一个用于液体产物分析。然而在真空条件下收集气体时，低分子质量的 C_5—C_{14} 产物可能会损失。

2.2.1.2　气体回收与分子分析

利用与托普勒（Toepler）泵相连的真空管线定量测定气体生成量。金管置于压力为 10^{-5} MPa 的真空管中，真空管配有冷却器，其中填充稳定在-180℃的液氮。将抽取管线与真空泵分离后，用钢绞线刺破管线，利用托普勒泵使永久气体（H_2、C_1 和 N_2）聚集于标准体积中以定量测定总生成量。可冷凝的化合物滞留于液氮冷却器中。随后将液氮冷却器加热至 $-100℃$，并用与永久气体相同的流程，收集和测量可冷凝气体（CO_2，H_2S 和 C_2—C_4）。气相色谱仪经过外部气体校准后，对回收的气体分析其分子组成，并对总气体馏分进行定量分析。

2.2.1.3 液相有机质的物质平衡

对于液态馏分的回收，将金管在室温常压下开封。利用正戊烷和二氯甲烷依次提取热解产物。将金管穿孔，切成小段，转移至装有正戊烷的烧瓶中，在恒定的电磁搅拌下冲洗 1h。过滤后，将正戊烷溶液浓缩至 20mL，称取体积生成量。采用等分试样利用气相色谱仪定量测定 C_4—C_{14} 化合物。将残余物蒸发并称重，利用液相色谱法分成饱和烃、芳香烃和树脂。在用正戊烷萃取后，用二氯甲烷萃取残留在过滤器上的不溶性馏分。该提取物被证实只含有质量分数小于 1% 的饱和烃和芳香烃，因此 98% 以上都是极性化合物。溶剂蒸发后，将二次提取物干燥称重。另外，减去空金管质量后，定量测定残余干酪根的量。

总的物质平衡式如下（图 2.3）：

总量（%）= CO_2+ H_2S+ C_1—C_4+ C_6—C_{14} +C_{14+}饱和烃+C_{14+}芳香烃+ nC_5 NSOs + DCM-NSOs + 残余干酪根

正戊烷萃取的氮硫氧化合物中出现少量的烃类，而二氯甲烷萃取的氮硫氧化合物中则没有出现。

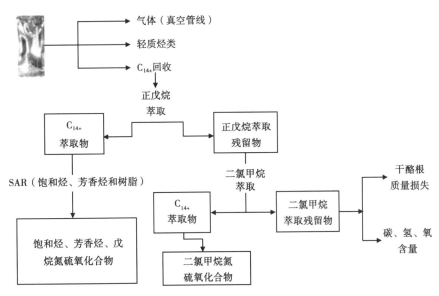

图 2.3　封闭热解实验的分析步骤

2.2.2 动力学模拟

通过对干酪根进行岩石热解实验获取描述石油烃生成的动力学参数。实验采用 Rock-Eval 6 Turbo 装置，在 100mL/min（Behar 等，2001）流量的氮气流下进行。测定不同加热速率下石油烃的生成速率：2℃/min、5℃/min、10℃/min、15℃/min 和 25℃/min。初始在 200℃ 的等温线上保持 15min，然后提高温度至 700℃。使用 IFP 公司的 GeoKin Classic 动力学计算软件，通过 Rock-Eval 6 热解数据的数值反演来校正动力学参数。

对于封闭热解系统中干酪根的动力学模拟，假设热不稳定的化合物通过一级过程分解，根据 Arrhenius 定律，速率常数取决于温度。某一化合物的平均分解速率可以通过一系列独立的并行反应来计算。根据热解质量平衡对动力学参数［模型中每个反应的活化能（E_a）和频率系数（A）的值］和化学计量系数进行数值校准。采用 GeoKin 组分软件可以实现最优化，这是一款 IFP 动力学模拟器，通过寻找最小误差函数调整速率参数，误差函数指测量值与计算值之差的平方和。使用质量守恒约束的修正 Levenberg—Marquardt 算法求误差函数的最小值，质量守恒指每个反应的化学计量系数之和必须等于 100%。

2.3 结果与讨论

2.3.1 开放系统的体积动力学

如实验部分所述，两种干酪根在开放系统中以不同的加热速率热解。这些热解数据（表 2.2）用于推导体积动力学参数，以模拟在成岩和变生作用中产生的油和气。根据 Lorant 和 Behar（2002）及 Behar 等（2008a）的研究，活化能高于 56 kcal/mol 时为晚期生气，因此，与生油窗对应的体积动力学参数为 42~56kcal/mol，如表 2.2 所示。两种干酪根的频率系数非常接近，Barnett 干酪根和 Posidonia 干酪根的频率系数分别为 $7.98 \times 10^{13} \, s^{-1}$ 和 $1.89 \times 10^{14} \, s^{-1}$。这一微小的差异解释了 Barnett 干酪根的主要活化能中值为 52kcal/mol，而 Posidonia 干酪根的主要活化能中值为 54kcal/mol。当实验室温度为 250~600℃，加热速度为 10℃/min 时，干酪根裂解模拟清楚地显示，Barnett 和 Posidonia 干酪根以大致相同的速率分解（图 2.4）。

表 2.2 两种初始干酪根的体积动力学参数

E （kcal/mol）	Barnett 干酪根（%）		Posidonia 干酪根（%）	
	原始值	校正值	原始值	校正值
42	0.1	0.1	0	0
44	0.3	0.3	0	0
46	1.2	1.3	0.3	0.3
48	1.2	1.3	1.2	1.2
50	13.1	13.8	7.3	7.5
52	52	54.7	24.6	25.4
54	21.4	22.5	54.5	56.3
56	5.9	6.1	8.9	9.2
58	2.9		2.2	
60	0.8		0.7	
62	0.7		0.4	
64	0.4		0.1	
66	0		0	
68	0		0	
总计	100	100	100	100
A （s^{-1}）	7.98×10^{13}		1.89×10^{14}	
lg$A$	13.902		14.276	

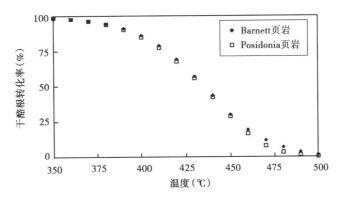

图 2.4 Barnett 和 Posidonia 干酪根在开放热解系统中以 10℃/min 从 250℃ 加热至 500℃ 的模拟结果

2.3.2 封闭实验系统的物质平衡

Barnett 和 Posidonia 页岩的总物质平衡见表 2.3 和表 2.4。两组实验的总回收率为 92%~98%。使用开放系统热解实验校正过的体积动力学参数，无论在封闭系统中采用何种热解条件，都可以确定等效干酪根转化率。尽管这并不意味着封闭系统中的干酪根转化与开放系统中的干酪根转化相同，但这是一种封闭系统中将实验结果与成熟度分离并确定初级和次级裂解过程之间连续步骤的方法。随着干酪根转化率提高，正戊烷氮硫氧化合物和二氯甲烷氮硫氧化合物及总烃馏分的整体变化趋势如图 2.5 所示。将这些值与之前研究的 Ⅱ 型干酪根（Paris 盆地的 Toarcian 页岩）获得的值进行比较（Behar 等，2008a），三种样品的四个馏分随干酪根转化率的变化趋势是相似的。Barnett 和 Posidonia 干酪根不溶性残渣首先降至最低 70%，而 Toarcian 干酪根不溶性残渣降至 50%。在干酪根转化率低至 30%~40% 时达到稳定状态，说明在干酪根裂解的最初阶段有新的不溶性有机质添加了进来。

表 2.3　Barnett 干酪根在封闭热解系统实验中所得的物质平衡参数

Barnett		岩石评价	气体组分（%）			烃组分（%）			氮硫氧化合物		不溶性残渣	总回收率	总烃量
						C_7—C_{14}	C_{14+}		二氯甲烷	正戊烷			
T（℃）	t（h）	TR（%）	CO_2 H_2S	C_1	C_2—C_4		饱和烃	芳香烃	（%）	（%）	（%）	（%）	（%）
300	9	7.5	1.5	0.09	0.17	0.26	0.14	0.49	9	0.61	82.4	94.7	1.2
300	24	14.7	2.73	0.15	0.28	0.43	0.23	0.82	11	1.41	77	94	1.9
300	72	29.8	3.96	0.26	0.49	1.02	0.53	1.68	10.93	2.21	75	96.1	4
300	216	52.7	4.78	0.48	0.91	1.31	0.68	2.53	9.3	2.81	72.8	95.7	5.9
325	9	26.7	4.2	0.28	0.53	0.73	0.38	1.78	11.95	2.06	75	96.9	3.7
325	24	46.2	4.38	0.49	0.92	1.28	0.67	2.36	12.55	2.68	71.4	96.7	5.7
325	72	71.8	5.68	0.81	1.52	2.06	1.08	2.94	7.9	2.65	69.6	94.2	8.4
325	216	87.7	5.9	1.24	2.32	2.73	1.43	3.08	5.44	1.97	70.3	94.4	10.8
350	9	65	4.64	0.69	1.28	1.8	1.15	3.33	8.98	2.4	70	94.3	8.2
350	24	83.4	5.75	1.18	2.21	2.25	1.18	2.93	6.58	1.87	68.8	92.7	9.7
350	72	94	6.41	1.52	2.91	3.29	1.72	2.53	3.6	0.71	69.8	92.5	12

表 2.4 Posidonia 干酪根在封闭热解系统实验中所得的物质平衡参数

Posidonia		岩石评价	气体组分（%）			烃组分（%）			氮硫氧化合物		不溶性残渣	总回收率	总烃量
T	t	TR	CO_2 H_2S	C_1	C_2—C_4	C_7—C_{14}	C_{14+}		二氯甲烷	正戊烷			
（℃）	（h）	（%）					饱和烃	芳香烃	（%）	（%）	（%）	（%）	（%）
275	216	16.1	2.1	0.1	0.2	0.4	0.3	1	9.2	2	83.3	98.4	1.9
300	9	7.6	2	0.1	0.1	0.2	0.2	0.6	8.6	1.1	83.3	96.2	1.2
300	24	14.9	2	0.1	0.2	0.4	0.3	1	8.9	1.7	84.1	98.7	1.9
300	72	28.7	2.4	0.1	0.2	0.6	0.5	1.7	9.2	3.1	78.8	96.8	3.3
300	216	49.6	2.9	0.2	0.6	1.2	0.9	2.9	8.7	4.5	73.7	95.6	5.9
325	24	44.5	3.1	0.2	0.7	0.8	1.1	3.5	10.8	4.5	70	94.8	6.4
325	72	69.1	4.5	0.4	1.2	1.9	1.6	3.9	8.2	4.5	69.5	95.6	9
325	216	84.6	3.8	0.5	1.6	2.5	2.1	4.2	5.5	4.4	69	93.8	11
350	9	63.1	2.7	0.3	0.8	1.6	1.2	3.3	7.8	5.1	70.6	93.3	7.1
350	24	84.8	3.7	0.5	1.6	2.6	2.1	4.4	6.6	5.1	67.3	93.7	11.1
350	72	96.7	4.4	0.8	2.4	4	2.4	3.7	4.1	3	69.3	94.1	13.4

干酪根裂解的同时生成二氯甲烷氮硫氧化合物，在 25%～60% 非常宽的转化率范围内，三种样品维持稳定状态。在较高的成熟度下，常观测到二氯甲烷氮硫氧化合物产量降低，表明这些化合物的二次裂解与初始干酪根的裂解重叠。上述结果表明，氮硫氧化合物可能是干酪根裂解的主要产物。在最大生成量方面，Barnett 和 Posidonia 干酪根的生成量都在 12%～10% 之间，远低于 Toarcian 样品观察到的 15%～16%

相比之下，当干酪根的转化率低于 10% 时，正戊烷氮硫氧化合物生成曲线出现轻微的下凹趋势，表明这些化合物是次要产物。因此，这些化合物大多数不是由干酪根本身生成，而是由二氯甲烷氮硫氧化合物裂解生成。正戊烷氮硫氧化合物达到稳定状态时比二氯甲烷氮硫氧化合物达到稳定状态时的转化率更高。最后 Barnett 和 Posidonia 样品观察到的最大生产量接近，在 3%～5% 之间，是 Toarcian 干酪根 8%～9% 的一半。

三种样品总碳氢化合物馏分的生成速率曲线，从干酪根裂解开始线性上升，直至干酪根转化率达到 100%。Barnett 和 Posidonia 干酪根总碳氢化合物的最大生成量同样是接近的，为 12%～13%，而 Toarcian 干酪根则更高，为 20%。

总之，Barnett 和 Posidonia 干酪根与 Toarcian 干酪根呈现相似的动力学特征。因此，可以采用 Behar 等（2008a）提出的相同类型的动力学机理，有如下发现：

（1）二氯甲烷氮硫氧化合物是干酪根裂解的主要产物，是相对不稳定的化合物，它们主要生成不溶性残渣或固体残渣、正戊烷氮硫氧化合物和烃类。

（2）干酪根生烃开始就生成了正戊烷氮硫氧化合物，但被认为是次要产物，它们能生成固体残渣和烃类。

（3）总烃类生成量有三个来源，即初始干酪根、二氯甲烷氮硫氧化合物和正戊烷氮硫氧化合物。

2.3.3 组分模拟

对 Barnett 和 Posidonia 干酪根进行组分模拟之前，在不改变化学计量系数的前提下，以 2kcal/mol 为区间，通过假设活化能的分布，对经 Toarcian 干酪根校正过的动力学机理进行再优化，结果见表 2.5。接下来，选定优化 Barnett 和 Posidonia 干酪根动力学机理的初始约束。

表 2.5 Barnett 和 Posidonia 样品的干酪根和氮硫氧化合物热裂解的组分动力学机理及其与 Toarcian 页岩样品的对比（据 Behar 等，2008）

Toarcian 干酪根 (lgA=13.130 s⁻¹)（%）

组分	CO₂ H₂S	总烃	氮硫氧化合物	固体残余物（干酪根2 / 预固化物）	合计	E_i (kcal/mol)	P_i (%)
干酪根1	6	4	1	72 / 17	100	44	2
						46	18
						48	43
						50	33
						52	4
						54	0
合计							100
二氯甲烷氮硫氧化合物	6	13	28	53	100	44	44
						46	14
						48	9
						50	17
						52	5
						54	11
						56	0
合计							100
正戊烷氮硫氧化合物		65		35	100	48	11
						50	41
						52	21
						54	27
						56	0
						58	0
合计							100

Barnett 干酪根 (lgA=13.902 s⁻¹)（%）

组分	CO₂ H₂S	总烃	氮硫氧化合物	固体残余物（干酪根2 / 预固化物）	合计	E_i (kcal/mol)	P_i (%)
干酪根1	7	0	64	28	100	46	0
						48	18
						50	26
						52	17
						54	40
						56	0
合计							100
二氯甲烷氮硫氧化合物		14	19	67	100	44	0
						46	14
						48	32
						50	20
						52	26
						54	2
						56	6
合计							100
正戊烷氮硫氧化合物		65		35	100	48	8
						50	34
						52	24
						54	33
						56	1
						58	0
合计							100

Posidonia 干酪根 (lgA=14.276 s⁻¹)（%）

组分	CO₂ H₂S	总烃	氮硫氧化合物	固体残余物（干酪根2 / 预固化物）	合计	E_i (kcal/mol)	P_i (%)
干酪根1	5	0	51	44	100	46	0
						48	19
						50	15
						52	41
						54	23
						56	2
合计							100
二氯甲烷氮硫氧化合物		15	21	63	100	44	0
						46	24
						48	25
						50	18
						52	13
						54	11
						56	10
合计							100
正戊烷氮硫氧化合物		78		22	100	48	21
						50	7
						52	1
						54	15
						56	41
						58	15
合计							100

假定干酪根和氮硫氧化合物裂解的频率系数与开放系统中干酪根裂解的体积动力学（表2.2）确定的频率系数相同。生烃潜力分布函数与活化能（40~60kcal/mol）的关系式应用于每一种反应物。从化学计量系数看，两种样品的二氯甲烷氮硫氧化合物生成量和正戊烷氮硫氧化合物生成量都比Toarcian干酪根低（表2.3和表2.4），但Barnett干酪根的二氯甲烷氮硫氧化合物生成量较高，Posidonia干酪根正戊烷氮硫氧化合物生成量较高。这直接导致了两个样品的总烃类馏分的预期产量将会较低，最后，Barnett和Posidonia样品的干酪根2和固体残渣的产量明显高于Toarcian干酪根。

结果（表2.5）表明，Barnett和Posidonia干酪根的二氯甲烷氮硫氧化合物和正戊烷氮硫氧化合物的最优化动力学参数与活化能的双峰分布非常相似，第一峰值位于46~52kcal/mol之间，第二峰值位于52~56kcal/mol之间。上述结果与Behar等（2008a）对Toarcian页岩研究发表的结果非常吻合。从化学计量系数看，Barnett和Posidonia干酪根的二氯甲烷氮硫氧化合物的最大生成量分别为64%和51%；同样，正戊烷氮硫氧化合物的生成量分别为19%和21%。这些值比热解过程中观测到的量要高得多。如图2.5所示，这一现象可以用所产生的氮硫氧化合物化合物的早期二次裂化来解释。总碳氢化合物产量主要来自氮硫氧化合物的裂化，两种样品的最大生成量为17%（表2.6）。这与图2.5中的实验数据一致，观测到的烃产量也差不多。

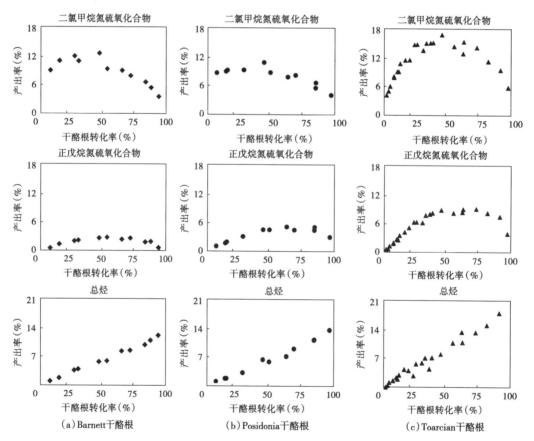

（a）Barnett干酪根 　　　　（b）Posidonia干酪根 　　　　（c）Toarcian干酪根

图2.5　Barnett干酪根和Posidonia干酪根在封闭热解系统人工熟化过程中二氯甲烷和正戊烷氮硫氧化合物及总烃量随转化率提高的演化曲线与Toarcian干酪根的数据对比（据Behar等，2008）
转化率由开放系统的体积动力学确定

表 2.6　Barnett 和 Posidonia 干酪根的初始干酪根、二氯甲烷和正戊烷
氮硫氧化合物转化生成的总烃量

反应物	Barnett（%）	Posidonia（%）
干酪根	0.1	0.1
二氯甲烷氮硫氧化合物	9.2	7.9
正戊烷氮硫氧化合物	7.9	8.6
合计	17.2	16.6

对成熟度依次升高的一系列沥青质/干酪根进行了烃源岩评价分析，结果如图 2.6 所示。沥青质的氢指数接近或高于初始干酪根的氢指数，而 T_{max} 比初始干酪根的 T_{max} 要低得多。这些观察结果证实，烃类是由氮硫氧化合物生成的，而不是由干酪根生产的，同时也证实沥青质不如其母质干酪根稳定。

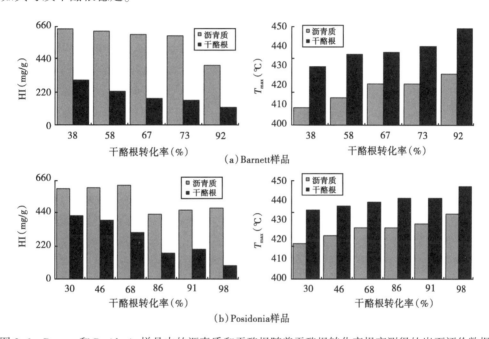

图 2.6　Barnett 和 Posidonia 样品中的沥青质和干酪根随着干酪根转化率提高测得的岩石评价数据

根据表 2.5 显示的组分动力学机理，将总烃组分划分为 C_1、C_2—C_4、C_6—C_{14}、C_{14+} 饱和烃和 C_{14+} 芳香烃。相应的优化后的化学计量系数见表 2.7。对于 Barnett 页岩的不同化合物，从图 2.7 可以看出，观测值与计算值之间具有极好的相关性，相关曲线的斜率都接近1，相关因子高于 0.99，实验数据和预测数据之间几乎没有偏差。Posidonia 干酪根也获得了类似准确的预测。

两种组分动力学机理用于预测地质条件下 Barnett 和 Posidonia 干酪根随镜质组反射率提高时的热裂解过程，镜质组反射率根据 Burnham 和 Sweeney（1989）提出的 Easy R_o 模型计算。另外，根据 Behar 等（2008）提出的油动力学机理，增添了生成化合物二次裂解的动力学参数。事实证明，在地质条件下，C_{14+} 烷基芳香烃在镜质组反射率高于 0.7% 时开始裂化。对于 Barnett 和 Posidonia 两种干酪根，所生成的气体均为湿气，甲烷生成量在 0.8%~1.8% 之间，C_2—C_4 生成量在 2%~3% 之间（图 2.8）。在液态烃馏分中，C_{14+} 芳香烃占主导地位，

镜质组反射率为 0.8%~0.9%时 C_{14+} 的最大生成量为 3%，在镜质组反射率较高时，这些芳香烃经历二次裂化，而 C_{14+} 生成量继续增加至 2.5%~3.0%。

表 2.7　干酪根与氮硫氧化合物裂解的组分动力学机理

Barnett 页岩	CO_2 H_2S （%）	总烃馏分（%）			氮硫氧化合物（%）		干酪根 2 预固化物 （%）	合计 （%）
		C_1	C_2—C_4	C_{7+}	二氯甲烷	正戊烷		
干酪根	7.2	0.1			64.2		28.5	100
二氯甲烷氮硫氧化合物		0.6	1.7	12.0		18.9	66.8	100
正戊烷氮硫氧化合物	1.9	8.0	14.2	40.9			35.0	100
Posidonia 页岩	CO_2 H_2S （%）	总烃馏分（%）			氮硫氧化合物（%）		干酪根 2 预固化物 （%）	合计 （%）
		C_1	C_2—C_4	C_{7+}	二氯甲烷	正戊烷		
干酪根	5.0	0.1			50.9		44.0	100
二氯甲烷氮硫氧化合物		0.4	1.6	13.4		21.5	63.1	100
正戊烷氮硫氧化合物		3.1	9.8	65.3			21.8	100

2.3.4　晚期生气

在实验室条件下，在 250~350℃之间的等温条件下持续 1h 到 1 个月可以模拟油和第一气源。因此，为了专门模拟晚期气体的产生，绝对有必要尽可能多地除去干酪根晚期生气之前已生成的油气。在以前的研究中，热解条件选择的温度在 350~375℃之间，持续时间为 15~48h。根据在这些温度/时间条件范围内进行的一系列新的实验，结果表明几乎能完全排出残余油或气对晚期生气影响的恰当条件为：在 350℃条件下加热原始（未成熟或成熟）干酪根 24h，用二氯甲烷萃取三次。然后在 375℃/ 24h 条件下再次加热干酪根，然后用二氯甲烷萃取两次以除去所有的二次产物。两个不成熟的 Barnett 和 Posidonia 干酪根以及两个镜质组反射率分别为 1.4% 和 1.6% 的成熟 Barnett 干酪根均采用了该步骤。同时实验还证实，在这种热解条件下回收的液体馏分不超过 10mg/g。表 2.8 为 400℃/ 24 h 条件下残余干酪根生成气体的组成和 H/C 原子比。对于两种未成熟的干酪根，湿气中乙烷占优势；而对于两种成熟的干酪根，出现了丙烷甚至丁烷，但是其含量随着镜质组反射率从 1.4% 增加到 1.6% 而降低。在 375℃/ 24h 条件下加热后的未成熟干酪根的原子组成与天然成熟干酪根的原子组成非常接近。

表 2.8　经过 375℃/ 24h 预热的两种未成熟干酪根和两种成熟干酪根
在 400℃/ 24h 条件下的烃类气体组分

样品	镜质组 反射率 （%）	C （%）	C_1 （mg/g）	C_2 （mg/g）	C_3 （mg/g）	C_4 （mg/g）	C_1 摩尔百分数 （%）	T—t 条件	H/C
Barnett	0.45	65.3	10.7	6.1	0	0	77	375℃—24h	0.5
Posidonia	0.49	62	11.3	6.5	0	0	77	375℃—24h	0.5
Barnett	1.4	56.7	11.4	4.7	2.2	0.6	76	初始	0.54
Barnett	1.6	55.6	7.4	0.1	0.6	0	97	初始	0.53

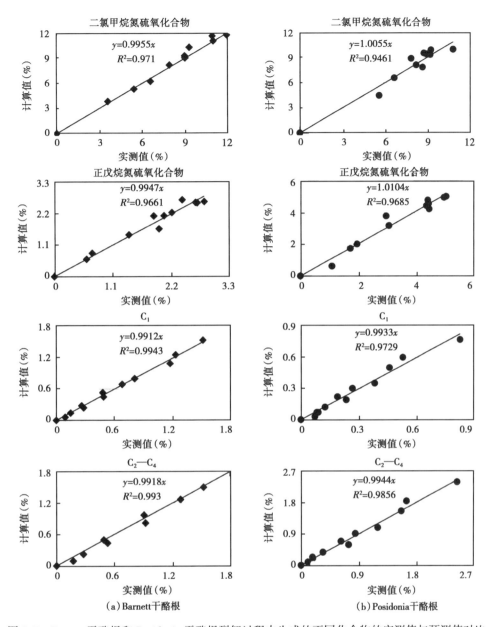

图 2.7　Barnett 干酪根和 Posidonia 干酪根裂解过程中生成的不同化合物的实测值与预测值对比

结果表明，当热强度高于 375℃/24h 或成熟干酪根的镜质组反射率达到 1.6% 时，晚期油二次裂化的贡献非常小。晚期生成气的干度刚开始就高达 77%，并快速达到 97%。图 2.9 为成熟和未成熟 Barnett 干酪根在不同温度下甲烷生成量的对比。三种样品都观测到相似的趋势，未成熟 Barnett 干酪根甲烷生成量最高，镜质组反射率为 1.6% 的成熟干酪根的甲烷生成量最低。结果说明，未成熟干酪根在 375℃/24h 条件下的预热过程有助于捕获晚期生气的起点，并且有可能在不影响其晚期生气潜力的情况下对未成熟干酪根进行人工熟化。因为有足够的干酪根，可进行大量实验来搞清精确的动力学机理，因此，对两种未成熟的 Barnett 和 Posidonia 干酪根进行了晚期气体生成研究。

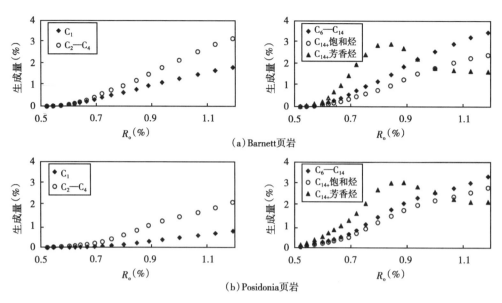

（a）Barnett页岩

（b）Posidonia页岩

图 2.8 Barnett 和 Posidonia 干酪根在地质条件下热裂解过程中随着镜质组
反射率提高不同烃类的生成比例

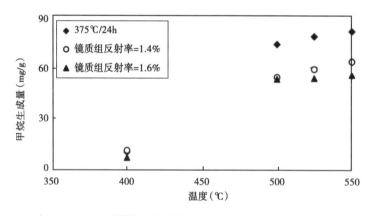

图 2.9 经过 375℃/24h 预热的两种未成熟干酪根和两种成熟干酪根晚期生气对比

表 2.9 列出了经 375℃/24h 预热的两种未成熟干酪根在人工熟化期间测定的烃气生成量和组成。甲烷是最主要的气体。乙烷不超过 7mg/g，C_3 和 C_4 低于 0.5mg/g。这意味着或许只有乙烷的热裂解过程对总甲烷生成量有贡献。根据文献资料记载，乙烷裂解的体积动力学参数为 70~72kcal/mol，频率因子为 $10×10^{17} s^{-1}$。根据上述参数，在 400℃/24h 条件下乙烷转化率低于 5%，在 400℃/216h 条件下乙烷转化率为 30%左右。这意味着在 400℃/24h 条件下生成的乙烷是主要产物，没有进行二次裂解。对于 400℃/216h 条件下，如果在 24~216h 之间未生成额外的乙烷，则乙烷预期的生成量大约是 1mg/g。由于 Barnett 干酪根的观测值也是 1mg/g，表明乙烷仅在最低热强度（即 400℃/24h）下生成，随后随着热成熟度的增加而发生二次裂化。在 550℃时，Barnett 和 Posidonia 干酪根的甲烷最大生成量分别为 87 和 81mg/g。尽管在 500~550℃之间，甲烷生成曲线的斜率较低，但是并没有达到平稳值，如图 2.10 所示。这与 H/C 原子比的演化是一致的。表 2.10 为 Barnett 和 Posidonia 干酪根在

375~500℃之间的不同 T/t 条件下回收的残余干酪根的碳和氢含量。结果表明，在相同热解条件下加热后，两种样品的原子比非常接近。对于 Barnett 干酪根来说，550℃时的氢含量是1.80%，在 375℃/24h 过程后依然为初始氢含量的 56%。因此，在更高的温度下应该会有额外的甲烷生成潜力，但是在 600℃ 或更高的温度下没有进行实验。

表 2.9　经过 375℃/24h 预热的 Barnett 和 Posidonia 干酪根人工
熟化时在 400~550℃之间生成的烃类气体

T (℃)	t (h)	Barnett 干酪根（mg/g）				Posidonia 干酪根（mg/g）			
		C_1	C_2	C_3	C_4	C_1	C_2	C_3	C_4
400	24.0	11.0	5.4	0.4	0	11.7	7.6	0.5	0
400	216.0	49.7	2.3	0	0	43.6	2.7	0	0
425	24.0	41.6	3.4	0	0	36.9	3.7	0	0
425	72.0	60.3	0.6	0	0	54.4	0.8	0	0
450	9.0	44.0	3.5	0	0	41.6	2.8	0	0
450	15.0	51.7	2.1	0	0	46.4	1.8	0	0
450	24.0	62.2	0.2	0	0	57.2	0.2	0	0
450	48.0	65.0	0	0	0	64.0	0	0	0
450	72.0	70.1	0	0	0	65.2	0	0	0
475	2.0	41.3	2.5	0	0	36.3	2.8	0	0
475	6.0	58.8	0.6	0	0	50.9	0	0	0
475	24.0	71.9	0	0	0	68.5	0	0	0
500	6.0	68.1	0.1	0	0	61.3	0	0	0
500	24.0	78.7	0	0	0	72.7	0	0	0
525	24.0	83.3	0	0	0	73.9	0	0	0
550	24.0	86.5	0	0	0	80.5	0	0	0

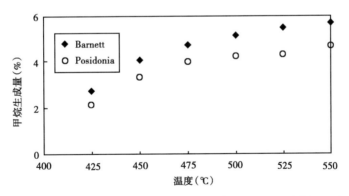

图 2.10　经过 375℃ 预热的干酪根和两种成熟干酪根在 400~550℃之间 24h 生成的甲烷量

通过在加热至 350~550℃ 的金袋式反应器中进行实验，采用与本次研究相同的流程阐明了 Lorant 和 Behar（2002）提出的动力学模型。该动力学机理包括三种主要的反应：脱烷基化、去甲基化和芳香烃开环。当甲烷的生成量低于 1% 时，生成大量的乙烷、丙烷和丁烷，

C_2—C_4 馏分占总烃气的 20%～50%。但在目前的研究中，并没有观测到生成丙烷和丁烷，并且乙烷的生成量与甲烷相比也是很微量的。这意味着在阐述 Barnett 和 Posidonia 样品晚期生烃的动力学模型中，不应包括脱烷基化反应。缺少该反应是样品制备的原因。在以前的研究中，初始成熟干酪根的加热条件为 350℃/24h，而在最新的研究中，加入了 375℃/24h 条件下的熟化过程，因为观察到依然能够产生一小部分残油。这意味着在以前的研究中观测到的湿气主要是由在 350～375℃ 之间产生的油的二次裂化生成的，而不是由干酪根本身生成的。此外，在模型化合物中观测到乙烷和丁烷是通过芳香开环反应生成的。同样，因为在本次研究中没有观察到丙烷，在阐述动力学模型时，芳香开环反应也不应当包括在内。

表 2.10　残余干酪根的碳氢元素含量与相应的 H/C 原子比

T (℃)	t (h)	Barnett			Posidonia		
		C (%)	H (%)	H/C 原子比	C (%)	H (%)	H/C 原子比
375	24	65.45	3.22	0.590	58.00	3.28	0.679
400	24	65.30	2.71	0.498	56.30	2.33	0.497
400	216	64.20	2.44	0.456	56.40	2.12	0.451
425	24	64.95	2.51	0.464	57.25	2.24	0.470
425	72	64.65	2.40	0.445	57.00	2.10	0.442
450	9	65.85	2.59	0.472	57.65	2.19	0.456
450	15	66.05	2.44	0.443	58.40	2.06	0.423
450	24	65.75	2.44	0.445	58.65	2.11	0.432
450	48	65.40	2.40	0.440	58.60	1.98	0.405
450	72	65.40	2.22	0.407	58.10	1.82	0.376
475	2	66.25	2.45	0.444	59.35	2.15	0.435
475	6	65.55	2.41	0.441	58.70	2.01	0.411
475	24	65.45	2.16	0.396	58.65	1.80	0.368
500	6	65.85	2.26	0.412	59.25	1.83	0.371

　　最新的一项研究（Fusetti 等，2010a）对 1，2，4-三甲基苯热裂解过程建立了一个完整的去甲基机理模型，由此得出了一个包含四个全局方程的整体公式（Fusetti 等，2010b）。该公式反映了两个主要过程（表 2.11），直接去甲基化（P_a 反应）和初始反应物去甲基连续缩聚（P_b—P_d 反应）。相应的动力学参数表明，在 $10^{12}\,s^{-1}$ 时 A 因子非常相近，活化能在 53～61kcal/mol 之间。

　　Fusetti 等（2010b）提出的动力学机理可以用来描述 Barnett 和 Posidonia 两种成熟干酪根的晚期产气。事实上，无论初始反应物的芳香环数量如何，通过缩聚反应和直接脱甲基反应的连续过程都会产生甲烷。然后，设定固定的 A 值（$10^{12}\,s^{-1}$）并给定活化能在 52～64kcal/mol 之间分布，对动力学模型进行优化。此外，为了解释观察到的乙烷裂解现象，增添相应的化学反应，A 为 $10^{17}\,s^{-1}$ 和 E 为 71kcal/mol。

表 2.11　1，2，4-三甲基苯热裂解甲烷生成的最优动力学机理及
相应的动力学系数（据 Fusetti，2010b）

化学公式	E_a（kcal/mol）	$\lg A$（s^{-1}）
P_a：TMB1 ⟶ 96.73%（二聚物）+3.27%CH$_4$	58.02	12.006
P_b：TMB2 ⟶ 86.96% ⟶CH$_3$ +13.04%CH$_4$	57.87	12.106
P_c：二聚物⟶82.84%（固体残渣）+（半固体残渣）+17.16%CH$_4$	52.84	11.921
P_d：⟶CH$_3$ ⟶ 64.37%（二聚物）+28.12% + 7.51%CH$_4$	60.53	12.015

　　表 2.12 为两种最优化的动力学机理。最大甲烷潜力的 50% 以上是在活化能为 54kcal/mol 时生成的。根据 Fusetti 等（2010b）的整体动力学机理。初次生气对应于 P_c 反应，活化能为 53kcal/mol。其他活化能反应为 56~58kcal/mol 和 62kcal/mol。甲烷生成量的实测值与预测值对比（图 2.11）显示，两种干酪根都呈现出极好的相关性。

表 2.12　Barnett 和 Posidonia 成熟干酪根晚期生气最优动力学机理

项目	Barnett CH$_4$ 最大值=5.2%		Posidonia CH$_4$ 最大值=4.2%	
	E_i（kcal/mol）	P_i（%）	E_i（kcal/mol）	P_i（%）
干酪根 2	52	0	52	0
	54	58	54	49
	56	7	56	21
	58	21	58	12
	60	4	60	0
	62	10	62	18
合计		100		100

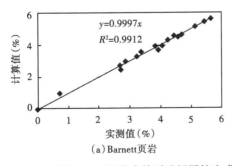
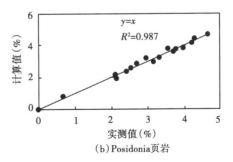

（a）Barnett页岩　　　　　　　（b）Posidonia页岩

图 2.11　两种成熟干酪根甲烷生成量的实测值与预测值之间的相关性

上述动力学参数与文献数据相比，在实验室条件下，以2℃/min的非等温条件对晚期生气进行模拟（图2.12）得到的趋势与Lorant和Behar（2002）预测的趋势相似。然而，在本次研究中，对动力学机理最优化的初始估计更加受限于对模型化合物所做的详细工作，模型化合物描述了去甲基化反应期间的连续过程（Fusetti等，2010a，b）。在最新的一项研究中，Mahlstedt和Horsfield定义以2℃/min速率加热的非等温条件下，晚期生气窗口为560~700℃。与模型预测的温度相比，该温度明显不同。这种差异可能是由于其定义的变生作用的起点为镜质组反射率等于2.09%，这个值比两组成熟的Barnett干酪根要高得多，其镜质组反射率分别为1.4%和1.6%。因此未考虑500~560℃之间部分晚期生气的潜力。此外，在本次研究中，所使用的高压釜不允许在高于550℃的温度下进行实验，相当于在2℃/min加热速率下的最终温度为660℃。那么，在660℃以上的晚期生气无法考虑。图2.12的模拟结果显示，在660~700℃之间，仍有30%的甲烷生成，相当于25mg/g，如果能够在高于550℃的温度下进行实验，晚期生气的潜力预计更高。

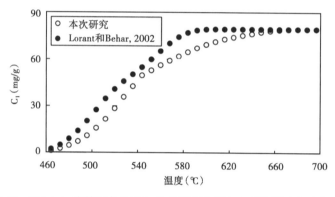

图2.12　2℃/min非等温条件下加热的研究数据与文献数据晚期生气对比

2.3.5　残余化合物的二次裂解

对镜质组反射率为1.0%的Barnett样品的烃源岩提取物进行定量并分馏，得到饱和烃、芳香烃和氮硫氧化合物，见表2.13。将Behar（2008b）建立的油裂解机理应用于不同的化合物，可以预测随着镜质组反射率提高而生成的气量（图2.13a）。在镜质组反射率低于1.5%时，C_{14+}芳香族化合物和氮硫氧化合物迅速裂解，而C_{14+}饱和烃的裂解窗口为镜质组反射率为1.4%~2.0%。镜质组反射率为2.0%时，气体生成量为10mg/g，且生成的气体主要是湿气，而甲烷的生成量则不超过5mg/g。如果考虑残余干酪根晚期生气的贡献（图2.13b），则甲烷总产量占主导地位。当镜质组反射率高于1.5%时，气体的干度可达90%。

表2.13　镜质组反射率为1.0%时，Barnett烃源岩提取物的化学组成

C_{14+}干酪根提取物（mg/g）			
饱和烃	芳香烃	氮硫氧化合物	合计
47	13	19	79

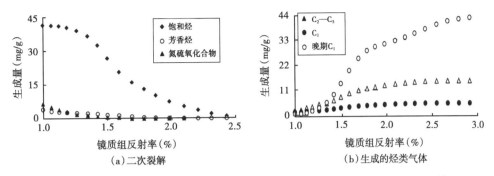

图 2.13　当镜质组反射率为 1.0% 时，从 Barnett 烃源岩提取的残余化合物根据 Behar 等（2008b）
的动力学模型预测的热转化率以及残余化合物和成熟干酪根二次裂解生成的气体对比

2.4　结论

正如三种标准干酪根（Behar 等，2008a，2010）所证实，Barnett 和 Posidonia 烃源岩生烃潜力最大的部分不是来自干酪根，而是来自沥青质和树脂的二次裂解，也证实了所生成的沥青质比其母质干酪根更不稳定。因此，在生油主带之前，大部分的沥青质就裂解了。生油阶段伴生的气体主要是湿气，生成量小于 30mg/g。

本次研究对成熟干酪根和未成熟干酪根进行了晚期生气模拟。样品在 375℃/24h 条件下进行人工熟化，以便通过除去晚期生油及其继续裂解生气的贡献来达到气窗起点。然后将这些成熟的干酪根加热到更高的温度，监测只从干酪根中生成的晚期生气量。结果表明，在 375℃/24h 条件下预热并彻底除去所有可能存在的残余油的情况下，既可以模拟天然成熟干酪根的晚期生气，也可以模拟未成熟干酪根的晚期生气。晚期生成的气体干度几乎是 100%，Barnett 干酪根的最大生气量为 80mg/g，而 Posidonia 干酪根的最大生气量为 75mg/g。该数值并不是其最大生气潜力，这是因为，在实验室条件下，即使在最高热强度下（550℃/24h），气体的生成量也未到达平稳值。有必要在更高温度下补充实验以确定最大晚期生气潜力。对于生成速率而言，400~550℃ 对应的镜质组反射率为 1.5%~3.0%。

利用两个完善的用于模拟生油窗和生气窗生烃的精细组分模型并利用已发表的二次裂解的数据（Behar 等，2008b），就可以预测镜质组反射率为 1.0%~3.0% 的成熟页岩在地质条件下所生成气体的量和化学组成。假设初始有机碳含量为 2% 及对应的气体干度，根据 Barnett 页岩的数据，图 2.14 显示了甲烷体积的演化过程。当镜质组反射率为 1.5% 时，生成的气体体积为 20ft³/t；主要生烃阶段为镜质组反射率在 1.5%~2.0% 之间，生成的气体体积高达 60ft³/t。预测的最大生气体积可能更高，因为实验温度不能超过 550℃，这导致的直接后果就是，无法模拟镜质组反射率高于 2.5% 时的气体生成量。当镜质组反射率为 1.0% 时，气体干度为 60%，当镜质组反射率为 1.5% 时，气体干度迅速提高到 90%。尽管未能获得 Posidonia 页岩在该成熟度区间的气体数据，但 Fort Worth 盆地 Barnett 页岩气井的气体数据显示，干气含量稍高，镜质组反射率为 1.0% 时，气体干度为 80%，当镜质组反射率为 1.5% 时，气体干度为 95%。然而，气体干度与热成熟度之间存在 7% 左右的标准差，因此，当 Barnett 页岩的镜质组反射率为 1.5% 时，气体干度为 90%，正处于该误差范围内。

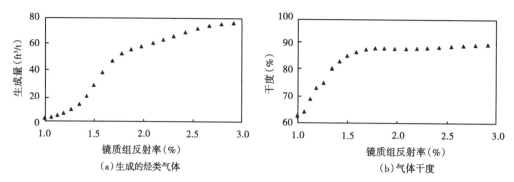

图 2.14　假设初始总有机碳含量为 2%，Barnett 页岩在镜质组反射率为 1%～3% 时生成的
总气体体积的估计值及相应的气体干度的变化

参 考 文 献

Allred, V. D., 1966, Kinetics of oil shale pyrolysis: Chemical Engineering Progress, v. 62, p. 55–60.

Barth, T., and S. B. Nielsen, 1993, Estimating kinetic parameters for generation of petroleum and single compounds from hydrous pyrolysis of source rocks: Energy and Fuels, v. 7, p. 100–110.

Behar, F., V. Beaumont, and H. L. De B. Penteado, 2001, Rock–Eval 6 technology: Performances and developments. Oil and Gas Science and Technology, v. 56, p. 111–134.

Behar, F., S. Kressmann, J. L. Rudkiewicz, and M. Vandenbroucke, 1991, Experimental simulation in a confined system and kinetic modelling of kerogen and oil cracking: Organic Geochemistry, v. 19, p. 173–189.

Behar, F., M. D. Lewan, F. Lorant, and M. Vandenbroucke, 2003, Comparison of artificial maturation of lignite in hydrous and non–hydrous conditions: Organic Geochemistry, v. 34, p. 575–600.

Behar, F., F. Lorant, and M. D. Lewan, 2008a, Role of NSO compounds during primary cracking of a Type II kerogen and a Type III lignite: Organic Geochemistry, v. 39, p. 1–22.

Behar, F., F. Lorant, and L. Mazeas, 2008b, Elaboration of a new compositional kinetic scheme for oil cracking: Organic Geochemistry, v. 39, p. 764–782.

Behar, F., S. Roy, and D. Jarvie, 2010, Elaboration of a new compositional kinetic SCHEMA for oil cracking: Organic Geochemistry, v. 41, p. 1235–1247.

Behar, F., M. Vandenbroucke, Y. Tang, F. Marquis, and F. Espitalié, 1997, Thermal cracking of kerogen in open and closed systems: determination of kinetic parameters and stoichiometric coefficients for oil and gas generation: Organic Geochemistry, v. 26, p. 321–339.

Braun, R. L., and A. J. Rothman, 1975, Oil–shale pyrolysis: Kinetics and mechanism of oil production: Fuel, v. 54, p. 129–131.

Braun, R. L., and A. K. Burnham, 1991, PMOD: a flexible model of oil and gas generation, cracking, and expulsion: Organic Geochemistry, v. 19, p. 161–172.

Burnham, A. K., 1991, Oil evolution from a self purging reactor: Kinetics and composition at 2℃/min and 2°C/h: Energy and Fuels, v. 5, p. 205–214.

Burnham, A. K., and R. L. Braun, 1990, Development of a detailed model of petroleum formation, destruction, and expulsion from lacustrine and marine source rocks: Organic Geochemistry, v. 16, p. 27–39.

Burnham, A. K., and J. A. Happe, 1984, On the mechanism of kerogen pyrolysis: Fuel, v. 63, p. 1353–1356.

Burnham, A. K., B. J. Schmidt, and R. L. Braun, 1995, A test of parallel reaction model using kinetics measurements on hydrous pyrolysis residues: Organic Geochemistry, v. 10, p. 931–939.

Burnham, A. K., and J. J. Sweeney, 1989, A chemical kinetic model of vitrinite maturation and reflectance: Geochimica et Cosmochimica Acta, v. 53, p. 2649–2657.

Campbell, J. H., G, Gallegos, and G. Gregg, 1980, Gas evolution during oil shale pyrolysis. 2. Kinetic and stoichiometric analysis: Fuel, v. 59, p. 727–732.

Chung H. M., and W. M. Sackett, 1988, Use of carbon isotope compositions of pyrolytically derived methane as maturity indices for carbonaceous materials: Geochimica et Cosmochimica Acta, v. 43, p. 1979–1988.

Clayton, C., 1991, Carbon isotope fractionation during natural gas generation from kerogen: Marine and Petroleum Geology, v. 8, p. 232–240.

Cooles, G. P., A. S. Mackenzie, and T. M. Quigley, 1986, Calculation of petroleum mass generated and expelled from source rocks: Organic Geochemistry, v. 10, p. 235–245.

Cramer, B., 2004, Methane generation from coal during open system pyrolysis investigated by isotope specific, Gaussian distributed reaction kinetics: Organic Geochemistry, v. 35, p. 379–392.

Cummins, J. J., and W. E. Robinson, 1972, Thermal degradation of Green River Kerogen at 150 to 350°C —rate of product formation: U. S. Bureau of Mines Report of Investigation 7620, 15 pp.

Dieckmann, V., H. J. Schenk, and B. Horsfield, 2000, Assessing the overlap between primary and secondary reactions by closed − versus open − system pyrolysis of marine kerogens: Journal of Analytical and Applied Pyrolysis, v. 56, p. 33–46.

Düppenbecker, S., and B. Horsfield, 1990, Compositional information for kinetic modelling and petroleum type prediction: Organic Geochemistry, v. 16, p. 259–266.

Durand, B., and G. Nicaise, 1980, Procedure of kerogen isolation, in B. Durand, ed., Kerogen: Insoluble organic matter from sedimentary rocks: Paris, Editions Technip, p. 13–34.

Erdmann, M., and B. Horsfield, 2006, Enhanced late gas generation potential of petroleum source rocks via recombination reactions: evidence from the Norwegian North Sea: Geochimica et Cosmochimica Acta, v. 70, p. 3943–3956.

Evans, R. J., and G. T. Felbeck, 1983, High temperature simulation of petroleum formation—I. The pyrolysis of the Green River Shale: Organic Geochemistry, v. 4, p. 135–144.

Fitzgerald, D., and D. W. Van Krevelen, 1959, Chemical structure and properties of coal: The kinetics of coal carbonization: Fuel, v. 38, p. 17–37.

Franks, A. J., and B. D. Goodier, 1922, Preliminary study of the organic matter of Colorado Oil Shales: Quarterly of the Colorado School of Mines, v. 17, p. 3–16.

Fusetti, L., F. Behar, R. Bounaceur, P. M. Marquaire, K. Grice, and S. Derenne, 2010a, New insights into secondary gas generation from oil thermal cracking: methylated monoaromatics. A kinetic approach using 1, 2, 4-trimethylbenzene. Part I: A free-radical mechanism: Organic Geochemistry, v. 41, p. 146-167.

Fusetti, L., F. Behar, K. Grice, and S. Derenne, 2010b, New insights into secondary gas generation from oil thermal cracking: methylated monoaromatics. A kinetic approach using 1, 2, 4-trimethylbenzene. Part II: A lumped kinetic scheme: Organic Geochemistry, v. 41, p. 168-176.

Hubbaed, A. B., and W. E. Robinson, 1950, A thermal decomposition study of Colorado oil shale: U. S. Bureau of Mines Report of Investigation 4744, 24 pp.

Hunt, J. M., 1979, Petroleum geology and geochemistry: San Francisco, Freeman, San Francisco.

Huss, E. B., and A. K. Burnham, 1982, Gas evolution during pyrolysis of various Colorado oil shales: Fuel, v. 61, p. 1188-1196.

Ishiwatari, R., M. Ishiwatari, B. J. Rohrback, and I. R. Kaplan, 1977, Thermal alteration experiments on organic matter from recent marine sediments in relation to petroleum genesis: Geochimica et Cosmochimica Acta, v. 41, p. 815-828.

Jarvie, D. M., R. Hill, T. E. Ruble, and R. M. Pollastro, 2007, Unconventional shale-gas systems: The Mississipian Barnett Shale of northcentral Texas as one model for thermogenic shale-gas assessment: AAPG Bulletin, v. 74, p. 799-804.

Lewan, M. D., 1993, Laboratory simulation of petroleum formation: Hydrous pyrolysis, *in* M. H. Engel and S. Macko, eds., Organic geochemistry principles and applications: New York, Plenum, p. 419-442.

Lewan M. D., 1997, Experiments on the role of water in petroleum formation: Geochimica et Cosmochimica Acta, v. 61, p. 3691-3723.

Lewan, M. D., and T. E. Ruble, 2002, Comparison of petroleum generation kinetics by isothermal hydrous and non-isothermal open-system pyrolysis: Organic Geochemistry, v. 33, p. 1457-1475.

Lorant, F., and F. Behar, 2002, Late generation of methane from mature kerogens: Energy and Fuels, v. 16, p. 412-427.

Lorant, F., F. Behar, M. Vandenbroucke, D. E. Mc Kinney, and Y. Tang, 2000, Methane generation from methylated aromatics: Kinetic study and carbon isotope modeling: Energy and Fuels, v. 14, p. 1143-1155.

Louis, M., and B. Tissot, 1967, Influence de la température et de la pression sur la formation des hydrocarbures dans les argiles à kérogène: Proceedings of the 7th World Petroleum Congress, v. 2, p. 47-60.

Mahlstedt, N., and B. Horsfield, in press, Metagenetic methane generation in gas shales I. Screening protocols using immature samples. Marine and Petroleum Geology.

Mahlstedt, N., B. Horsfield, and V. Dicckmann, 2008, Second order reactions as a prelude to gas generation at high maturity: Organic Geochemistry, v. 39, p. 1125-1129.

Maier, C. G., and S. R. Zimmerly, 1924, The chemical dynamics of the transformation of the organic matter to bitumen in oil shale: University of Utah Bulletin, v. 14, p. 62-81.

Mansuy, L., P. Landais, and O. Ruau, 1995, Importance of the reacting medium in artificial maturation of a coal by confined pyrolysis. 1. Hydrocarbons and polar compounds: Energy and Fuels, v. 9, p. 691−703.

McKee, R. H., and E. E. Lyder, 1921, The thermal decomposition of shale: I—heat effects: The Journal of Industrial and Engineering Chemistry, v. 13, p. 613−618.

Michels, R., E. Langlois, O. Ruau, L. Mansuy, M. Elie, and P. Landais, 1996, Evolution of asphaltenes during artificial maturation: A record of the chemical processes: Energy and Fuels, v. 10, p. 39−48.

Monin, J. C., J. Connan, J. L. Oudin, and B. Durand, 1990, Quantitative and qualitative experimental approach of oil and gas generation: application to the North Sea source rocks: Organic Geochemistry, v. 16, p. 133−142.

Monin, J. C., B. Durand, M. Vandenbroucke, and A. Y. Huc, 1980, Experimental simulation of the natural transformation of kerogen, in A. G. Douglas and J. Rullkötter, eds., Advances in organic geochemistry: Oxford, Pergamon Press, p. 517−530.

Monthioux, M., P. Landais, and J. C. Monin, 1985, Comparison between natural and artificial maturation series of humic coal from the Mahakam Delta, Indonesia: Organic Geochemistry, v. 8, p. 275−292.

Pepper, A. S., and P. J. Corvi, 1995, Simple kinetic models of petroleum formation. Part I: oil and gas generation from kerogen: Marine and Petroleum Geology, v. 12, p. 291−319.

Pollastro, R. M., D. M. Jarvie, R. Hill, and C. W. Adams, 2007, Geologic framework of the Mississippian Barnett Shale, Barnett−Paleozoic total petroleum system, Bend Arch−Fort Worth Basin, Texas: AAPG Bulletin, v. 91, p. 405−436.

Quigley, T. M., A. S. Mackenzie, and J. R. Gray, 1987, Kinetic theory of petroleum generation, in B. Doligez, ed., Migration of hydrocarbons in sedimentary basins: Paris, Technip, p. 649−655.

Reynolds, J. G., and A. K. Burnham, 1993, Pyrolysis kinetics and maturation of coals from the San Juan Basin: Energy and Fuels, v. 7, p. 610−619.

Reynolds, J. G., and A. K. Burnham, 1995, Comparison of kinetic analysis of source rocks and kerogen concentrates: Organic Geochemistry, v. 23, p. 11−19.

Ruble, T. E., M. D. Lewan, and R. P. Philp, 2001, New insights on the Green River petroleum system in the Uinta Basin from hydrous pyrolysis experiments: AAPG Bulletin, v. 85, p. 1333−1371.

Schenk, H. J., and V. Dieckmann, 2004, Prediction of petroleum formation: The influence of laboratory heating rates on kinetic parameters and geological extrapolations: Marine and Petroleum Geology, v. 21, p. 79−95.

Schenk, H. J., and B. Horsfield, 1998, Using natural maturation series to evaluate the utility of parallel reaction kinetics models: An investigation of Toarcian shales and Carboniferous coals, Germany: Organic Geochemistry, v. 29, p. 137−154.

Schmid−Röhl, A., H. −J. Rölh, W. Oschmann, A. Frimme, and L. Schwark, 2002, Palaeoenvironmental reconstruction of Lower Toarcian epicontinental black shales (Posidonia Shale, SW Germany): Global versus regional control: Geobios, v. 35, p. 13−20.

Schoell, M., 1983, Genetic characterization of natural gases: AAPG Bulletin, v. 67, p. 2225–2238.

Serio, M. A., D. G. Hamblen, J. R. Markham, and P. R. Solomon, 1987, Kinetics of volatile product evolution in coal pyrolysis: Experiment and theory: Energy and Fuels, v. 1, p. 138–152.

Solomon, P. R., D. G. Hamblen, R. M. Carangelo, M. A. Serio, and G. V. Deshpande, 1988, General model for coal devolatilization: Energy and Fuels, v. 2, p. 405–422.

Sundararaman, P., P. H. Merz, and R. G. Mann, 1992, Determination of kerogen activation energy distribution: Energy and Fuels, v. 6, p. 793–803.

Tang, Y., and F. Behar, 1995, Rate constants of n-alkanes generation from Type II kerogen in open and closed pyrolysis systems: Energy and Fuels, v. 9, p. 507–512.

Tang, Y., P. D. Jenden, A. Nigrini, and S. C. Teerman, 1996, Modeling of early methane generation from coal: Energy and Fuels, v. 10, p. 659–671.

Tang, Y., and M. Stauffer, 1995, Formation of pristene, pristane and phytane: Kinetic study by laboratory pyrolysis of Monterey source rock: Organic Geochemistry, v. 23, p. 451–460.

Teerman, S. C., and R. J. Hwang, 1991, Evaluation of the liquid hydrocarbon potential of coal by artificial maturation techniques: Organic Geochemistry, v. 17, p. 749–764.

Tissot, B., 1969, Premières données sur les mécanismes et la cinétique de la formation du pétrole dans les bassins sédimentaires. Simulation d'un schéma réactionnel sur ordinateur: Oil and Gas Science and Technology, v. 24, p. 470–501.

Tissot, B., B. Durand, J. Espitalié, and A. Combaz 1974, Influence of the nature and diagenesis of organic matter in formation of petroleum: AAPG Bulletin, v. 58, p. 499–506.

Tissot, B., and J. Espitalié, 1975, L'évolution de la matière organique des sédiments: Application d'une simulation mathématique: Oil and Gas Science and Technology, v. 24, p. 470–501.

Tissot, B., R. Pelet, and P. Ungerer, 1987, Thermal history of sedimentary basins, maturation indices and kinetics of oil and gas generation: AAPG Bulletin, v. 71, p. 1445–1466.

Tissot, B., and D. H. Welte, 1984, Petroleum formation and occurrence, 2nd ed.: Berlin, Springer-Verlag.

Ungerer, P., 1990, State of the art of research in kinetic modelling of oil formation and destruction: Organic Geochemistry, v. 16, p. 1–25.

Ungerer, P., and R. Pelet, 1987, Extrapolation of the kinetics of oil and gas formation from laboratory experiments to sedimentary basins: Nature, v. 327, p. 52–54.

Whiticar, M. J., 1994, Correlation of natural gases with their sources, in L. B. Magoon and W. G. Dow, eds., The petroleum system—from source to trap. AAPG, p. 261–283.

第3章　地球化学与油藏工程数据一致时的页岩气超压现象

Jean-Yves Chatellier, Pawel Flek, Marianne Molgat 和 Irene Anderson

Talisman Energy Inc., Suite 2000, 888-3 St. SW, Calgary, Alberta, T2P 5C5, Canada
（e-mails: jchatellier@ talisman-energy. com; pflek@ talisman-energy. com;
mmolgat@ talisman-energy. com; ianderson@ talisman-energy. com）

Kevin Ferworn

Geomark Research LLC, 9748 Whithorn Dr., Houston, Texas, 77095, U. S. A.
（e-mail: kferworn@ geomarkresearch. com）

Nabila Lazreg Larsen 和 Steve Ko

Talisman Energy Inc., Houston, Texas, 77095, U. S. A.
（e-mails: nlazreglarsen@ talismanusa. com; sko@ talisman-energy. com）

摘要　通过研究厚达 2.5km（8000ft）的含气页岩，可以为地球化学与超压现象之间的关系提供新的线索。通过分析大量地球化学数据，提出了另外一种估算测井压力的方法，并揭示了目前所使用方法的某些局限性，例如在阿尔伯达省（Alberta）和魁北克省（Quebec）一定深度以下使用的 Rock-Eval 热解法。

魁北克省 St. Lawrence 低地的奥陶系页岩非常厚，富含天然气，具有较好的开发前景。虽然目前的主要目标是富碳酸盐的 Utica 页岩，但其上覆的厚层 Lorraine 页岩也是值得研究的目标。笔者综合分析了魁北克省 St. Lawrence 低地的最新地球化学数据、相同井的水力压裂数据以及储层压力数据。研究的初期专注于垂直井，并就压力区和破裂梯度提供了新的见解。

在水力压裂作业期间，综合研究了每口井、每个区域所测量的初始关井压力（ISIP）及地球化学数据（甲烷、乙烷、丙烷、湿度和碳同位素的百分比）。每口井中的湿度、同位素倒转和初始关井压力之间均有明显的相关性。分析认为，传统的压力梯度计算法值得商榷，因为一些坚硬、易裂的岩石（初始破裂时，取决于 SH_{min}、SH_{max}、井下压力、井眼方向等因素）在破裂时似乎具有相同的破裂梯度。

一定深度下，由于 S_2 峰值较低，Rock-Eval 热解数据变得不稳定，对应于该深度的乙烷和丙烷的同位素发生倒转。而该深度等于每口井的初始关井压力趋势与正常破裂梯度交会点的深度，受正常压力区、下方的超压区共同影响。研究表明，超压/同位素倒转深度可以精确计算超压区域内任意深度的储层压力。

魁北克省 St. Lawrence 低地的奥陶系含气页岩是近期勘探的重点研究对象，主要目标是富碳酸盐的 Utica 页岩，平均厚度 200m。上覆的 Lorraine 页岩（厚达 2500m）是天然气勘探开发的另一研究对象。Lorraine—Utica 页岩位于 Yamaska 断层和 Logan 断层之间，是厚度最大且最具有勘探前景的含气储层（图3.1和图3.2）。

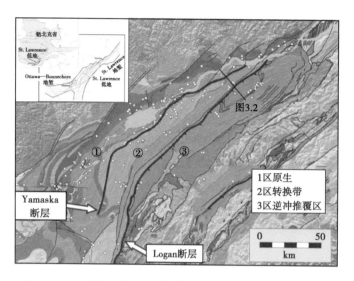

图 3.1　St. Lawrence 低地的地球化学数据及井位图（据 R. Theriault，2009）

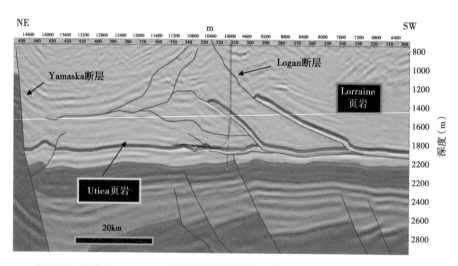

图 3.2　横跨 St. Lawrence 低地的地震横剖图（据 Chatellier 等，2011，修改）

在该区域内，Utica 页岩处于超压状态。与正常压力页岩相比，超压状态下的页岩可生产更多的天然气，所以，应该重点研究超压页岩。在油气钻井中，常常会出现异常的压力（Fertl 和 Timko，1970；Fertl，1976；Mouchet 和 Mitchell，1989）。已经多次尝试过使用电缆工具来查明异常压力点位置，尤其是在受构造影响的情况下（Fertl 和 Timko，1971）。

通过多学科综合研究，为页岩气藏的超压过程研究提供了新的线索。该项工作包括整合大量地球化学数据、同一井的水力压裂数据和油藏压力数据。该方法表明，存在明显的压力区域，并且可以很容易地确定其具体深度及特征。

乍看之下，虽然各种地球化学分析之间相互矛盾，但深入研究后认为，该数据实际存在一致性，且很有研究价值。

3.1 St. Lawrence 低地的构造特征

在经历厚层的奥陶纪沉积之后，St. Lawrence 低地盆地受到较大的抬升，随后厚达几千米的沉积物遭受侵蚀。Lorraine 和 Utica 页岩因此被过度压实（Nygaard 等，2008）。St. Lawrence 河的奥陶系页岩在太康造山运动期间遭受了逆冲推覆作用（Sasseville 等，2008），这与奥陶纪中—晚期海相地层沉积有关（Stanley 和 Ratcliffe，1985；Van Staal 等，1998；Tremblay 和 Castonguay，2002）。由于盆地已成熟且伴生天然气，仅使用有机地球化学资料并不能辨别主要的 Taconian 逆冲断层，一些埋藏后又重新活动的逆冲断层例外。因此，同位素深度趋势的中断可以很好地表示埋藏后断层的情况。

3.2 数据

3.2.1 地球化学数据

为了评价魁北克省厚层页岩组合的开发潜力，本文分析了大量地球化学数据，包括：随钻产出气体的连续气相色谱图、Rock-Eval 热解 T_{max} 数据、钻井岩屑的镜质组反射率数据以及 Isojar 工具（钻井液和岩屑）和 Isotube 工具（产出气）测试的稳定碳同位素数据、组分。

研究试图在 T_{max}—深度图（仅阿尔伯达省数据）中建立一种模式，当低于一定深度时，Rock-Eval 热解分析不能记录传统的干酪根 S_2 峰值，而是记录与沥青或焦沥青相关的 S_2 峰值（图 3.3 和图 3.4）。图 3.5 显示了阿尔伯达省的一口井在一定深度范围内，其 T_{max} 梯度呈

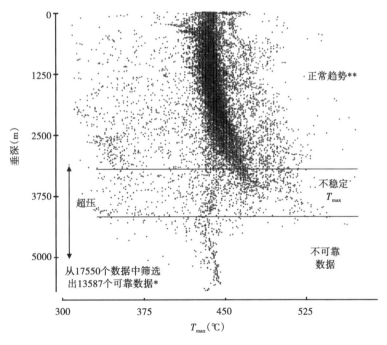

图 3.3　阿尔伯达省深度—T_{max}图

* 应用的筛选丢弃值为 S_2<0.2 和 TOC<1.0%

** 许多正常趋势两侧的点，来自加拿大地质调查局的逆冲推覆带样品数据

53

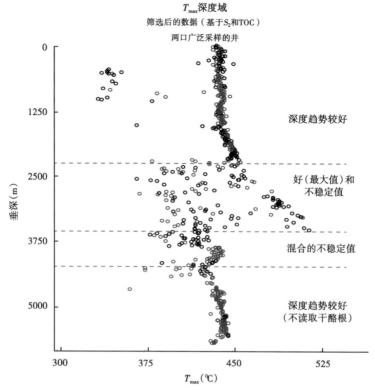

图 3.4　阿尔伯达省两口井的 T_{max}—深度图

筛选后的数据范围为 $S_2 > 0.2$ 且 TOC > 1.0%

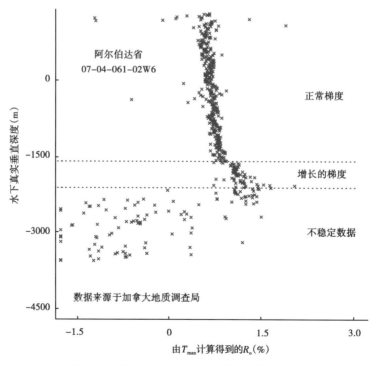

图 3.5　阿尔伯达省一口采样井的成熟度分布

明显增加，而在该深度之下 T_{max} 值无效。阿尔伯达省中西部的数据（图 3.6）显示，镜质组数据也可以反映温度增加情况类似。

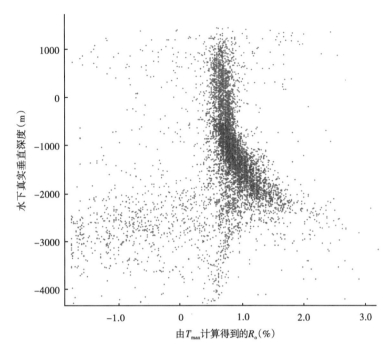

图 3.6　由阿尔伯达省中西部地区的镜质组反射率和 T_{max} 表示的热成熟度增加
（据加拿大地质调查局的数据）

镜质组反射率（R_o,%）（红点）和 T_{max}（灰点）；使用 Dan jarvie 公式由 T_{max} 计算得到的 R_o：$R_o = T_{max} \times 0.018 - 7.16$；
值得注意的是，在低 T_{max} 值（低于 400℃）的情况下，Dan jarvie 公式的计算结果为负值

Rock-Eval 热解（Espitalié 等，1977；Peters，1986；Peters 和 Cassa，1994）包括在惰性气体中对少量岩石加热，确定样品中存在的游离烃的含量（S_1 峰值），以及计算岩石中不溶有机物（干酪根）在热裂解期间产生的烃和含氧化合物（CO_2）的量（分别为 S_2 和 S_3 峰值）。随着引入改进的 Rock-Eval 装置（Rock-Eval 6），氢指数（HI = S_2/TOC）的测量更准确，并且 T_{max} 数值范围更大（Lafarge 等，1998；Behar 等，2001）。热解数据包括 S_1 和 S_2 峰值，其中 S_1 由挥发性石油（<400℃）组成，而 S_2 由挥发性高分子质量化合物和裂解组分的混合物组成（>400℃）。

对于本文展示的各种 T_{max}—深度图，由于多数地球化学家不会考虑低于 420℃ 的任何 T_{max} 值，所以，这些值被过滤。Peters（1986）建议，岩石 T_{max} 的 S_2 峰值低于 0.2mg/g 被忽略。在阿尔伯达省的 Rock-Eval 热解数据中，尽管有 22.6% 的数据被 0.2mg/g 这一界限所剔除，但在较深的区域仍然存在异常 T_{max} 值（图 3.3 和图 3.4）。

在某一深度之下，多数的数据将被排除，该处理过程突出了化学过程发生的可能性。这并不是 Rock-Eval 热解固有的问题，在本文中将暂定为 T_{max} 问题深度，大致等同于超压区域的顶部。

从魁北克省未过滤 T_{max} 与深度的关系曲线图可见，当低于一定深度范围时，也存在异常 T_{max} 值（图 3.7a）。相同井的镜质组数据则不受影响，可以用一个完全约束的回归线表示，该

回归线延伸到4km深度以下（图3.7b）。T_{max} 异常发生于 R_o 约1.5%时。这与 Geomark 发现的 R_o 为1.5%时发生同位素倒转的结果相吻合（Ferworn，2009，2010；Zumberge 等，2012）。

对于魁北克省的低地，加拿大地质调查局（GSC）提供了一套全面的 Rock-Eval 热解和 T_{max} 数据，由 Robert Theriault 惠赠（图3.7a）。其涵盖了2008年页岩气大规模钻探活动之前的所有井。镜质组数据通过加拿大地质调查局和其他公共领域出版物（Heroux 和 Bertrand，1991）获得。由于真正的镜质组在泥盆纪之前是不存在的，所以，所有的 R_o 值都与镜质组匹配；奥陶系页岩的 R_o 值主要是基于焦炭沥青、存在的笔石、几丁虫或虫牙（Bertrand 和 Heroux，1987）。

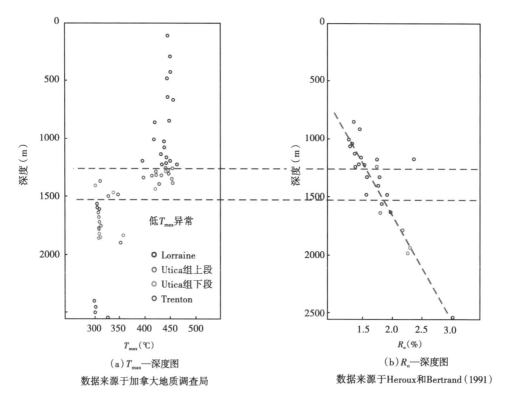

（a）T_{max}—深度图　　　　　　　　（b）R_o—深度图

数据来源于加拿大地质调查局　　　　数据来源于Heroux和Bertrand（1991）

图3.7　T_{max} 和镜质组反射率与深度的比较图

数据来源于魁北克省 B 区；值得注意的是，T_{max} 在 R_o 约为1.5%开始发生倒转

随钻气体的组成成分（图3.8）采用井场色谱仪连续采集。记录的组分包括甲烷、乙烷、丙烷、C_4 和 CO_2。这些数据对于查明湿度变化和甲烷含量突然增加的深度非常有帮助。

值得注意的是，线性刻度用来显示和分析镜质组反射率（图3.7b）；传统的对数尺度只有在涉及埋藏历史计算时才需要。如图3.9和图3.10所示，气体同位素组成数据广泛应用于垂深校正或者与湿度进行比较。

3.2.2　工程数据

研究中使用了两种类型的工程数据：完井压裂数据和储层压力数据。前者基于水力压裂阶段记录的初始关井压力数据。这些初始关井压力数据是计算破裂梯度的基础，也是估算由最小水平应力推导出的正常破裂梯度的基础。

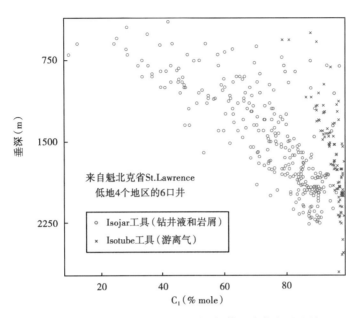

图 3.8 Isotube 和 Isojar 工具测试气体组成的主要差异

部分数据见表 3.1 至表 3.4

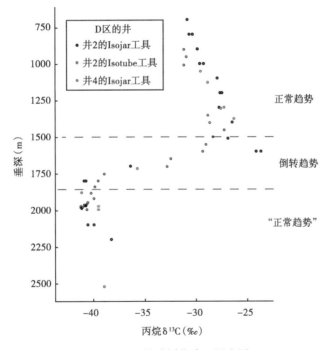

图 3.9 丙烷碳同位素—深度图

尽管采用不同的取样技术，图中显示出类似的同位素值；倒转趋势的起始点位于 1500m（4921.26ft）处，

称为同位素倒转（C_2 或 C_3）；数据见表 3.1 和表 3.2

　　储层压力由井下压力计获得，历时 6 个月。所使用的储层压力值来自压力累积分析（半对数图的外推）；压力计在井下检测时间持续 30d 到 4.8 个月不等。

表 3.1 来自 St. Edouard 1 井的稳定碳同位素组成数据

井名	样品深度 (m)	垂深 (m)	样品类型	组	$\delta^{13}C$ 甲烷 (‰)	$\delta^{13}C$ 乙烷 (‰)	$\delta^{13}C$ 丙烷 (‰)	C_1 浓度 (%, mol)	C_2 浓度 (%, mol)	C_3 浓度 (%, mol)	iC_4 浓度 (%, mol)	nC_4 浓度 (%, mol)	H_2S 浓度 (10^{-6})	相对密度 (空气=1.0)
St Edouard 1	600	600.0	Isojar	Lorraine	-41.7	-34.2	-29.5	43.56	13.87	16.91	6.92	9.80	0	0.985
St Edouard 1	600	600.0	Isojar	Lorraine	-41.9	-34.2	-30.0	12.69	24.63	27.73	10.52	14.53	0	0.984
St Edouard 1	700	700.0	Isojar	Lorraine	-42.5	-34.5	-30.7	9.88	25.14	30.71	11.37	15.26	0	0.986
St Edouard 1	800	800.0	Isojar	Lorraine	-44.0	-34.8	-30.5	32.49	24.10	23.95	7.34	8.55	0	1.004
St Edouard 1	800	800.0	Isojar	Lorraine	-43.8	-34.5	-30.2	93.62	2.62	0.73	0.47	1.36	0	0.967
St Edouard 1	900	900.0	Isojar	Lorraine	-43.6	-34.4	-29.7	33.64	21.47	22.93	8.90	8.98	0	0.999
St Edouard 1	1000	1000.0	Isojar	Lorraine	-42.5	-33.6	-29.1	39.78	20.20	21.83	7.50	7.77	0	0.996
St Edouard 1	1000	1000.0	Isojar	Lorraine	-43.1	-33.5	-29.5	41.09	20.92	21.21	7.19	6.85	0	0.992
St Edouard 1	1100	1100.0	Isojar	Lorraine	-44.1	-33.3	-27.8	55.25	17.95	16.51	4.82	4.21	0	0.983
St Edouard 1	1200	1200.0	Isojar	Lorraine	-42.5	-32.9	-27.5	63.03	20.44	11.59	2.20	2.00	0	0.964
St Edouard 1	1200	1200.0	Isojar	Lorraine	-42.6	-33.0	-27.3	89.71	3.28	4.20	1.33	0.99	0	0.964
St Edouard 1	1300	1300.0	Isojar	Lorraine	-40.7	-33.8	-27.6	75.65	9.34	10.00	2.97	1.54	0	0.999
St Edouard 1	1400	1400.0	Isojar	Lorraine	-40.1	-33.2	-26.3	60.25	24.76	11.49	1.83	1.30	0	0.975
St Edouard 1	1400	1400.0	Isojar	Lorraine	-39.8	-33.0	-26.3	58.38	26.17	12.04	1.85	1.19	0	0.981
St Edouard 1	1510	1510.0	Isojar	Lorraine	-39.2	-33.5	-26.7	62.21	29.51	7.17	0.69	0.35	0	0.963
St Edouard 1	1600	1600.0	Isojar	Lorraine	-34.2	-28.9	-23.5	53.70	34.53	9.47	0.96	0.68	0	0.979
St Edouard 1	1600	1600.0	Isojar	Lorraine	-34.8	-28.2	-24.0	70.99	23.91	4.34	0.41	0.27	0	0.968

井名	样品深度 (m)	垂深 (m)	样品类型	组	δ13C甲烷 (‰)	δ13C乙烷 (‰)	δ13C丙烷 (‰)	C1浓度 (%, mol)	C2浓度 (%, mol)	C3浓度 (%, mol)	iC4浓度 (%, mol)	nC4浓度 (%, mol)	H2S浓度 (10^-6)	相对密度 (空气=1.0)
St Edouard 1	1700	1700.0	Isojar	Lorraine	-39.3	-39.3	-36.3	74.67	22.21	2.79	0.16	0.13	0	0.963
St Edouard 1	1800	1800.0	Isojar	Lorraine	-38.2	-40.9	-40.9	85.15	13.49	1.25	0.04	0.06	0	0.967
St Edouard 1	1800	1800.0	Isojar	Lorraine	-38.0	-41.1	-40.7	84.26	14.19	1.40	0.05	0.08	0	0.968
St Edouard 1	2100	2100.0	Isojar	Utica	-37.8	-41.1	-40.5	86.07	12.31	1.45	0.05	0.09	0	0.944
St Edouard 1	2100	2100.0	Isojar	Utica	-38.2	-41.0	-39.9	88.80	9.97	1.09	0.05	0.08	0	0.944
St Edouard 1	2200	2200.0	Isojar	Utica	-37.9	-40.7	-38.2	91.69	7.11	1.01	0.07	0.09	0	0.948
St Edouard 1	1052	1052.0	Isotube	Lorraine	-43.2	-34.7	-29.4	90.85	6.64	1.89	0.20	0.29	0	0.962
St Edouard 1	1131	1131.0	Isotube	Lorraine	-38.7	-32.5	-28.7	97.36	2.42	0.19	0.01	0.02	0	0.892
St Edouard 1	1222	1222.0	Isotube	Lorraine	-41.2	-33.0		97.04	2.04	0.14	0.10	0.21	0	0.967
St Edouard 1	1299	1299.0	Isotube	Lorraine	-42.5	-33.6	-27.1	90.93	6.31	1.76	0.38	0.33	0	0.949
St Edouard 1	1307	1307.0	Isotube	Lorraine	-43.2	-33.7	-27.4	91.08	6.33	1.77	0.33	0.28	0	0.936
St Edouard 1	1378	1378.0	Isotube	Lorraine	-42.4	-34.2	-26.1	93.68	4.89	0.98	0.19	0.15	0	0.860
St Edouard 1	1718	1718.0	Isotube	Lorraine	-39.8	-37.5	-35.6	95.94	3.28	0.53	0.07	0.05	0	0.967
St Edouard 1	1881	1881.0	Isotube	Utica	-38.9	-41.3	-41.1	97.26	2.54	0.18	0.01	0.02	0	0.755
St Edouard 1	2523	2523.0	Isotube	Utica	-36.5	-39.7	-38.9	98.86	1.03	0.09	0.01	0.01	0	0.895

表 3.2 来自 St. Edouard 1a Hz 井的稳定碳同位素组成数据

井名	样品深度 (m)	垂深 (m)	样品类型	组	$\delta^{13}C$ 甲烷 (‰)	$\delta^{13}C$ 乙烷 (‰)	$\delta^{13}C$ 丙烷 (‰)	C_1 浓度 (%, mol)	C_2 浓度 (%, mol)	C_3 浓度 (%, mol)	iC_4 浓度 (%, mol)	nC_4 浓度 (%, mol)	H_2S 浓度 (10^{-6})	相对密度 (空气=1.0)
St Edouard 1a Hz	955	954.9	Isojar	Lorraine	-43.9	-34.1	-30.8	81.04	14.40	4.23	0.14	0.17	0	0.980
St Edouard 1a Hz	1010	1009.9	Isojar	Lorraine	-44.2	-33.8	-31.0	88.57	9.84	1.32	0.02	0.05	0	0.968
St Edouard 1a Hz	1355	1354.9	Isojar	Lorraine	-46.7	-32.5	-28.7	95.72	2.83	1.28	0.11	0.07	0	1.007
St Edouard 1a Hz	1405	1404.9	Isojar	Lorraine	-46.0	-33.1	-28.5	95.30	2.95	1.53	0.13	0.08	0	1.020
St Edouard 1a Hz	1455	1454.9	Isojar	Lorraine	-47.4	-32.9	-27.1	89.66	7.48	2.61	0.22	0.02	0	1.021
St Edouard 1a Hz	1500	1499.9	Isojar	Lorraine	-45.1	-32.8	-28.2	80.87	16.46	2.52	0.09	0.05	0	0.977
St Edouard 1a Hz	1555	1554.9	Isojar	Lorraine	-43.5	-33.6	-28.9	80.04	16.55	3.20	0.13	0.08	0	0.989
St Edouard 1a Hz	1600	1599.9	Isojar	Lorraine	-40.2	-34.7	-29.2	84.25	12.34	3.13	0.16	0.11	0	0.975
St Edouard 1a Hz	1650	1649.9	Isojar	Lorraine	-44.2	-35.7	-32.3	88.52	9.93	1.47	0.04	0.03	0	0.984
St Edouard 1a Hz	1705	1704.8	Isojar	Lorraine	-42.7	-35.5	-32.7	86.09	8.82	4.50	0.08	0.34	0	0.968
St Edouard 1a Hz	1755	1753.9	Isojar	Lorraine	-40.9	-40.0	-38.9	89.03	9.30	1.63	0.03	0.01	0	1.030
St Edouard 1a Hz	1805	1800.7	Isojar	Lorraine	-39.2	-40.2	-39.5	93.92	5.31	0.75	0.01	0.01	0	1.034
St Edouard 1a Hz	1850	1840.2	Isojar	Utica	-39.2	-40.0	-39.8	85.30	13.48	1.18	0.01	0.02	0	1.034
St Edouard 1a Hz	1905	1883.9	Isojar	Lorraine	-38.9	-40.5	-40.2	84.32	14.36	1.29	0.01	0.02	0	1.082
St Edouard 1a Hz	1955	1918.7	Isojar	Lorraine	-39.6	-40.2	-39.9	89.65	9.14	1.15	0.02	0.03	0	1.090
St Edouard 1a Hz	2000	1945.7	Isojar	Utica	-38.1	-41.8	-40.5	90.46	8.52	0.94	0.02	0.03	0	1.051
St Edouard 1a Hz	2055	1972.3	Isojar	Utica	-37.1	-42.1	-41.2	89.63	8.89	1.20	0.03	0.04	0	1.032
St Edouard 1a Hz	2105	1988.4	Isojar	Utica	-36.9	-41.9	-41.1	83.88	15.33	0.75	0.01	0.01	0	1.006
St Edouard 1a Hz	2155	1996.8	Isojar	Utica	-35.2	-41.6	-40.6	89.41	9.99	0.57	0.01	0.01	0	1.046
St Edouard 1a Hz	2180	1998.2	Isotube	Utica	-38.7	-41.8	-39.5	98.65	1.05	0.17	0.01	0.03	0	0.961
St Edouard 1a Hz	2180	1998.2	Isotube	Utica	-38.8	-41.8	-39.4	98.20	1.32	0.32	0.03	0.03	0	0.962

表 3.3 来自 Leclercville Hz 1a 井的稳定碳同位素组成数据

井名	样品深度 (m)	垂深 (m)	样品类型	组	$\delta^{13}C$ 甲烷 (‰)	$\delta^{13}C$ 乙烷 (‰)	$\delta^{13}C$ 丙烷 (‰)	C_1 浓度 (%, mol)	C_2 浓度 (%, mol)	C_3 浓度 (%, mol)	iC_4 浓度 (%, mol)	nC_4 浓度 (%, mol)	H_2S 浓度 (10^{-6})	相对密度 (空气 = 1.0)
Leclercville Hz 1a	600	600	Isojar	Lorraine	−44.4	−36.9	−33.2	24.50	14.90	25.10	7.74	15.96	0	0.979
Leclercville Hz 1a	700	700.0	Isojar	Lorraine	−44.3	−35.5	−32.2	28.88	13.00	24.66	7.96	15.40	0	0.974
Leclercville Hz 1a	750	750.0	Isojar	Lorraine	−44.8	−34.7	−31.9	50.62	12.14	16.35	5.38	8.84	0	0.969
Leclercville Hz 1a	800	800.0	Isojar	Lorraine	−43.2	−34.7	−32.0	42.97	14.27	18.91	5.92	10.53	0	0.972
Leclercville Hz 1a	845	845.0	Isojar	Lorraine	−43.5	−34.4	−31.2	44.99	14.02	19.01	5.80	9.89	0	0.971
Leclercville Hz 1a	900	900.0	Isojar	Lorraine	−42.7	−33.9	−31.8	65.54	11.26	10.79	3.06	5.46	0	0.967
Leclercville Hz 1a	925	925.0	Isojar	Lorraine	−42.8	−34.0	−29.9	45.75	16.84	19.39	4.96	8.39	0	0.970
Leclercville Hz 1a	950	950.0	Isojar	Lorraine	−42.2	−33.8	−29.2	42.99	16.05	21.76	5.24	8.94	0	0.969
Leclercville Hz 1a	975	975.0	Isojar	Lorraine	−42.3	−33.6	−28.5	47.43	16.09	18.87	4.72	8.13	0	0.970
Leclercville Hz 1a	1000	1000.0	Isojar	Lorraine	−42.0	−33.5	−28.9	47.45	14.47	18.65	5.10	8.82	0	0.970
Leclercville Hz 1a	1025	1025.0	Isojar	Lorraine	−42.4	−33.2	−28.3	53.18	17.40	17.25	3.73	5.80	0	0.968
Leclercville Hz 1a	1050	1050.0	Isojar	Lorraine	−42.3	−32.9	−28.0	67.17	13.95	11.57	2.27	3.49	0	0.963
Leclercville Hz 1a	1075	1075.0	Isojar	Lorraine	−42.8	−33.7	−28.5	62.17	14.36	13.18	3.04	4.85	0	0.966
Leclercville Hz 1a	1100	1100.0	Isojar	Lorraine	−42.5	−33.6	−27.5	57.39	16.55	15.30	3.21	5.09	0	0.967
Leclercville Hz 1a	1150	1150.0	Isojar	Lorraine	−43.0	−33.3	−27.9	54.86	16.66	16.61	3.71	5.62	0	0.968
Leclercville Hz 1a	1200	1200.0	Isojar	Lorraine	−41.6	−33.0	−28.2	48.88	13.11	19.06	5.92	8.44	0	0.970
Leclercville Hz 1a	1250	1250.0	Isojar	Lorraine	−41.2	−32.9	−27.8	60.62	15.69	13.95	3.39	4.32	0	0.965
Leclercville Hz 1a	1300	1300.0	Isojar	Lorraine	−41.9	−32.7	−27.1	73.36	10.71	9.13	2.43	2.91	0	0.958
Leclercville Hz 1a	1350	1350.0	Isojar	Lorraine	−41.5	−32.0	−27.6	49.14	16.94	20.17	5.58	5.55	0	0.968

井名	样品深度 (m)	垂深 (m)	样品类型	组	δ13C 甲烷 (‰)	δ13C 乙烷 (‰)	δ13C 丙烷 (‰)	C1 浓度 (%, mol)	C2 浓度 (%, mol)	C3 浓度 (%, mol)	iC4 浓度 (%, mol)	nC4 浓度 (%, mol)	H2S 浓度 (10^-6)	相对密度 (空气=1.0)
Leclercville Hz 1a	1400	1400.0	Isojar	Lorraine	-40.3	-32.5	-26.9	64.77	17.19	12.03	2.72	2.28	0	0.963
Leclercville Hz 1a	1450	1450.0	Isojar	Lorraine	-40.6	-32.2	-26.1	76.98	12.88	7.99	0.59	1.04	0	0.953
Leclercville Hz 1a	1475	1475.0	Isojar	Lorraine	-39.3	-32.7	-26.4	74.62	16.81	7.12	0.38	0.73	0	0.952
Leclercville Hz 1a	1500	1500.0	Isojar	Lorraine	-39.4	-32.8	-27.2	75.18	19.10	5.08	0.13	0.35	0	0.954
Leclercville Hz 1a	1525	1525.0	Isojar	Lorraine	-39.5	-33.5	-28.0	78.66	16.09	4.59	0.17	0.31	0	0.955
Leclercville Hz 1a	1550	1550.0	Isojar	Lorraine	-39.1	-33.6	-28.3	68.96	23.40	6.64	0.22	0.47	0	0.962
Leclercville Hz 1a	1575	1575.0	Isojar	Lorraine	-39.1	-34.1	-28.1	74.35	21.58	3.69	0.08	0.18	0	0.960
Leclercville Hz 1a	1600	1599.9	Isojar	Lorraine	-40.9	-35.3	-28.6	85.86	10.85	2.55	0.09	0.19	0	0.964
Leclercville Hz 1a	1625	1624.9	Isojar	Lorraine	-40.4	-35.7	-29.0	82.43	14.22	2.92	0.10	0.15	0	0.962
Leclercville Hz 1a	1650	1649.9	Isojar	Lorraine	-39.9	-35.8	-29.1	79.82	16.17	3.41	0.09	0.21	0	0.963
Leclercville Hz 1a	1700	1699.3	Isojar	Lorraine	-40.4	-36.7	-30.2	82.40	15.06	2.26	0.13	0.10	0	0.960
Leclercville Hz 1a	1750	1747.4	Isojar	Lorraine	-39.1	-37.4	-33.2	76.43	17.79	5.02	0.26	0.24	0	0.956
Leclercville Hz 1a	1800	1793.1	Isojar	Lorraine	-38.3	-40.1	-37.8	80.70	17.41	1.52	0.07	0.08	0	0.954
Leclercville Hz 1a	1850	1835.0	Isojar	Lorraine	-39.1	-39.8	-38.9	91.44	7.80	0.67	0.02	0.02	0	0.939
Leclercville Hz 1a	1900	1871.6	Isojar	Lorraine	-39.5	-40.7	-38.2	92.24	7.06	0.62	0.01	0.03	0	0.944
Leclercville Hz 1a	1950	1901.6	Isojar	Lorraine	-37.5	-40.9	-38.0	85.24	13.64	0.93	0.06	0.06	0	0.955
Leclercville Hz 1a	2000	1923.9	Isojar	Lorraine	-38.8	-40.5	-38.3	92.66	6.79	0.43	0.04	0.05	0	0.940
Leclercville Hz 1a	2050	1939.0	Isojar	Utica	-35.9	-40.6	-38.5	89.00	10.34	0.57	0.02	0.02	0	0.954
Leclercville Hz 1a	2100	1947.0	Isojar	Utica	-35.8	-40.6	-39.1	84.42	14.02	1.25	0.06	0.09	0	0.958

表 3.4 来自 Fortierville 1 井的稳定碳同位素组成数据

井名	样品深度 (m)	垂深 (m)	样品类型	组	$\delta^{13}C$ 甲烷 (‰)	$\delta^{13}C$ 乙烷 (‰)	$\delta^{13}C$ 丙烷 (‰)	C_1 浓度 (%, mol)	C_2 浓度 (%, mol)	C_3 浓度 (%, mol)	iC_4 浓度 (%, mol)	nC_4 浓度 (%, mol)	H_2S 浓度 (10^{-6})	相对密度 (空气=1.0)
Fortierville 1	800	800	Isojar	Lorraine	-46.2	-36.8	-33.4	79.60	7.62	6.44	1.80	2.95	0	0.964
Fortierville 1	850	850	Isojar	Lorraine	-45.4	-36.5	-33.5	80.07	9.92	5.92	1.17	1.82	0	0.962
Fortierville 1	875	875	Isojar	Lorraine	-34.3	-36.9	-34.0	71.95	11.95	10.22	1.68	2.78	0	0.977
Fortierville 1	900	900	Isojar	Lorraine	-45.7	-37.2	-33.8	64.30	11.72	12.39	3.08	5.18	0	0.981
Fortierville 1	925	925	Isojar	Lorraine	-45.0	-37.3	-33.7	60.07	14.84	14.08	3.15	5.08	0	0.967
Fortierville 1	950	950	Isojar	Lorraine	-45.3	-36.9	-33.5	63.17	13.47	13.61	2.99	4.61	0	0.966
Fortierville 1	975	975	Isojar	Lorraine	-45.6	-36.8	-33.4	59.35	15.20	15.25	3.09	4.83	0	0.967
Fortierville 1	1000	1000	Isojar	Lorraine	-43.7	-36.6	-33.8	60.39	13.41	14.76	3.51	5.28	0	0.967
Fortierville 1	1025	1025	Isojar	Lorraine	-45.0	-36.5	-33.4	59.68	13.41	15.17	3.62	5.45	0	0.987
Fortierville 1	1050	1050	Isojar	Lorraine	-44.4	-36.4	-33.2	52.28	16.03	18.21	4.32	6.18	0	0.983
Fortierville 1	1075	1075	Isojar	Lorraine	-43.9	-36.1	-33.1	55.17	16.38	16.32	3.90	5.37	0	0.963
Fortierville 1	1100	1100	Isojar	Lorraine	-44.9	-36.2	-32.9	66.66	13.72	11.37	2.67	3.63	0	0.964
Fortierville 1	1125	1125	Isojar	Lorraine	-45.3	-36.3	-33.0	66.67	13.53	11.42	2.63	3.67	0	0.965
Fortierville 1	1150	1150	Isojar	Lorraine	-45.0	-36.3	-33.3	64.73	13.40	12.23	3.07	4.17	0	0.972
Fortierville 1	1175	1175	Isojar	Lorraine	-45.2	-36.1	-32.8	69.80	13.07	10.40	2.37	2.92	0	0.967
Fortierville 1	1200	1200	Isojar	Lorraine	-44.6	-36.3	-32.9	75.67	11.11	7.99	1.83	2.24	0	0.963
Fortierville 1	1225	1225	Isojar	Lorraine	-43.7	-36.2	-33.0	69.08	13.04	10.58	2.42	3.07	0	0.951
Fortierville 1	1250	1250	Isojar	Lorraine	-45.3	-35.9	-31.5	80.30	9.87	6.25	1.28	1.56	0	0.979
Fortierville 1	1275	1275	Isojar	Lorraine	-44.4	-35.6	-31.5	71.09	13.15	10.14	2.13	2.44	0	0.959
Fortierville 1	1300	1300	Isojar	Lorraine	-43.6	-35.8	-31.0	73.49	12.77	9.09	1.76	2.01	0	0.959

井名	样品深度 (m)	垂深 (m)	样品类型	组	δ13C 甲烷 (‰)	δ13C 乙烷 (‰)	δ13C 丙烷 (‰)	C1 浓度 (%, mol)	C2 浓度 (%, mol)	C3 浓度 (%, mol)	iC4 浓度 (%, mol)	nC4 浓度 (%, mol)	H2S 浓度 (10^-6)	相对密度 (空气=1.0)
Fortierville 1	1325	1325	Isojar	Lorraine	-43.8	-35.7	-30.8	77.78	10.16	7.34	1.73	2.00	0	0.962
Fortierville 1	1350	1350	Isojar	Lorraine	-43.6	-35.4	-30.5	70.85	12.07	10.62	2.61	2.71	0	0.961
Fortierville 1	1375	1375	Isojar	Lorraine	-43.4	-35.1	-30.6	67.37	13.79	11.37	2.92	3.12	0	0.978
Fortierville 1	1400	1400	Isojar	Lorraine	-43.8	-35.2	-29.9	71.48	12.32	10.16	2.33	2.63	0	0.963
Fortierville 1	1425	1425	Isojar	Lorraine	-43.5	-35.2	-29.4	76.76	10.75	7.70	1.80	1.87	0	0.967
Fortierville 1	1450	1450	Isojar	Lorraine	-43.5	-35.0	-29.8	74.37	12.56	8.56	1.85	1.91	0	0.961
Fortierville 1	1500	1500	Isojar	Lorraine	-43.0	-35.1	-29.7	74.71	10.45	8.67	2.29	2.47	0	0.966
Fortierville 1	1525	1525	Isojar	Lorraine	-43.5	-35.4	-30.0	77.10	10.26	7.91	1.88	1.87	0	0.972
Fortierville 1	1550	1550	Isojar	Lorraine	-42.9	-35.0	-29.8	69.69	13.94	10.49	2.24	2.29	0	0.973
Fortierville 1	1650	1650	Isojar	Lorraine	-41.7	-34.7	-28.5	69.02	15.23	10.59	2.35	2.01	0	0.975
Fortierville 1	1750	1750	Isojar	Lorraine	-41.1	-34.1	-27.2	74.78	15.87	6.74	1.29	0.94	0	0.960
Fortierville 1	1800	1800	Isojar	Lorraine	-39.7	-34.5	-27.9	78.88	14.47	4.89	0.92	0.59	0	0.957
Fortierville 1	1850	1850	Isojar	Lorraine	-40.7	-34.7	-27.3	83.96	11.80	3.23	0.53	0.32	0	0.947
Fortierville 1	1900	1900	Isojar	Lorraine	-40.1	-35.6	-28.4	85.64	10.70	2.79	0.42	0.29	0	0.950
Fortierville 1	1950	1950	Isojar	Lorraine	-40.0	-35.7	-30.4	88.03	9.09	2.26	0.31	0.22	0	0.942
Fortierville 1	2000	2000	Isojar	Utica	-38.7	-37.1	-31.5	75.24	19.11	4.61	0.47	0.41	0	0.965
Fortierville 1	2050	2050	Isojar	Utica	-39.9	-37.9	-34.0	94.89	4.52	0.51	0.03	0.04	0	0.861
Fortierville 1	2100	2100	Isojar	Utica	-40.0	-38.6	-35.2	90.61	8.30	0.95	0.05	0.06	0	0.924
Fortierville 1	2150	2150	Isojar	Utica	-39.5	-39.5	-36.2	91.87	7.10	0.90	0.04	0.06	0	0.932
Fortierville 1	2200	2200	Isojar	Utica	-35.6	-39.4	-36.1	88.63	9.55	1.60	0.08	0.10	0	0.953

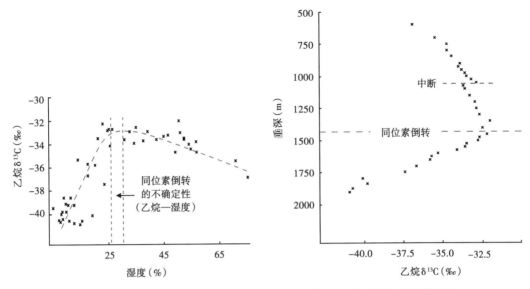

图 3.10　St. Lawrence 低地作为湿度（C_{2+}）或深度函数的同位素倒转示例

数据来源于 D 区 Leclercville 3 井的 Isojar 工具

　　分析中使用的水力压裂数据仅限于垂直井；每口井都是独立研究且与周边地区无关。D区的井 2 中有两条独立的水力压裂缝，存在于两条不同的逆冲断层之上；尽管深度不同，但其初始关井压力值非常相似，所以该数据舍弃。另外，因为井下压力计获得的 D 区井 1 的储层压力值异常，所以采用 D 区井 2 的数据代替。

　　压力—深度图中主要参考两个梯度：10kPa/m 的静水压力梯度和 18.5kPa/m 的正常破裂梯度（也称为典型的破裂梯度）。后者对应于估测的最小水平应力梯度，简化为线性趋势。不能与图中未绘制的岩石静水压力梯度（上覆岩层应力）相混淆。要了解水力压裂优先传播方向是垂直还是水平，需要针对岩石静水压力梯度（垂直于上覆应力）进行研究。

　　为避免与其他逆冲断层或构造的数据相比较，对数据进行了过滤。因此，D 区的井 2 在不同的逆冲断层上存在两个压裂段；虽然舍弃了压裂数据，但采用了储层压力对断块 D 进行分析。

　　例如，对于 C 区的一口井，其中一个数据点比另一个数据点浅得多，且属于不同的构造单元；而该水力压裂数据与周围的断块 A 和断块 D 的井一致。

　　例如，对于 A 区的井，从两个断块中得到四个数据点。由于深度范围较小，使梯度计算的不确定性增加，因此将两个较深的点从梯度计算中舍弃。

3.3　分析与结论

3.3.1　地球化学

　　不同的气体采样方法可能会得到不同的结果，因为 Isotube 工具会收集井筒内流动的游离气体，而 Isojar 工具则会收集在钻井液密封罐中保存的钻屑释放的气体。如图 3.8 所示，Isotube 和 Isojar 工具之间的气体组成差异非常明显，特别是甲烷。然而，碳同位素数据在Isojar 和 Isotube 两种工具之间没有这么大差异；乙烷和丙烷的情况尤其如此（图 3.9）。值得注意的是，Isojar 和 Isotube 工具之间的甲烷碳同位素有一些细微的差异，可能反映了储层性质的变化。

在碳同位素组成与深度交会图上，乙烷和丙烷碳同位素组成显示了一系列趋势倒转，如图 3.9 和图 3.10 所示。浅部的趋势倒转被称为同位素倒转，习惯上用于比较乙烷碳同位素值与湿度的关系（图 3.10）。由于在 2.5 千米（1.4mile）厚的页岩上进行了广泛的采样，因此，在深度图上显示倒转是可能的。研究认为，通过分析丙烷（图 3.9）和乙烷（图 3.10）的碳同位素深度的趋势特征，可以划分三类地球化学区域。浅部区域的特点是同位素值正常增加（与深度负相关性较小）。中部区域的特点是同位素趋势发生倒转（与深度负相关性更强）。随着深度增加，同位素值逐渐增加，深部的趋势开始恢复正常；然而，与浅部区域相比，同位素值与深度的负相关性更强。使用从连续色谱取样获得的正丁烷—异丁烷的组成（图 3.11）数据时，在相同深度处也表现出倒转的现象。

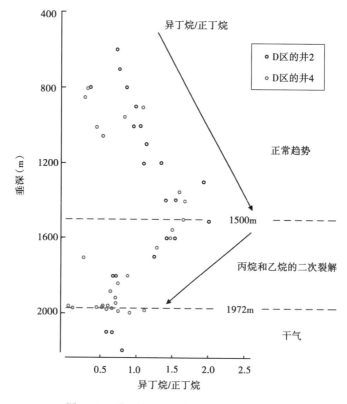

图 3.11　异丁烷/正丁烷的倒转示例（D 区）

由于经常遇到意想不到的或不稳定的同位素组成，所以，应该对甲烷碳同位素进行更多的研究。在垂向压裂的 St. Edouard 井（表 3.1 和表 3.2 中的 Isojar 工具数据）和表层套管的 Leclercville 1 井两口类似的井中均发现了这种情况（Molgat 等，2011；Chatellier 等，2012）。

3.3.2　压力和地应力梯度

为了计算破裂梯度，工程师测量了初始关井压力，此外还测量了与深度相关的静水压力（井中裂缝流体）。将静水压力除以深度得到破裂梯度。在支撑裂缝的处理中，初始关井压力是裂缝闭合压力的上限，假设接近于 SH_{min}。根据如下观点，提出了另一种方法来查看破裂梯度。

（1）不同的水力压裂系统，其破裂梯度不同，并且未识别任何次序/模式。此外，两口不同井的两个数据点具有相同的破裂梯度，然而地质力学分析认为这不可能（图 3.12 中最浅的红点和最深的绿点）。这两点怎么可能在同一个破裂梯度？

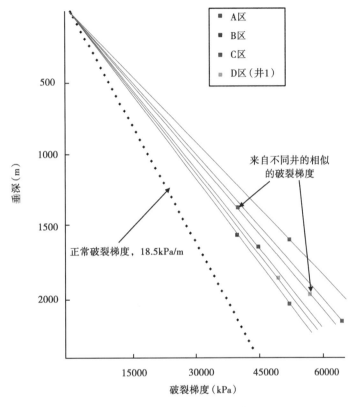

图 3.12　Talisman 垂直井水力压裂的传统破裂梯度
破裂梯度作为一个简单的深度函数来计算

（2）区域 D 的井 1 中的线性模式（图 3.13 中的绿色）。

（3）每口井的梯度变化呈现扇形模式，从 A 区到 C 区逐渐平缓（图 3.12）。

（4）正常破裂梯度存在一个交叉点（图 3.14），其深度非常接近地球化学指示的同位素倒转的地方。

（5）C 区出现一口问题井，该异常数据点与周边地区（A 区、B 区）的井位相符（图 3.13 上部的红点）。该现象受逆冲断层构造影响，导致该地区的某些地层重复，而较浅的数据点正位于逆冲带中。

在分析过程中，使用了初始关井压力来估算水力压裂时的压力。然而，压裂设计中的关键驱动力是净压力，在开启泵时裂缝延伸，在关闭后仍然有一定延伸。净压力是初始关井压力和破裂闭合压力之间的差值。分析过程中，初始关井压力是破裂压力估算的基础，因为它是最容易测量的数值，且不确定性相对较小。

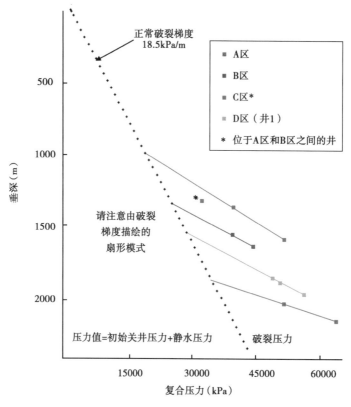

图 3.13　由至少两口垂直井中的裂缝计算的局部破裂梯度

3.3.3　破裂梯度、地球化学和超压

一系列的分析表明，超压和破裂梯度之间可能存在联系。首先，三个水力压裂的压力数据点（D 区的井 1）呈现较好的线性关系，使同一口井中不同破裂压力呈现为增长型的破裂梯度。该梯度不同于任何单个水力压裂产生的破裂梯度，笔者将这种新产生的破裂梯度称为局部破裂梯度。

正常破裂梯度与局部破裂梯度的交会点所对应的深度，近似于现场连续色谱仪显示的天然气突然变成干气的深度。这表明正常、局部破裂梯度交会点可以预测干气区的顶部深度。

在每口井中，只考虑来自单个构造区的水力压裂。结果显示了每口井的局部破裂梯度和正常/局部破裂梯度交会点的深度。在每种情况下，正常/局部破裂梯度交会点都靠近气相色谱法显示的干气窗顶部。

值得注意的是，相比浅部的局部破裂梯度，深部局部破裂梯度的压力值更高，破裂梯度数据呈扇形分布（图 3.13）。这与地质力学一致，即随着深度的增加，水平裂缝产生的可能性也相应加大。

C 区的破裂压力数据异常，表明浅部破裂压力与其他两个数据点不一致。直到发现邻近地区（A 区和 B 区）的两口井的局部破裂梯度，该现象才得以解释。C 区井中的浅部破裂数据点与邻近地区（图 3.13 中的浅红点）一致，证明一种观点，即 C 区可能具有两个构造带，浅部的构造带横向范围较大且可与邻近 A 区和 B 区对比。

综合分析地球化学数据与水力压裂数据，认为干气区的上限深度恰好等于两个梯度的交会点：局部破裂梯度和正常破裂梯度。所以，推断该交会点深度是超压区的上限，钻井也证实在该深度的钻井液相对密度增加。

乙烷和丙烷同位素倒转（图3.9和图3.10）发生的深度与正常破裂梯度和局部破裂梯度交会点深度一致（图3.14）。同样，T_{max}异常低时对应的深度与该区域的两个梯度的交会点一致（图3.15）。

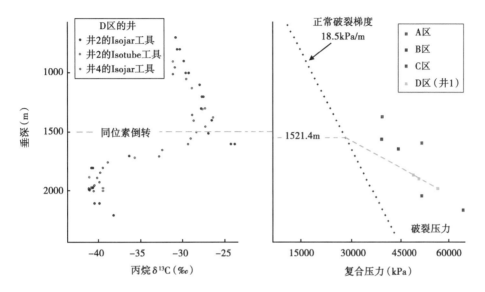

图3.14　破裂梯度与同位素数据之间的联系——超压区顶部

注意，井1的破裂压力没有碳同位素数据；同位素倒转深度与超压区假设顶部之间的
微小差别是因为与破裂压力评估相关的不确定性

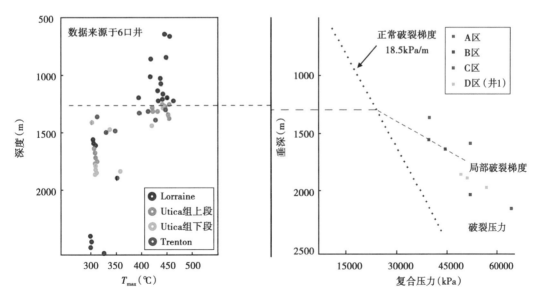

图3.15　B区局部破裂梯度和岩石评价（T_{max}）数据的对比

注意两种方法中，对超压区顶部深度的预测基本一致

69

3.3.4 储层压力

井下压力计在四口垂直井中放置了六个月；其中有一口井数据异常，而其余三口井的数据可靠。每个压力计记录的压力为该深度最后测量的压力。假设同位素倒转和破裂交会点（正常与局部）都指示超压区的顶部，计算并绘制了从静水压力梯度的超压区顶部到井下压力计的储层压力梯度。B区和D区的梯度非常相似。采用同样方法绘制了C区的压力梯度，结果差强人意。注意，C区（红色）井的储层压力数据不如另外两口井可靠。C区井中的压力计在关井后一个月才安装，对数据不进行任何人为修正，绘制了最新的压力梯度。

研究认为，孔隙压力可能对破裂梯度有很强的影响，图3.16证实了该推测。对于相距几十千米的A区和D区的井，超压区内储层压力梯度的斜率（$y=ax=b$）非常接近；参数 a 处于26.2~26.6kPa/m之间，参数 b 表示超压区的顶部埋深。超压区内两个区域的压力梯度仅相差1.4%，如果使用传统梯度（压力除以深度）而不区分压力域时，两者压力梯度则相差7.7%。了解地球化学、储层压力和水力压裂压力之间的联系，可以合理地估计储层压力，并准确评估天然气地质储量，因为页岩储层中的储量随储层压力增大而增加。

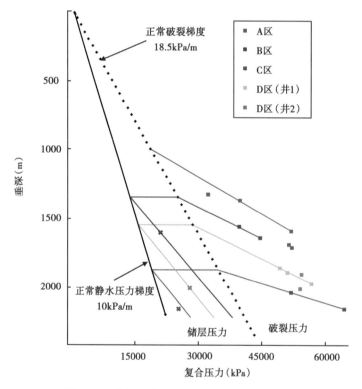

图3.16 油藏压力、破裂压力和局部破裂梯度

每条水平线对应超压的假设极限；油藏压力数据来自油藏压力分析（B区、C区和D区）；请注意，对于C区（红色），压力计在关井一个月后安装，绘图值是在监测结束时测量的值，没有校正，也没有外推

3.4 未来研究方向

超压深度可能与同位素倒转深度一致。然而，丁烷分子的化学反应主要发生于较浅的深

度（图 3.17）。研究认为，丁烷反应与温度和压力的增加有关，致使发生压力呈斜率变化的一系列反应（图 3.17）。因此，预计该区域中会出现逐步变化的超压，但需要详细的压力测量来验证该假设。T_{max}—深度图上也会出现类似的斜率变化（图 3.4 和图 3.5），偶尔也在多井的镜质组—深度图上出现。

为了更好地理解图 3.17 所示的同位素变化速率，还需要进行更多的研究。因此，碳同位素随深度变化的速率（用梯度表示）与甲烷和丙烷正常区域的变化速率（位于同位素倒转区之上）是相同的；干气区的甲烷和乙烷之间的关系也是一样的。也可以关注为什么正常区域内的乙烷梯度与其他区域（甲烷和丙烷）不同，以及乙烷和丙烷梯度在正常区域内的交会点的意义。

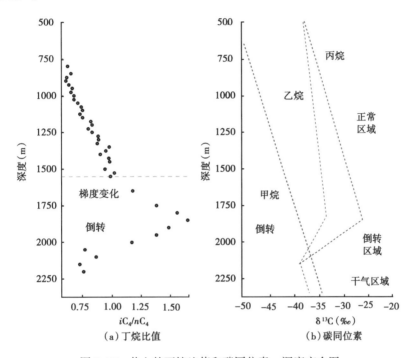

图 3.17　井上的丁烷比值和碳同位素—深度交会图

倒转位于相同的深度（请注意丁烷比值的梯度变化）；在正常区域内，同位素回归线的 R^2 对 C_1 为 96.3%，对 C_2 和 C_3 分别为 93.3% 和 93.0%；在倒转区域中，其对 C_2 和 C_3 分别为 96.6% 和 96.1%，对干气区的 C_2 为 84.2%；Fortierville 1 井来自 E 区；干气区的乙烷梯度（红色）是从 E 区以外的区域推断出来的

最近的研究重点为同位素倒转区发生的化学反应（Tang 等，2011）。假设需要分解水以释放出额外的氢分子，以便使乙烷或丙烷分解为甲烷。同位素倒转区分布的镜质组双峰反射（图 3.18）可以证实水解生氧相关的氧化作用。然而，详细的有机岩石学研究是否有助于确定氧化镜质组估算的 R_o 值代表样品的成熟度，这一问题仍未可知。

截至目前，仅使用垂直裂缝的数据，因为水平井的继生裂缝会对围区产生剩余的局部应力（应力阴影），该应力难以定量估计。应该针对水平井中的裂缝数据重点研究，以便搞清局部应力（应力阴影）的重要性，并准确校正破裂前的原始应力场。

本文通过魁北克省等加拿大西部地区的钻探参数估算正常破裂梯度。还需要对该梯度进行更精确的评估，以进一步研究地球化学和破裂梯度之间的联系，并证明本文观点。

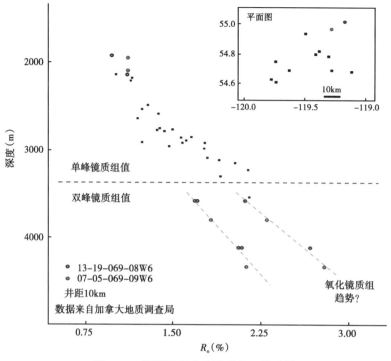

图 3.18　深部区存在的镜质组双峰反射

3.5　结论

了解非常规页岩储层的地球化学特征可以预测碳氢化合物的类型和数量以及该油藏的经济学意义（Ferworn，2009；Reed 等，2010）。Ferworn 及其同事（Ferworn，2009，2010；Zumberge 等，2011）证实，该高成熟度的页岩发生碳同位素倒转。研究表明，同位素倒转发生在成熟度约为 1.5%。魁北克省的数据也证实了这一临界值。

超压系统可通过使用以下地球化学参数估算：气体组成、气体碳同位素特征和 Rock - Eval 热解数据（T_{max}）。每种工具都有其优点和局限性，收集数据的各种方法也是如此。在区域一定深度下可观察到不规则的参数分布模式，对应于正常压力区和超压区的边界的深度。

两个压力区的识别对井身设计、流体流失控制管理和优化目标深度等有重要意义。此外，从地球化学分析中获得了正常压力—超压界面的深度后，就可根据单个构造的一口垂直井中的两个水力压裂数据点来预测储层压力（图 3.14）。图 3.7 显示 T_{max} 在特定深度以下是不稳定的，尤其是与镜质组数据对比时，镜质组数据表现为随深度增加呈线性变化的趋势。当干酪根丧失生气潜力，并且 S_2 太小而不能准确确定 T_{max} 时，就会出现上述问题。

在压裂数据预测的超压起始深度下，T_{max} 数据存在不稳定现象。在一些井中，T_{max} 数据重现了与超压相关的同位素倒转现象。这两种现象之间的可能联系需要进一步调查。来自各盆地的数据一致表明，超压和温度升高与二次断裂、同位素倒转有关，而该过程产生了干气。

参 考 文 献

Behar, F., V. Beaumont, and H. L. De B. Penteado, 2001, Rock-Eval 6 technology: Performances and developments: Oil & Gas Science and Technology—Revue Institut du Pétrole, v. 56, no. 2, p. 111-134.

Bertrand, R., and Y. Heroux, 1987, Chitinozoan, graptolite, and scolecodont reflectance as an alternative to vitriniteand pyrobitumen reflectance in Ordovician and Silurian strata, Anticosti Island, Quebec, Canada: AAPG Bulletin, v. 71, p. 951-957.

Chatellier, J-Y., M. Molgat, and S. McLellan, 2011, Quebec shale gas geology—multidisciplinary approach, methodology and preliminary results: CSPG - CSEG - CWLS annual convention, Calgary, extended abstract.

Chatellier, J-Y., R. Rioux, M. Molgat, C. Goodall, C. and R. Smith, 2012, Applied organic geochemistry and best practices to address a surface casing vent flow—lessons from remediation work of a shale gas well in Quebec: Paperpresented at the AAPG annual convention, Long Beach, California, April, AAPG Search and Discovery, #40977.

Espitalié, J., M. Madec, and B. Tissot, 1977, Source rock characterization method for petroleum exploration: Offshore Technology Conference, OTC 2935, p. 439-444.

Fertl, W. H., 1976, Abnormal formation pressures, implications for exploration, drilling, and production of oil and gas resources: Elsevier Scientific Publishing Amsterdam-Oxford-New York, 382 p.

Fertl, W. H., and D. J. Timko, 1970, Occurrence and significance of abnormal pressure formations: Oil and Gas Journal, v. 68, no. 1, p. 97-108.

Fertl, W. H., and D. J. Timko, 1971, Application of well logs to geopressure problems in the search, drilling, and production of hydrocarbons: Colloque A. R. T. E. P., French Petroleum Institute, Rueil, June, Paper No. 4.

Ferworn, K., 2009, Haynesville vs Barnett—is my shale better than yours: AAPG Explorer, September 2009, quotation in article by correspondent Louise Durham.

Ferworn, K., 2010, Research getting unconventional boost: AAPG Explorer, July 2010, quotation in article by correspondent David Brown.

Heroux, Y., and R. Bertrand, 1991, Maturation thermique de la matière organique dans un bassin du Paléozoïque inférieur, basses-terres du Saint Laurent, Québec, Canada: Canadian Journal of Earth Sciences, v. 28, p. 1019-1030.

Lafarge, E., F. Marquis, F., and D. Pillot, 1998, Rock-Eval 6 applications in hydrocarbon exploration, production and in soil contamination studies: Revue Institut du Pétrole, v. 53, p. 421-437.

Molgat, M., J-Y. Chatellier, R. Rioux, K. Holmes, C. Goodall, and R. Smith, 2011, Best practices and applied organic geochemistry to address a surface casing vent flow: Example from talisman 2011 remediation work in Quebec, Quebec Oil and Gas Association Conference, Montreal, October, http://www.forumschiste.com/uploads/images/Poster-QOGA-2011.pdf, p. 1.

Mouchet, J. P., and A. Mitchell, 1989, Abnormal pressures while drilling; origins - prediction -

detection – evaluation. Manuels Techniques 2, Elf Aquitaine Editor, Boussens, France, 255 p.

Nygaard, R., M. Karimi, G. Hareland, M. Tahmeen, and H. Munro, 2008, Pore – pressure prediction in overconsolidated shales: SPE 116619, Pittsburgh, Pennsylvania, 11–15 October.

Peters, K. E., 1986, Guidelines for evaluating petroleum source rock using programmed pyrolysis: AAPG Bulletin, v. 70, p. 318–329.

Peters, K. E., and M. R. Cassa, 1994, Applied source rock geochemistry, in L. B. Magoon and W. G. Dow, eds., The petroleum system—from source to trap: AAPG Memoir, v. 60, p. 93–117.

Reed, J., K. Ferworn, S. Brown, and J. Zumberge, 2010, Hydrocarbon phase prediction in unconventional resourceplays using geochemical and PVT data: AAPG – SPE – SEGSPWLA Hedberg Conference, Austin, Texas, December, extended abstract.

Sasseville, C., A. Tremblay, N. Clauer, and N. Liewig, 2008, K – Ar time constraints on the evolution of a polydeformed fold–and–thrust belt: the case of the northern Appalachians (southern Quebec): Journal of Geodynamics, v. 45, p. 99–119.

Stanley, R. S., and N. M. Ratcliffe, 1985, Tectonic synthesis of the Taconian orogeny in western New England: GSA Bulletin, v. 96, p. 1227–1250.

Tang, Y. and X. Xia, K. Ferworn, and J. Zumberge, 2011, Quantitative assessment of shale gas potential based on its special generation and accumulation processes, AAPG Search and Discovery #90124.

Theriault, R., 2009, Variations géochimiques, minéralogiques et stratigraphiques des shales de l'Utica et du Lorraine: Implications pour l'exploration gazière dans les Basses–Terres du Saint–Laurent: APGQ Conférence, October 2009, Montréal, Québec.

Tremblay, A., and S. Castonguay, 2002, Structural evolution of the Laurentian margin revisited (southern Quebec Appalachians): Implication for the Salinian Orogeny and successor basins: Geology, v. 30, no. 1, p. 79–82.

Van Staal, C. R., J. F. Dewey, C. MacNiocaill, and W. S. McKerrow, 1998, The Cambrian–Silurian tectonic evolution of the northern Appalachians and British Caledonide: History of a complex, west and southwest Pacific–type segment of Iapetus, in D. J. Blundell and A. C. Scott, eds., Lyell: The past is key to the present London, GSL, p. 199–242.

Zumberge, J., K. Ferworn, and S. Brown, 2012, Isotopic reversal ("rollover") in shale gases produced from the Mississippian Barnett and Fayetteville formations, Marine and Petroleum Geology, Marine and Petroleum Geology, v. 31, no. 1, p. 43–52.

第4章 全岩矿物分析法判别
烃源岩有机相类型

Jonathan C. Evenick 和 Tony McClain

BP America，501 Westlake Park Blvd. Houston，Texas，77079，U. S. A.
（e-mails：jonathan. evenick@ bp. com，tony. mcclain@ bp. com）

摘要 在获得有效的热解数据之前，提出了一种运用基础成分数据和三元判别图直接有效地预测烃源岩有机相的方法。通过研究成分数据与有机相类型，可以搞清原始的沉积环境和排出烃的类型。利用该方法初步确定有机相有助于对烃源岩进行分类，并避免仅根据生产特征比较烃源岩靶区。

烃源岩可以划分为四个基本类别：（1）含少量碳酸盐的黏土—石英类；（2）含碳酸盐的黏土—石英类；（3）碳酸盐类；（4）双峰类。矿物成分的变化趋势也有助于预测沉积体系在横向、垂向上的变化，并有助于确定某一地区是否存在某种有机相类型。每一类烃源岩可能具有多种有机相，这些有机相可以在盆地内或盆地之间变化。三元图可以识别岩相的相对脆性，从而确定更优质的非常规储层。这种技术不能直接判断烃源岩的品质，所以仍然需要通过标准的地球化学分析来确定优质烃源岩。

如何确定半常规和非常规储层中的优质烃源岩，近年来已经成为一个研究热点（Curtis，2002）。随着烃源岩或页岩气开采的迅速增加，页岩作为具有经济可采性的天然气和液态烃储层，目前仍缺乏统一的分类方案（MacQuaker 和 Adams，2003）。这在很大程度上是因为作为储集岩，页岩和黏土还未被详细研究。然而，页岩和黏土此前一直是石油系统研究的重点，这些研究定义和模拟了烃源岩的性质（Tissot 等，1974；Espitalie 等，1977；Dahl 等，1994；Pepper 和 Corvi，1995）。页岩研究也曾集中在断层和盖层分析（Gibson，1994；Yielding 等，1997；Rawling 等，2001），以及变形带部位（Gibson，1998）。之前的页岩分类方案（Shepard，1954；Folk，1974；Pickering 等，1986；Flemming，2000；MacQuaker 和 Adams，2003）主要是以结构、岩相、粒度和成分为基础（Loucks 和 Ruppel，2007），所以对烃源岩生烃潜力的判别作用有限。

以往的研究主要集中在分类方案上，这些分类方案涉及结构、岩相、粒度、粒度分布、矿物成分、地球化学参数。每种分类方案都具有一定的优势，但石油系统的分类（有机相或干酪根类型）可能最适用于识别油藏富集区和预测可采储量。基于英国石油公司（BP）的工作，Pepper 和 Corvi's（1995）提出了一种分类方案，该方案不仅能预测排出烃的类型（图4.1），还能根据干酪根类型预测总体沉积环境（Stasiuk 等，1991）。易于生油的有机相A、B和C均为水生（图4.1）。其中，有机相A和B均为海相，且主要成分分别为碳酸盐岩和硅质碎屑岩。有机相C则主要形成于湖泊环境中。有机相D/E和F易于生气，它们主要形成于以陆源有机质为主的环境中。河流、滨岸平原、三角洲和近滨都是形成有机相D/E

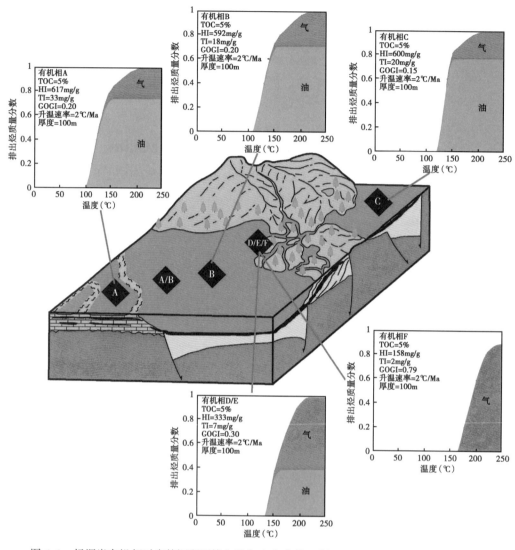

图 4.1　烃源岩有机相对应的沉积环境和油气生产曲线（据 Pepper 和 Corvi，1995，修改）

TOC 为总有机碳；HI 为氢指数；TI 为转化指数；GOGI 为油气生成指数

的典型环境，而有机相 F 富含木质素，其形成通常与腐殖煤的形成环境相关。这些有机相类似于法国石油研究所定义的干酪根类型，但本文仅使用 BP 分类（图 4.2；Pepper 和 Corvi，1995）。BP 分类方案基于一个庞大的全球数据库，整合了所有常见有机相类型的实验数据和现场数据。尽管根据沉积环境来推断干酪根类型存在一些潜在的风险（Peters 等，2006），但是其与有机相的确存在一定相关性。因此，将不同沉积环境与各环境中可能存在的矿物成分对应起来，正是快速直观法的优点。在烃源岩作为储层的前提下，沉积环境、矿物组分均是黏土含量的函数，因此用来预测页岩的储层潜力会更有效。

　　岩石热解分析（Rock-Eval）是表征烃源岩类型和成熟度的常用方法。这种基于热解的烃源岩筛选方法的主要缺点是成熟度对解释参数（氢指数和氧指数）存在影响。当样品相对不成熟，氢指数和氧指数处于或接近原始值时，有机相的解释是相当可靠的。随着样品越来越成熟，在修正的 Van Krevelyn 图中它们的演化路径开始趋同。因此，样品的成熟度越高，对其初始有机相的解释越不准确。这种情况通常在热成熟度（R_o）达到 0.85%（T_{max} 为 435~440℃）时开始出现。因此，本次研究证明了一种直观的方法，它可以：（1）在无合适的热解数据情况下，对烃源岩进行分类；（2）对岩石的诱导断裂能力进行初次筛选；（3）用 X 射线衍射数据（XRD）来预测盆地内可能存在的横向相变。

英国石油公司划分的有机相	描述	主要生物	含硫量	沉积和年代	法国石油研究所的分类	
A	水生 海相 硅质 碳酸盐岩/蒸发岩	海藻 细菌	高	海相 上涌带 碎屑缺乏盆地 任何年代	类型ⅡS	易生油
B	水生 海相 硅质碎屑	海藻 细菌	中等	海相 碎屑盆地 任何年代	类型Ⅱ	易生油
C	水生 非海相 湖相	淡水藻类 细菌	低	构造的 非海相盆地 海岸平原（少见） 显生宙	类型Ⅰ	易生油
D	陆源 非海相 含蜡	植物角质层 树脂 木质素 细菌	低	曾经湿润的海岸平原 中生代以来	类型Ⅲ	易生气
E	陆源 非海相 含蜡	植物角质层 木质素 细菌	低	曾经湿润的海岸平原 中生代以来	类型Ⅲ	易生气
F	陆源 非海相 贫蜡 煤	木质素	低	海岸平原 晚古生代以来	类型Ⅲ/Ⅳ	易生气

图 4.2　不同有机相及其关键描述特征对比图（据 Pepper 和 Corvi，1995）

由于缺乏一个标准化的烃源岩分类方案，导致石油工业中不同烃源岩靶区之间缺乏有效的联系和类比。之前有一种方法是对比不同井的生产特性，例如 IP30（稳定生产前 30d 的平均日产量）、EUR（估计最终采收率）和 IP（初始最大生产率）。由于操作人员往往采用不同的工艺和技术开发页岩气，所以这些方案既不实用也不适用于区带优选。不同的钻井和完井技术具有不同的裂缝长度、压裂阶段、水平井长度、井筒方向（底部向下与底部向上）和井堵塞方案，这些都使不同井眼和靶区之间的比较变得困难。这些变量的存在，以及地质上的非均质性和储层的变化，都使生产信息变得缺乏规律性（Wright，2008）。例如，得克萨斯州 Eagle Ford 页岩（例如，Pioneer Natural Resource 公司 Handy 油气区 1#井）的高凝析油生产率（>2000bbl/d）在其他烃源岩中可能无法实现，因为这些烃源岩在动力学、地下储层性质和天然裂缝方向方面与 Eagle Ford 页岩有着本质上的区别（Curtis，2002；Bowker，2007；Engelder 等，2009）。

在全球范围内，许多潜在的烃源岩勘探靶区未经钻探或测试，因而具有很高的开采风险。通过使用本文介绍的分类技术，有助于降低靶区的钻探风险。目前石油行业的勘探战略是探查现有常规油气田毗邻或位于其下部的烃源岩。该战略在北美地区实施效果较好，近200 年的勘探（Curtis，2002）和生产已经证明这些部位确实存在烃源岩，而且品质都较好。

4.1　方法

收集潜在烃源岩的 XRD 数据，并根据所含的矿物成分分为三组：（1）黏土矿物（蒙皂石、绿泥石、伊利石、云母等）；（2）碳酸盐矿物（石灰石和白云石）；（3）石英和其他矿物（黄铁矿、长石、斜长石、磷灰石等）。干酪根在石英和其他矿物一组中。北美地区的烃源岩热解数据由超过 25 个单元组成，选取部分用于测试三元图效果，测试结果与烃源岩判别图进行比较。分析数据的变化趋势及相关性，并绘制成图。

为绘制全岩矿物成分三元图，必须使用基本的 XRD 数据，这些数据在许多文献中都可以免费获得。在收集数据时需要注意，烃源岩必须在指定的层段内。若将砂岩或其他非烃源岩的数据也包含在内，将导致数据分散和解释错误。只要未经风化，露头样品经过适当的制备过程后也可以与钻孔数据一起进行分析。露头烃源岩的卫星光谱和元素俘获测井也可用于成分信息的收集，但本文不会提及这些技术。

4.2 解释和结果

超过 25 种烃源岩的数据绘制在三元判别图上（图 4.3）。有机相 A 分布在图 4.3 的左下部分，该区域对应的页岩通常富含碳酸盐。有机相 B 分布在图 4.3 的右下部分，通常聚集在碳酸盐为 0 的线附近。混合有机相 A／B 分布在有机相 A 和 B 之间，一个狭窄但界限清晰的区域内。有机相 C 的数据来自美国 Green River 页岩（Brons 等，1989；Remy 和 Ferrell，1989）和中国的几处湖相页岩（Li 等，2010）。有机相 C 覆盖了所有不同的有机相，说明湖泊环境是一种多变的沉积体系，因此具有许多不同的干酪根类型。由于该区域数据来源有限，所以很难确切地定义有机相 C 并在图 4.3 上划为某区域，但是成分数据多且分布范围有限恰是其关键特征。有机相 D／E／F 靠近黏土矿物轴，并且其碳酸盐含量非常少（Lu 等，2011）。这种烃源岩往往发育在含煤的陆相和河流沉积体系中（Miranda 和 Walters，1992）。白色区域表示没有成分数据出现。未使用数据有可能使有机相范围覆盖白色区域。

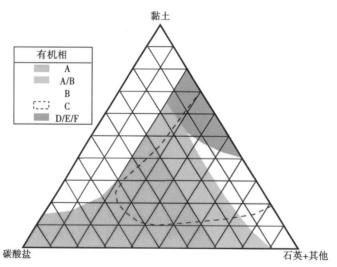

图 4.3　有机相叠加分布的三元判别图
没有页岩成分数据落在白色区域内，因此未对白色区域进行解释

利用全岩矿物成分数据对有机相进行初步筛选的做法是非常可取的，尤其是在缺乏合适的热解数据时。另外，根据三元图顶部韧性矿物含量的高低，还可以预测烃源岩是否易于诱

发脆性变形。实际操作中，投点在三元图上部区域的烃源岩不像其他区域的烃源岩一样利于水力压裂（Jarvie 等，2007）。在确定地层可压裂性时，需要考虑岩石的地球化学性质和原始地层压力。

在石油工业中，快速评估油气藏中的油气通道很重要，而三元图恰好可以实现该目的。通过对这些地区的评估和开发，将会进一步完善初步的结论，并提供烃源岩物性、特征等更多信息。在快速直观的分析过程中，成分数据的聚类分析能指示平面上（岩相）和垂向上（年代地层的）的非均质性；烃源岩的非均质性能引起油气采收率的变化。

对于预测一个沉积体系中的横向和/或垂向变化，数据趋势很重要。根据数据椭圆角度的不同，可以指示烃源岩沿走向是否趋向另一种有机相（图4.4）。当数据在地理位置上隔离时，这一点显得很重要。总体上，可以将烃源岩划分成四个基本类别：（1）含有少量碳酸盐的黏土—石英类；（2）含碳酸盐的黏土—石英类；（3）碳酸盐类；（4）双峰类。如果确定烃源岩为含有少量碳酸盐的黏土—石英类的有机相 B，则可以预测该烃源岩更有可能相变为有机相 D／E／F，而不可能变为有机相 A。盆地内或盆地间的烃源岩可以具有不同的

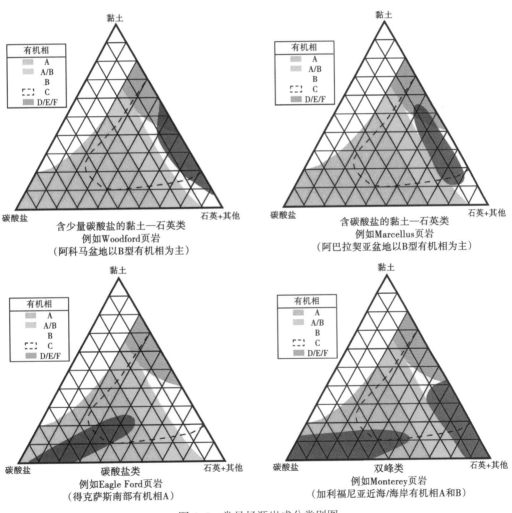

图 4.4　常见烃源岩成分类别图
数据的方向（灰色阴影）展示了有机相在平面地理上和垂向上的变化

有机相，即使它们具有相似的岩相。例如，圣胡安（San Juan）盆地白垩系 Mancos 页岩的有机相包括 A、A/B 和 D/E/F 多种类型（图 4.5），而尤因塔（Uinta）盆地 Mancos 页岩的有机相被归为 A/B 型。一定程度上，这与两个盆地在地理上的分隔有关，以及受 Mancos 页岩在两个盆地内的基底的穿时性影响。在尤因塔盆地，Frontier 砂岩形成该单元的基底，而在圣胡安盆地内并没有发现该砂岩，说明尤因塔盆地的 Mancos 页岩属于不同的年代地层（Kent 等，1988）。

　　另外，数据的趋势方向也很重要。例如，圣胡安盆地 Mancos 页岩（图 4.5）的有机相横跨 A 型—D/E/F 型并具有亲碳酸盐的趋势，得克萨斯州南部的 Eagle Ford 页岩（图 4.4）也具有相似的趋势，但将趋势外推可以发现，Eagle Ford 页岩中很可能缺失 D/E/F 型有机相。阿科马（Arkoma）盆地 Woodford 页岩和阿巴拉契亚（Appalachian）盆地 Marcellus 页岩是典型的有机相 B 的展布趋势，数据沿石英—黏土轴方向展布，碳酸盐含量不等。这两种烃源岩很有可能横向变成较差的 D/E 或者 F 型有机相。Monterey 页岩（图 4.4）是双峰类烃源岩的典型实例。根据圣玛丽亚（Santa Maria）和圣华金（San Joaquin）盆地南部的成分数据（Compton，1991；Reid 和 McIntyre，2001），可将其有机相归为 A 和 B 型两类。

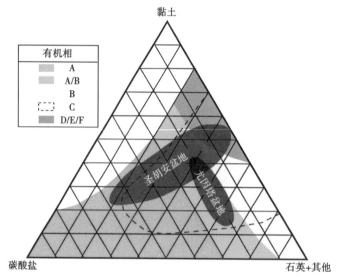

图 4.5　圣胡安盆地和尤因塔盆地 Mancos 页岩成分图
说明其具有不同的成分趋势和有机相类型；尤因塔盆地的 Mancos 页岩年代较新，
并且其有机相分布更加单一，基本均为 A/B 型

　　如果数据较多，可以采取上述方法绘制出某一层段的主要有机相分布图，从而推断其古沉积环境和生烃潜力。在 Haynesville 页岩中，对每口井的 XRD 数据都分析其有机相类型，便可以构建初步的有机相平面分布图（图 4.6）。图 4.6 与 Haynesville 组沉积时期区域沉积环境具有很强的相关性，而沉积环境综合考虑了多个钻井数据（Cicero 等，2010）、生产数据及烃源岩地球化学数据。有机相平面分布图（图 4.6）显示，在南部和东部，烃源岩的有机相主要是 A 型和 A/B 型两种，西部存在大范围分布的 B 型有机相。图 4.6 的北部有一小部分区域分布有机相 D/E/F，表明该区域存在一个潜在的陆相物源，该物源可以向有机相 B 区域的沉积中心充填硅质碎屑物质。绘制初步的有机相分布图（图 4.6）目的并非取代详细的沉积环境图，而是为了在勘探初期粗略了解非常规烃源岩的潜力。

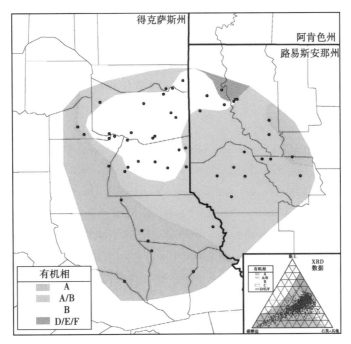

图 4.6　基于 XRD 数据分析得出的 Haynesville 页岩主要有机相分布图

该图与解释的古地理环境等其他地理趋势有很强的相关性；所有井的 XRD 数据均绘制在插图中

　　该技术不能直接揭示烃源岩的物性。要想确定优质的富有机质的烃源岩，仍需要采用总有机碳含量测定等分析手段。确定有机相类型可以初步筛选出品质一般的烃源岩。例如，有机相 D/E/F 很难成为品质最优的烃源岩，因为它们含有很高的碎屑成分，而这些碎屑物质在特定层段内往往能有效稀释有机质。通常有机相 D/E/F 覆盖的地理区域面积较小，并且其矿物成分中含有大量的黏土，这些条件使其更不可能形成有利的非常规烃源岩目标。

4.3　讨论

　　上述方法是一种快速直观的有机相分类技术，其使用并不是为了替代热解分析或有机质的表征。该技术可用于辨别有机相和沉积环境在横向和垂向上的变化。由于志留纪之前的岩石中不存在植物，所以该技术不能直接指示该时期岩石的干酪根类型。例如，具有高黏土含量的奥陶系烃源岩，有机相类型可能判定为 D /E/F 型，但该方法主要证明的是此类烃源岩是陆源成因，且不太可能形成好的烃源岩靶区，并非是为了证明其有机质的类型。使用矿物成分判别沉积环境进而判别有机相类型，结果会受到横向和垂向上非均质性的影响。例如，采样偏差可以掩盖数据趋势，并导致数据整体的分散；次生蚀变和胶结作用也可以显著改变岩石样品的全岩成分。这些缺陷在低孔隙度烃源岩中并不常见，但在特定的层段或地理区域内应该重点注意。

4.4　结论

　　（1）基于 XRD 数据绘制的三元判别图，根据沉积环境与有机相的相关性，可以判别烃源岩的有机相类型，并能识别出易压裂的岩石。

（2）成分数据的趋势可以提供关于沉积环境横向变化的信息。

（3）在有机相分类系统中，共划分出四种基本的烃源岩类别：①含少量碳酸盐的黏土—石英类；②含碳酸盐的黏土—石英类；③碳酸盐类；④双峰类。

（4）每种烃源岩可以有多种有机相，并且这些有机相在盆地内或盆地间可以发生变化。

参 考 文 献

Bowker, K. A., 2007, Barnett Shale gas production, Fort Worth Basin: Issues and discussion: AAPG Bulletin, v. 91, p. 523-533.

Brons, G., Siskin, M., Botto, R. I., and Guven, N., 1989, Quantitative mineral distributions in Green River and Rundle oil shales: Energy Fuels, v. 3, p. 85-88.

Cicero, A. D., Steinhoff, I., McClain, T., Koepke, K. A., and Dezelle, J. D., 2010, Sequence stratigraphy of the Upper Jurassic mixed carbonate/siliclastic Haynesville and Bossier Shale depositional systems in East Texas and North Louisiana: Gulf Coast Association of Geological Societies Transactions, v. 60, p. 133-148.

Compton, J. S., 1991, Origin and diagenesis of clay minerals in the Monterey Formation, Santa Maria Basin area, California: Clays and Clay Minerals, v. 39, p. 449-466.

Curtis, J. B., 2002, Fractured shale-gas systems: AAPG Bulletin, v. 86, p. 1921-1938.

Dahl, J. E. P., Moldowan, J. M., Teerman, S. C., McCaffrey, M. A., Sundararaman, P., and Stelting C. E., 1994, Source rock quality determination from oil biomarkers: I—new geochemical technique: AAPG Bulletin, v. 78, p. 1507-1526.

Engelder, T., Lash, G. G., and Uzcategui, R. S., 2009, Joint sets that enhance production from Middle and Upper Devonian gas shales of the Appalachian Basin: AAPG Bulletin, v. 93, no. 7, p. 857-889.

Espitalie, J., Madec, M., Tissot, B., Mennig, J. J., and Leplat, P., 1977, Source rock characterization method for petroleum exploration: Proceedings of the 9th Annual Offshore Technology Conference, v. 3, p. 439-448.

Flemming, B., 2000, A revised textural classification of gravel-free muddy sediments on the basis of ternary diagrams: Continental Shelf Research, v. 20, p. 1125-1137.

Folk, R. L., 1974, Petrology of sedimentary rocks: Austin, Texas, Hemphill Publishing, 182 p.

Gibson, R. G., 1994, Fault-zone seals in siliciclastic strata of the Columbus Basin, offshore Trinidad: AAPG Bulletin, v. 78, p. 1372-1385.

Gibson, R. G., 1998, Physical character and fluid-flow properties of sandstone-derived fault zones: G SL Special Publications, v. 127, p. 83-97.

Jarvie, D., Hill, R. J., Ruble, T. E., and Pollastro, R. M., 2007, Unconventional shale-gas systems: The Mississippian Barnett Shale of north-central Texas as one model for thermogenic shale-gas assessment: AAPG Bulletin, v. 91, p. 475-499.

Kent, H. C., Couch, E. L, and Knepp, R. A., 1988, Central and southern Rockies region correlation chart: AAPG, COSUNA Chart, 1 sheet.

Li, X., Zou, C., Qiu, Z., Li, J., Chen, G., Dong, D., Wang, L., Wang, S., Lü, Z., Wang

S., and Cheng K., 2010, Upper Ordovician－Lower Silurian shale gas reservoirs in southern Sichuan basin, China: AAPG/SEG/SPE Hedberg Conference, Austin, Texas, 4p.

Loucks, R. G., and Ruppel, S. C., 2007, Mississippian B arnett Shale: Lithofacies and depositional setting of a deep－water shale－gas succession in the Fort Worth Basin, Texas: AAPG Bulletin, v. 91, p. 579–601.

Lu, J., Milliken, K., Reed, R. M., and Hovorka, S., 2011, Diagenesis and sealing capacity of the middle Tuscaloosa mudstone at the Cranfield carbon dioxide injection site, Mississippi, U. S. A.: Environmental Geosciences, v. 18, p. 35–53.

MacQuaker, J. H. S., and Adams, A. E., 2003, Maximizing information from fine－grained sedimentary rocks: An inclusive nomenclature for mudstones: Journal of Sedimentary Research, v. 73, p. 735–744.

Miranda, R. M., and Walters, C. C., 1992, Geochemical variations in organic matter with "homogeneous" shale core (Tuscaloosa Formation, Upper Cretaceous, Mississippi, U. S. A): Organic Geochemistry, v. 18, p. 899–911.

Pepper, A. S., and Corvi, P. J., 1995, Simple kinetic models of petroleum formation. Part 1: oil and gas generation from kerogen: Marine and Petroleum Geology, v. 12, p 291–319.

Peters, K. E., Walters, C. C., and Mankiewicz, P. J., 2006, Evaluation of kinetic uncertainty in numerical models of petroleum generation: AAPG Bulletin, v. 90, p. 387–403.

Pickering, K., Stow, D., Watson, M., and Hiscott, R., 1986, Deep－water facies, processes and models: A review and classification scheme for modern and ancient sediments: Earth Science Reviews, v. 23, p. 75–174.

Rawling, G. C., Goodwin, L. B., and Wilson, J. L., 2001, Internal architecture, permeability, structure, and hydrologic significance of contrasting fault－zone types: Geology, v. 29, no. 1, p. 43–46.

Reid, S. A., and McIntyre, J. L., 2001, Monterey Formation porcelanite reservoirs of the Elk Hills field, Kern County, California: AAPG Bulletin, v. 85, p. 169–189.

Remy, R. R., and Ferrell, R. E., 1989, Distribution and origin of analcime in marginal lacustrine mudstones of the Green River Formation, South－central Uinta Basin, Utah: Clays and Clay Minerals, v. 37, p. 419–432.

Shepard, F. P., 1954, Nomenclature based on sand－silt－clay ratios: Journal of Sedimentary Petrology, v. 24, p. 151–158.

Stasiuk, L. D., Osadetz, K. G., Goodarzi, F., and Gentzis, T., 1991, Organic microfacies and basinal tectonic control on source rock accumulation: a microscopic approach with examples from an intracratonic and extensional basin: International Journal of Coal Geology, v. 19, p. 457–481.

Tissot, B. P., Durand, B., Espitalie, J., and Combaz, A., 1974, Influence of nature and diagenesis of organic matter in formation of petroleum: AAPG Bulletin, v. 58, p. 499–506.

Wright, J. D., 2008, Economic evaluation of shale gas reservoirs: SPE, Paper no. 119899, 10p.

Yielding, G., Freeman, B., and Needham, D. T., 1997, Quantitative fault seal analysis: AAPG Bulletin, v. 81, no. 6, p. 897–917.

第 5 章　俄克拉何马州 Arbuckle 山上泥盆统—下密西西比统 Woodford 页岩气藏硅质岩的作用

Neil S. Fishman

Hess Corporation, 1501 McKinney St., Houston, Texas 77010, U. S. A.
（e-mail: nfishman@ hess. com）*

Geoffrey S. Ellis and Adam R. Boehlke

U. S. Geological Survey, West 6th Ave. and Kipling St., Lakewood, Colorado 80225, U. S. A.
（e-mails: gellis@ usgs. gov; aboahlke@ usgs. gov）

Stanley T. Paxton

U. S. Geological Survey, 202 NW 66th St., Oklahoma City, Oklahoma 73116, U. S. A.
（e-mail: spaxton@ usgs. gov）

Sven O. Egenhoff

Colorado State University, 322 Natural Resources Building, Fort Collins,
Colorado, 80523, U. S. A. （e-mail: sven. egenhoff@ colostate. edu）

摘要　本文研究了上泥盆统—下密西西比统的 Woodford 页岩，根据俄克拉何马州南部 Arbuckle 山的低热成熟度样品，探索天然气在相邻 Anadarko 盆地 Woodford 组储层中储藏的可能机制。硅质岩和泥岩是 Woodford 组的两种主要岩性，它们具有不同的无机和有机特征。硅质岩层的石英（来自重结晶生物硅的早期成岩作用）质量分数高于 85%，总有机碳含量为 2.8% ~ 6.4%；有机质多呈小团块状分散分布，仅有部分与黏土混合。相比之下，泥岩层的石英质量分数为 26% ~ 77%，黏土为 10% ~ 40%，总有机碳含量为 4.1% ~ 22%；其有机质大多与黏土类片状物混合，仅局部富集 *Tasmanites* 化石。硅质岩的孔隙度分布范围大（0.59% ~ 4.90%），计算的渗透率低（0.003 ~ 0.274μD），平均孔径小（5.8 ~ 18.6nm），主要发育晶间孔。与之相比，泥岩孔隙度普遍发育范围为 1.97% ~ 6.31%，渗透率低（0.011 ~ 0.089μD），平均孔径较小（6.2 ~ 17.8nm），发育粒间孔、粒内孔和铸模孔。因为石英含量高，硅质岩较脆且常发育岩性控制和垂直层理的微裂缝；反之，泥岩的微裂缝则较少发育。

硅质岩内丰富的自生石英提供了坚硬的内部骨架，其早期成岩的晶间孔隙因此得以保存。再加上其相对高的总有机碳含量，Woodford 组硅质岩层可能是生气和储气的重要层段。因此，在 Anadarko 盆地，硅质岩作为储层和烃源岩具有重要意义。

作为高产的非常规气藏，北美页岩气资源吸引了人们越来越多的关注，激起了人们对上泥盆统—下密西西比统 Woodford 页岩生产潜力的兴趣，该页岩位于美国大陆中部的南端。Woodford 页岩被公认为重要的生油岩（Comer 和 Hitch, 1987; Cardott, 1989），其中潜在的可采剩余油（Higley 等，2011）是目前的关注热点。因此，Anadarko、Arkoma 和 Ardmore 盆地的各个区域正紧锣密鼓地开采 Woodford 页岩中的天然气、石油和凝析油（Cardott，2011）。

Woodford 页岩对页岩气和页岩油的勘探开发有重要意义，然而石油在其中的储藏机制仍不确定。人们认为，在页岩含油气系统的生油阶段，有机质中发育孔隙，近年来关于此的研究（Loucks 等，2009；Curtis 等，2010；Heath 等，2011）使 Woodford 页岩的储气机理更加有趣。因为宽泛地讲，Woodford 页岩包括两种主要岩性：（1）硅质泥岩，其通常含有高质量分数的总有机碳（TOC）（Comer 和 Hitch，1987；Burruss 和 Hatch，1989；Krystyniak，2005；Aufill，2007；Fishman 等，2010，2011）；（2）硅质岩层，其总有机碳含量通常低于泥岩（Comer 和 Hitch，1987；Krystyniak，2005；Aufill，2007；Fishman 等，2010，2011）。然而，初期研究还揭示，Woodford 页岩发育各类原生孔隙和次生孔隙类型（Fishman 等，2010，2011），此与 Slatt 和 O'Brien（2011）对 Woodford 页岩的研究结果一致。

为了进一步表征 Woodford 页岩孔隙度的本质和差异，本文以位于俄克拉何马州南部 Arbuckle 山的露头为研究对象，开展了一项精细研究。研究地点与 Anadarko 盆地的南缘毗邻（图 5.1），在 Anadarko 盆地最深的部分，Woodford 页岩为成熟—过成熟（R_o>2.0%）。本文出于多方面原因选择了该地作为最理想的研究地点：（1）整个 Woodford 组包括三段（图 5.2），都沿着 Henry House Creek 地区出露，因此有关地层变化的问题容易解决。（2）Woodford 页岩生油为局部未成熟、少量成熟（R_o<0.5%）（Lewan，1987；Cardott，1989；Cardott 等，1990；Cardott 等，2007；Paxton 和 Cardott，2008），反之，在与之毗邻的 Anadarko 盆地，有机质热演化程度是成熟—过成熟。因此，即使缺乏有效的地热事件（除干酪根以外，没有必要关注有机质的转化），也仍能认识到 Woodford 页岩的岩石学特征。（3）前人通

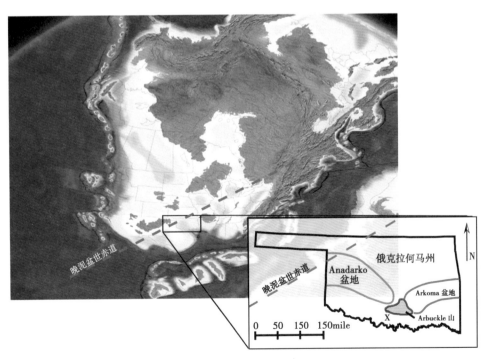

图 5.1　俄克拉何马州 Arbuckle 山及 Henry House Creek 地区（标注为 X）位置图
底图为晚泥盆世（360Ma）古地理图（据 Blakey，2009）

过伽马能谱测量（Krystyniak，2005；Aufill，2007；Paxton 和 Cardott，2008）和详尽的地层、沉积研究（Ham，1969；Kirkland 等，1992），对该露头进行了充分的描述，为本次岩石学研究提供了地质框架。这些前人的描述建立起一个基准，对照该基准，本文外推到相邻Anadarko 盆地的地下开展了详细分析。

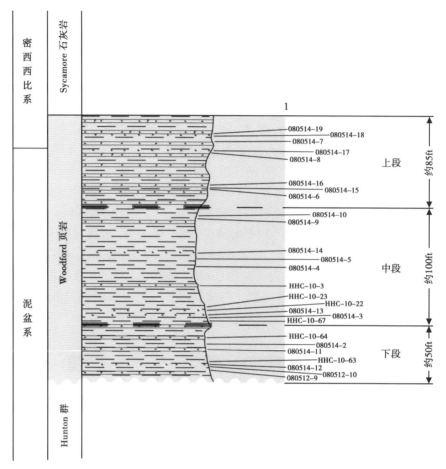

图 5.2　Woodford 页岩地层柱状图

厚度取近似值，岩性是示意图；样品的确切地层位置是近似，标记了取样层位以显示其相对地层位置

5.1　地质背景

Woodford 页岩发育于上泥盆统—下密西西比统，位于俄克拉何马州南部一个曾被描述为寒武纪大陆裂谷（拗拉槽）的地区（Shatski，1946；Ham，1969）。在拗拉槽内，晚寒武世—奥陶纪的高速率沉降导致了厚层沉积物的堆积。相较而言，沉降速率在志留纪和部分泥盆纪降低，导致该时期的岩石厚度更薄、区域上更受限（Feinstein，1981；Johnson 等，1988；Johnson，1989）。Anadarko 构造盆地的形成被认为是从晚密西西比世开始的（Perry，1989），且很可能与 Ouachita—Marathon 造山运动有关（Burgess，1976；Perry，1989）。本文研究区位于 Arbuckle 山的南翼（图 5.1）。根据与断层和褶皱有关的砾岩的发育和空间分布，Arbuckle

山的初始造山活动开始于中宾夕法尼亚世（Desmoinesian 期），并在晚宾夕法尼亚世（Virgilian 期）有持续的阶段性造山活动（Cardott 和 Chaplin，1993）。

在 Henry House Creek 地区，整个 Woodford 页岩都有露头，大概 230ft（70.1m）厚，之下与志留系和上泥盆统 Hunton 段不整合接触，之上与密西西比系 Sycamore 石灰岩整合接触（图 5.2）。基于对层内牙形石的研究（Hass 和 Huddle，1965），Woodford 页岩大部分都发育于泥盆系，但其顶部［可能顶部往下至少 15～18ft（4.57～5.48m）］为下密西西比统。Woodford 页岩发育于当时遍布北美洲大部分地区的陆表海（Kirkland 等，1992；Blakey，2009）（图 5.1）。Ellison（1950）、Urban（1960）及 Hester 等（1990）、Comer（1991）、Lambert（1993）基于一系列参数将 Woodford 页岩局部地区划分为三段（下段、中段和上段）。本次研究也采用了该三分法（Paxton 和 Cardott，2008）。

在 Henry House Creek 地区，Woodford 页岩下段厚 52ft（15.8m），以黏土层（易裂，1～170cm 厚）为主，夹薄层（厚度小于 10cm）、不连续硅质岩层，往上硅质岩层的数量增多（Paxton 和 Cardott，2008）；中段厚 95ft（29m），以黏土层（易裂，1～130cm 厚）为主，硅质岩层（厚度小于 10cm）的数量在中段上部增多（Paxton 和 Cardott，2008）；上段厚 84ft（25.5m），包括很多硅质岩层（厚达 12cm，但以小于 7cm 为主），夹黏土层（厚度普遍小于 10cm，但厚达 20cm，各层黏土含量不均）（Paxton 和 Cardott，2008），磷酸盐结核在该段最发育。

5.2 方法

在 Woodford 页岩样品的表征过程中，采用了各类分析方法，包括岩石快速热解分析、黏土矿物学、全岩定量 X 射线衍射法（XRD）、透射光岩相学、装备有 X 射线能量分散分析仪（EDS）的现场发射扫描电子显微镜（SEM）观察，以及压汞毛细管压力（MICP）分析（用以确定岩石性质，比如孔隙度和渗透率）。研究尝试从 Woodford 页岩内部各段中分别获取代表性的样品。利用 Leco TOC（$n=27$）获取 TOC（另外重复运行了三次），利用岩石快速热解分析获取其他 Woodford 页岩样品中有机质的地球化学数据，包括氢指数（HI）、氧指数（OI）和热解烃含量（S_2）。依据 Moore 和 Reynolds（1989）概述的技术，利用 XRD 分析（$n=10$）明确了 Woodford 页岩样品中存在的黏土矿物的性质。由于在一些 Woodford 页岩样品中有大量的黏土矿物，为了获得良好的定量全岩 X 射线衍射分析（$n=31$），黏土矿物鉴定被认为是必要的一步。Woodford 页岩矿物学的量化使用了 Eberl（2003）的技术，因为该方法最初就是为富含黏土的岩石而开发的。透射光的观测对象包括大的（3in×3in）抛光薄片（$n=23$）和标准薄片（$n=3$）。在扫描电镜的观察过程中，抛光的薄片被涂上了炭，并且利用 15kV 的操作电压和阴极发光，分析了二次和反散射电子图像。扫描电镜观察也在岩石碎块的抛光面上进行，这些岩石碎块经过氩离子铣削：两个样品在 5.0kV 的电压下操作，紧接着在 2.5kV 电压下操作，最后在 1.0kV 的电压下操作。对于离子铣削的每一步，磨机的工作状态是 40%聚焦、5°倾斜角和 360°旋转。采用压汞毛细管压力研究分析选取的泥岩层样品（$n=11$）和硅质岩层样品（$n=12$），以确定其孔隙度、渗透率和其他性质。在 100℃ 的温度下干燥后，每一个样品都被密封在一个容器内，并在水银（非湿相）浸入之前被排空到小于 50mm 的真空中。随后，这些样品在 117 个不同的压力（1.64～60000psi）之下被水银浸入。渗透率的计算使用了 Swanson（1981）的方法。孔径的平均直径被确定为

50%的孔隙体积被水银浸入的点，在压汞毛细管压力数据中反映为60000psi。该步骤的目的是为了在不考虑岩性特征的条件下，比较一个给定样品组的孔径。

岩石特性分析的取样是由岩相观察引导的，并且每一次尝试都是为了将岩石样品分离出来以进行岩性的分析（泥岩或硅质岩）。对泥岩和硅质岩层的观察揭示了不同的内部结构和沉积构造，它们可能会影响逐层的特征（矿物学特征、TOC等）。对样品进行额外的分析，以确定最接近泥岩或硅质岩的岩性，目的是为了确保这些分析具有岩性的代表性。

5.3 岩石学

在本文中，由于岩性被两分为泥岩或硅质岩，就需要展示那些用来区分岩性的数据。在露头中，泥岩层与硅质岩层的外观不同，泥岩层易裂，发育风化面、不连续面；硅质岩层能抵抗风化，呈块状、凸出，横向能延伸数十米（图5.3）。

图5.3 出露的Woodford页岩

位于俄克拉何马州Arbuckle山Arbuckle背斜北翼；注意图中不易裂的硅质岩（厚达20cm）

和隐性易裂的泥岩（厚达30cm）互层，在77D高速公路附近拍摄

5.3.1 有机成分

Woodford页岩内部各段中的泥岩层，TOC为7.7%~22.0%，硅质岩层的TOC为2.8%~6.5%（表5.1）。不考虑岩性，大多数样品为高HI（超过400mg/g）和低OI（低于30mg/g）

（图 5.4a），表明 Woodford 页岩的有机质主要是Ⅱ型海相生油海藻（Welte 和 Tissot，1984）。尽管有些陆相有机质已经在 Woodford 页岩下段中被观察到（Urban，1960；Aufill，2007；Cardott 和 Paxton，2008），本次研究使用的样品中并没有观察到Ⅲ型有机质。无论岩性如何，S_2 与 TOC 的交会图（图 5.4b）中观察到的线性关系都表明与前文研究结论一致的干酪根类型和有机质热成熟度。这些结果与其他关于该地区 Woodford 页岩热成熟度的研究一致（Lewan，1987；Comer，1992；Paxton 和 Cardott，2008）。无论有无放大镜，仔细检查都能发现残余油沿着露头和薄片中的一些裂缝或节理局部分布，该现象在本次研究和其他 Henry House Creek 地区附近的 Woodford 页岩研究中都有出现（Kirkland 等，1992；Cardott 等，1993；Paxton 和 Cardott，2008）。已经展开了对残余油来源的描述（Cardott 和 Paxton，2008），结果表明，残余油是高度生物降解的，因此其原始来源仍然不确定。尽管如此，Lewan（1987）认为残余油是外源的，这一结论被本次研究中所有样品的低 S_1 值所证实（表 5.2）。此外，S_2—TOC 交会图（图 5.4b）中的线性关系表明，残余油为岩石提供了很少量额外的 TOC，因此最好认为，其在 Henry House Creek 地区的 Woodford 泥岩和硅质岩层的总有机碳含量中，只是一个很小的组成部分。

表 5.1　Woodford 页岩岩石快速热解分析

样品编号	岩性	取样段	TOC（%）	S_1（mg/g）	S_2（mg/g）	S_3（mg/g）	HI（mg/g）	OI（mg/g）	T_{max}（℃）
080512-3	硅质岩	上段	4.0	1.49	26.70	0.67	664	17	451
080512-4	硅质岩	上段	6.5	1.07	48.37	0.73	747	11	444
080514-15A	硅质岩	上段	6.4	0.95	43.16	0.50	671	8	446
080514-16	硅质岩	上段	4.3	0.68	30.17	0.38	696	9	444
080514-17	硅质岩	上段	5.2	0.48	35.58	0.48	683	9	417
080514-18	硅质岩	上段	4.0	0.34	26.42	0.43	666	11	418
080514-19	硅质岩	上段	3.7	0.30	19.14	0.43	523	12	419
080514-13	硅质岩	中段	3.8	0.52	24.13	0.37	635	10	441
080514-14	硅质岩	中段	4.4	1.12	28.02	0.52	631	12	444
HHC-10-03	硅质岩	中段	3.4	0.34	16.31	0.48	474	14	426
HHC-10-22	硅质岩	中段	3.4	0.37	16.50	0.32	490	9	426
080514-11	硅质岩	下段	3.1	0.23	14.52	0.37	463	12	441
080514-12	硅质岩	下段	3.9	0.29	9.91	1.20	256	31	434
HHC-10-59	硅质岩	下段	2.8	0.22	10.56	1.42	375	51	428
HHC-10-64	硅质岩	下段	3.0	0.14	11.67	0.38	390	13	428
080512-5	泥岩	上段	16.1	2.24	108.96	1.29	676	8	447
080514-8	泥岩	上段	10.3	1.10	71.39	1.10	696	11	443
080514-15B	泥岩	上段	8.1	1.63	60.41	0.55	742	7	445
080514-3	泥岩	中段	10.2	1.21	59.62	0.67	583	7	436
080514-4	泥岩	中段	9.2	1.42	58.67	0.67	640	7	439
080514-5	泥岩	中段	9.9	2.09	69.23	0.73	699	7	440
080514-6	泥岩	中段	10.1	1.42	68.28	0.89	679	9	445

样品编号	岩性	取样段	TOC（%）	S_1（mg/g）	S_2（mg/g）	S_3（mg/g）	HI（mg/g）	OI（mg/g）	T_{max}（℃）
080514-9	泥岩	中段	15.8	2.46	95.30	1.19	605	8	432
080514-10	泥岩	中段	15.8	2.47	112.92	0.97	717	6	443
HHC-10-23	泥岩	中段	13.5	1.77	98.77	0.28	732	2	427
080512-9	泥岩	下段	7.7	0.93	44.20	0.72	574	9	438
080512-10	泥岩	下段	22.0	2.04	126.14	2.17	574	10	438
080514-2	泥岩	下段	9.1	0.96	59.94	0.74	661	8	447

注：样品来自 Henry House Creek 地区；此外，还列出了岩性和从中取样的段名；TOC—总有机碳；S_1—游离烃含量；S_2—热解烃含量；S_3—二氧化碳含量；HI—氢指数；OI—氧指数；T_{max}—最高温度。

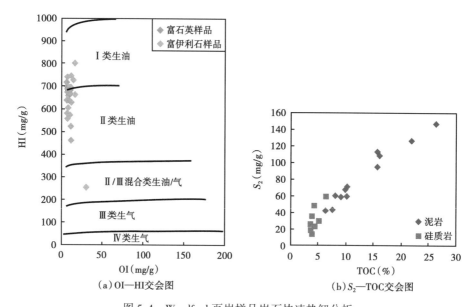

（a）OI—HI交会图   （b）S_2—TOC交会图

图 5.4 Woodford 页岩样品岩石快速热解分析

（a）表明 Woodford 页岩的有机质是一种海洋藻类，为烃源岩；（b）S_2 和 TOC 之间的正相关表明，不考虑岩性，所有样品中的有机质类型与其成熟度是一致的

表 5.2 定量 XRD 数据和总有机碳（TOC）含量

样品编号	岩性	取样段	石英（%）	钾长石（%）	白云石（%）	铁白云石（%）	高岭石（%）	伊利石（%）	黄铁矿（%）	白铁矿（%）	石膏（%）	TOC（%）
080512-3	硅质岩	上段	93.20	1.63	0.48	0	0	0.38	0.29	0	0	4.02
080512-4	硅质岩	上段	89.03	0.56	0.09	0	3.09	0.75	0	0	6.48
080514-15A	硅质岩	上段	88.88	0.09	0	0.19	0	3.27	1.22	0	0	6.44
080514-16	硅质岩	上段	93.28	0	0.19	0.38	0	1.24	0.57	0	0	4.33
080514-17	硅质岩	上段	92.80	0	0.19	0.09	0	1.52	0.28	0	0	5.21
080514-18	硅质岩	上段	95.26	0	0.29	0.10	0	0	0.38	0	0	3.97
080514-19	硅质岩	上段	95.95	0	0.19	0	0	0	0.10	0	0	3.66
080514-13	硅质岩	中段	86.29	1.73	3.27	0.48	0	2.98	1.44	0	0	3.80

样品编号	岩性	取样段	石英 (%)	钾长石 (%)	白云石 (wt%)	铁白云石 (%)	高岭石 (%)	伊利石 (%)	黄铁矿 (%)	白铁矿 (%)	石膏 (%)	TOC (%)
080514-14	硅质岩	中段	89.25	0.38	1.62	0.57	0	2.77	0.96	0	0	4.44
HHC-10-03	硅质岩	中段	86.52	2.41	1.26	0.77	0	4.44	1.26	0	0	3.44
HHC-10-22	硅质岩	中段	83.20	2.71	0.39	0.39	0	6.18	3.48	0	0.29	3.37
080514-11	硅质岩	下段	93.29	0.29	0.19	0.10	0	2.23	0.77	0	0	3.13
080514-12	硅质岩	下段	93.05	0	0.19	0	0	2.31	0.58	0	0	3.87
HHC-10-59	硅质岩	下段	90.19	2.04	0.10	0.29	0	2.53	2.04	0	0	2.81
HHC-10-64	硅质岩	下段	91.09	2.23	0	0.10	0	3.01	0.68	0	0	2.99
080512-5	泥岩	上段	60.74	2.43	0	0	6.12	12.84	1.68	0	0.08	16.11
080514-07	泥岩	上段	41.73	8.61	0	0.22	7.51	10.75	3.97	0	0.88	26.40
080514-08	泥岩	上段	77.45	2.33	0.09	0	0.99	7.90	0.99	0	0	10.25
080514-15B	泥岩	上段	79.00	2.94	0	0.28	0.37	7.17	2.20	0	0	8.14
080514-3	泥岩	中段	63.74	3.68	3.32	1.35	2.33	13.29	2.15	0	0	10.22
080514-4	泥岩	中段	55.13	6.54	3.54	0.73	2.00	18.44	4.45	0	0	9.17
080514-5	泥岩	中段	56.58	5.95	4.50	2.97	1.80	15.86	2.43	0	0	9.91
080514-6	泥岩	中段	72.32	4.14	0.09	0.09	0.72	9.80	2.88	0	0	10.05
080514-9	泥岩	中段	36.82	8.68	0.34	0.42	5.22	18.62	9.18	2.70	2.36	15.75
080514-10	泥岩	中段	49.79	8.17	1.77	0.84	4.72	15.08	3.20	0	0.67	15.75
HHC-10-23	泥岩	中段	47.75	8.48	3.72	0.43	4.93	14.53	3.81	2.34	0.52	13.50
HHC-10-67	泥岩	中段	61.99	6.23	2.71	0.09	3.16	12.36	2.17	1.53	0	9.77
080512-9	泥岩	下段	73.56	3.69	1.20	0.09	0.28	9.88	3.60	0	0	7.70
080512-10	泥岩	下段	47.60	6.24	0	0.08	7.57	15.29	1.01	0	0.23	21.97
080514-2	泥岩	下段	56.38	4.73	7.46	6.37	2.36	12.37	1.36	0	0	9.07
HHC-10-63	泥岩	下段	70.04	4.61	0	0.48	3.93	16.79	0.10	0	0	4.05

注：样本来自 Henry House Creek 地区的泥岩和硅质岩层；表中还列出了据文中给出的标准判断的样品总体岩性，以及从中取样的段名。

Woodford 页岩的泥岩有机质至少有三种不同的发育形式：（1）广泛分布，结构均质，缺乏明确边界，看起来局部吸收了黏土矿物质并在内部各段中都有发育（图 5.5a）；（2）内部各段都存在的 *Tasmanites* 微化石（图 5.5b），以中段最常见；（3）藻类体（藻类遗体，但与 *Tasmanites* 不同）。将其类比作无定形有机质（AOM）的原因是它是均质的，且没有任何内部或外部结构。Woodford 页岩中类似的物质也曾被类比作沥青质（Senftle，1989；Cardott 和 Chaplin，1993）。在平面偏光下的薄片中，泥岩层包含大量呈黑色基质形态的 AOM。在使用反向散射进行扫描时，AOM 是一种具有非常低反向散射系数（η）的物质，通常被观察到与伊利石密切相关（图 5.5a），尽管它也可以与任何易辨别的伊利石无关。SEM—EDS（扫描电子显微镜—能谱仪）分析显示，AOM 包含碳和硫。

与泥岩相比，硅质岩中的有机质大部分是 AOM，*Tasmanites* 微化石少见。AOM 孤立分布在石英碎屑中（图 5.6a 和 b），同时也部分—大量充填在一些放射虫微化石中（图 5.6c）。此外，AOM 也与伊利石紧密地混合在一起（图 5.6d）。SEM—EDS 分析揭示，硅质岩层中的 AOM 包含硫。由于 *Tasmanites* 微化石在硅质岩层中很少见，它们对这些地层的整体 TOC 几乎没有贡献。

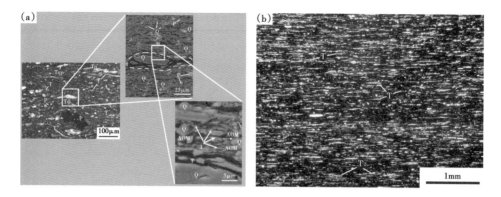

图 5.5　Woodford 页岩的泥岩扫描电子显微镜（SEM）反向散射和光学显微照片

（a）伊利石、富有机碳（TOC 为 15.8%）的泥岩，来自中段；图左是 *Tasmanites*（T）的照片，有一些被石英（Tq）、石英+黄铁矿（Tqp）和黄铁矿（P）充填，棕色基质是无定形的有机质（AOM）+伊利石和其他矿物；图中上是图左方形区域的高倍放大图，显示了 *Tasmanites*（被勾勒出）被石英（Q）充填，注意基质中含有石英、黄铁矿，以及和伊利石混合的 AOM；图右下是图中上方形区域的高倍放大图，显示 AOM 与伊利石（I）和石英（Q）混合存在于 *Tasmanites*（T）化石中，注意，AOM 既可与伊利石混合，也可与之无关；（b）大量 *Tasmanites* 微化石（黄色聚合体，其中一些被标记为 T）存在于下段富有机质（TOC 达 10.9%）的伊利石泥岩中

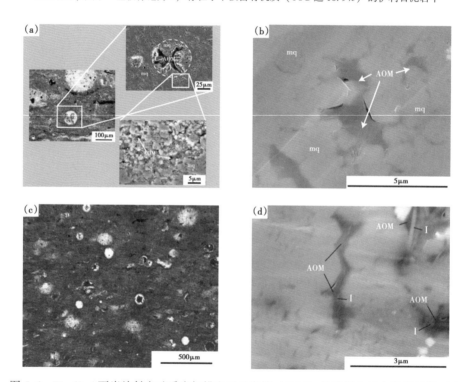

图 5.6　Woodford 页岩放射虫硅质岩扫描电子显微镜（SEM）的光学和反向散射显微照片

来自 Henry House Creek 地区的 Woodford 页岩上段；（a）微晶石英+无定形有机质（AOM）基质中的放射虫类（图左）；图右上的 SEM 反向散射图像是图左方形区域的高倍放大图，显示了放射虫（被勾勒出）被微晶石英（mq）和 AOM 填充，注意放射虫内部和外部的微晶石英外观相似；图右下是图中上方形区域的高倍放大图，注意 AOM 以晶间相存在于他形微晶石英及其聚合体之间；（b）放射虫硅质岩离子铣削面的扫描电镜图像，显示了在微晶石英（mq）聚合体之间的 AOM；（c）显微照片，显示硅质岩中一些放射虫化石被 AOM 充填，照片在平面光下拍摄；（d）放射虫硅质岩离子铣削面的扫描电镜图像，显示硅质岩中的一些孔隙被伊利石（I）和 AOM 的混合物充填

5.3.2 泥岩矿物学

定量 XRD 分析表明，无论地层位置如何，泥岩层中发育的主要矿物都是石英，质量分数为 37%~79%（表 5.2）。其次常见的矿物是伊利石，质量分数为 7%~19%（表 5.2）。伊利石和石英的质量分数交会图中存在负相关关系（图 5.7）。泥岩中发育的其他不同含量的矿物包括钾长石、黄铁矿、白云石、铁白云石、高岭石、白铁矿和石膏（表 5.2）。

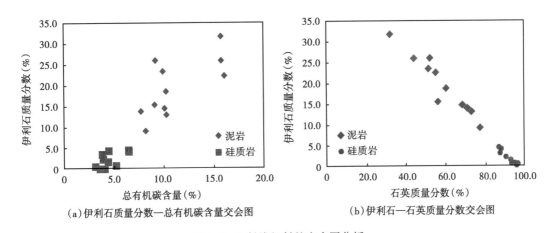

（a）伊利石质量分数—总有机碳含量交会图　　（b）伊利石—石英质量分数交会图

图 5.7　X 射线衍射的交会图分析

（a）图中显示正相关，表明黏土对有机质沉积有一定的控制作用，反之亦然；（b）图中显示负相关，表明硅质岩在很大程度上缺乏伊利石；定量矿物学分析据 Eberl（2003）

详细的岩相和 SEM 观察有助于确定泥岩层中矿物的性质和来源，其中一些石英、伊利石、钾长石和白云石是碎屑，而其他矿物可能是自生的。粉砂大小的颗粒中，石英含量最多，目测体积分数达 20%；钾长石和白云石的含量较少，体积分数低于 10%。棱角—次磨圆状的外观（一些次磨圆状白云石颗粒的周围有小型、自形增生）说明这些颗粒是碎屑。此外，石英：（1）既有单晶又有多晶，或者位于小岩屑颗粒中；（2）被可见的流体包裹体充填；（3）在使用阴极发光的电子扫描中，微弱或不定发光，说明它是碎屑（Zinkernagel，1978；Owen，1991；Milliken，1994）。本次研究中，极细粉砂—黏土大小的石英、钾长石和白云石颗粒也被看作是碎屑，它们只能靠 SEM 分析识别。这些颗粒通常：（1）直径小于 5mm；（2）磨圆—次磨圆状；（3）与伊利石和/或 AOM 混合（图 5.5a）。局部薄的顺层椭圆状石英和伊利石聚集体很可能代表了水平（*Planolites*?）虫孔（图 5.8），其中一些还是沿层的虫孔群。

基于组成和整体形态，本次研究中观察到的许多伊利石也被视作碎屑。黏土 XRD 分析揭示，基于在 10Å 处明确的峰值，伊利石不存在或者极少有延伸性。SEM 观察结果显示，伊利石以块状不规则的雪花状、薄片状出现，与地层呈近平行排列（图 5.9），这是碎屑黏土常见的一种形态（Welton，1984）。此外，可见薄片状伊利石与 AOM 混合，且混合物外表细长，与地层呈平行或近平行排列。伊利石与 AOM 的物理混合表明它们沉积在一起，可能类似于 Kennedy 等（2002）提出的黏土—有机絮凝物，或者是 Macquaker 等（2010）用来描述类似絮凝物用的"海雪"。尽管在 SEM 研究中可见微量云母，但其在 XRD 分析中并未被观察到。

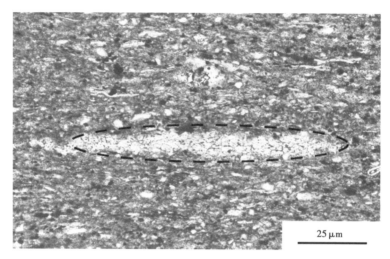

图 5.8 一个水平虫孔（被圈出）的显微照片

位于 Woodford 页岩中段富有机碳（TOC 为 15.8%）的伊利石泥岩中；照片在平面光下拍摄

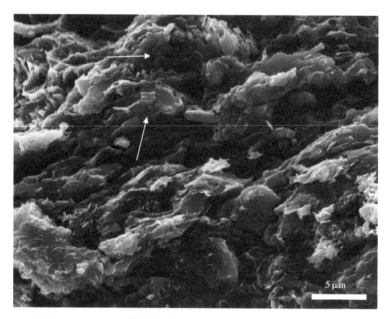

图 5.9 Woodford 泥岩中黏土—矿物排列的扫描电子显微照片

注意在黏土片晶之间存在槽状孔隙（箭头）；样品未经过铣削，但在氩离子铣削的泥岩样品中也观察到
黏土片晶之间存在槽状孔隙

5.3.3 硅质岩矿物学

定量 XRD 显示，Woodford 页岩内部的硅质岩层包含 83%~96% 的石英（表 5.2）。伊利石的质量分数为 0~6%（图 5.2）。硅质岩中其他微量矿物包括钾长石、碳酸盐（白云石和/或铁白云石）、黄铁矿（微球粒）和石膏（表 5.2）。

硅质岩层中的石英：（1）是放射虫微化石的填充物，这是很常见的；（2）是一种基质（晶体直径小于 1μm），与明显的微化石没有关系。微化石骨骼中的石英矿化使其能在岩相分析中被识别。直径达 300mm 的放射虫，以不同的程度被石英（玉髓和微晶）、局部黄铁矿和局部 AOM 充填（图 5.6c）。玉髓为负延性或者正延性，大多是无色和伸长的纤维晶体（图 5.10a）。相比之下，微晶石英作为微化石的填充物（图 5.10b）或者基质（图 5.10c），则是由等粒状、半形—他形的微晶（每一个晶体直径小于 2μm）和球根状的微晶聚集体镶嵌而成。一些微晶石英是无色的，在本次研究中被称为清洁石英，而有些则是棕—褐色的，被称为棕褐色石英。明显的碎屑颗粒（即石英、钾长石和白云石）在硅质岩中不常见或缺乏。

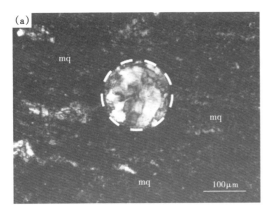
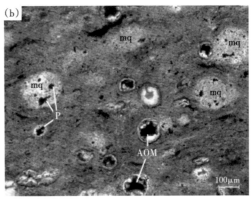
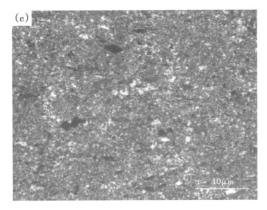

图 5.10　微晶石英的显微照片

微晶石英分布于 Woodford 页岩的硅质岩中；（a）微晶石英（mq）基质中，玉髓充填放射虫化石（被勾勒出）；注意玉髓从放射虫边缘延伸至中心，照片在正交偏光下拍摄；（b）微晶石英（mq）、黄铁矿（P）和无定形有机质（AOM）充填放射虫；（c）在视野中，微晶石英占据主导，注意放射虫残遗特征的缺失，可能是重结晶的结果，照片在正交偏光下拍摄

5.3.4　成岩作用

Woodford 泥岩和硅质岩层的成岩历史复杂，受范围限制，本文不作详细的叙述。不过还是会讨论一些有意思的成岩变化，以助于理解 Woodford 组孔隙度的本质和发展。

在泥岩层中，黄铁矿的质量分数通常为 4%，尽管局部能达到 9%（表 5.2）。岩相和 SEM 分析显示，在泥岩的成岩过程中，黄铁矿在几个不同的时间发生沉积。最早成岩的黄铁矿呈微球粒（图 5.11），依次被后续形成的黄铁矿胶结，包含自形晶体（最宽 50mm）或大量他形黄铁矿胶结物（甚至可能是黄铁矿结核）。这些结构上的关系表明，微球粒是这些岩石中最早的自生黄铁矿。

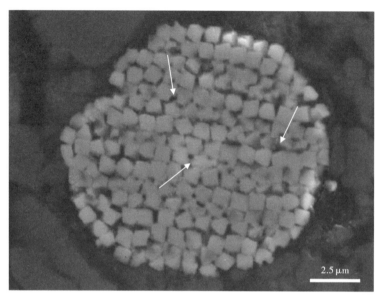

图 5.11　黄铁矿扫描电子显微照片

微球粒中的微孔（箭头）；由于微球粒在 Woodford 页岩的泥岩和硅质岩层中都存在，故皆发育类似的孔隙

泥岩中的石英自生作用极小，且即使出现，也只在数量有限的泥岩中以填充 *Tasmanites* 微化石的单晶胶结物出现（图 5.12）。在一些 *Tasmanites* 微化石中，微球粒和/或自形黄铁矿晶体与石英共存，表明石英和黄铁矿是同时期的。*Tasmanites* 微化石中石英的自生特性是由以下几点证明的：（1）它与其他自生矿物是相同时期形成的；（2）只有那些被石英±黄铁矿充填的 *Tasmanites* 微化石在横截面上呈圆—椭圆形（图 5.12），缺乏自生矿物充填的微化

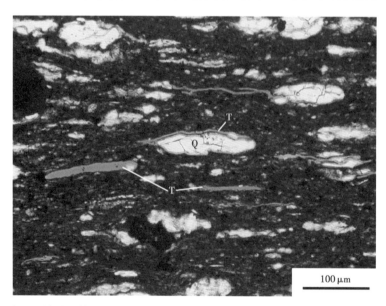

图 5.12　自生、单晶石英（Q）充填 *Tasmanites*（T）微化石（化石颜色为黄色）的显微照片

注意在视野范围内的其他 *Tasmanites* 微化石几乎没有或没有被石英充填；照片在平面光下拍摄

石由于沉积后压实而呈扁平状（图 5.5b）。对于那些被石英充填的 *Tasmanites* 微化石，充填必须在沉积后不久进行，否则高韧性的微化石将会被完全压实，不留下任何内部空间，从而不能被任何自生矿物充填。Schieber（1996）也报道了 *Tasmanites* 微化石被类似自生矿物充填的情况（图 5.12）。

泥岩的压实是另一种广泛存在的沉积后变化。未被自形矿物充填的 *Tasmanites* 微化石呈压实的状态且拉伸排列，显示了埋藏压实导致这些韧性成分一定程度的重排列。此外，压实也导致和/或扩大了伊利石黏土颗粒的排列（图 5.9）。

与泥岩相比，石英自生作用是硅质岩层中的主导成岩蚀变作用，岩石学观察有助于确定石英自生作用在硅质岩层中发生的时间。一些本来脆弱和易碎的放射虫微化石的完整性表明，在硅质岩层中的石英自生作用是早期的成岩事件，这一发现证实了 Krystyniak（2005）的发现。在横截面上，玉髓充填的放射虫通常呈圆形，表明石英沉淀发生在沉积后不久、埋藏之前，从而上覆沉积物的压实不会导致这些中空、脆弱的放射虫骨骼碎裂。此外，玉髓充填的放射虫通常会显示自形石英的向内生长（图 5.10a），这一结构证实了早期成岩过程中放射虫内部空间的充填作用。对于那些充填微晶石英的放射虫来说，充填一定在早期成岩阶段发生，因为它们有些也是圆形或椭圆形的（图 5.10b）。基于光学显微镜和扫描显微镜观察，充填在放射虫中的微晶石英和基质中的微晶石英有相似的外观，说明可能所有的石英都是同时代的。因为几乎所有硅质岩层中的石英都是自生的，而且这些地层含有丰富的生物源硅（例如硅质放射虫微化石和可能的其他骨骼部分），这些生物源硅被认为是自生石英的可能来源。重要的是，在硅质岩层中的微晶石英形成了相互交错的、等粒状的他形微晶或大量的微晶，从而形成一种坚硬的硅质岩层内部结构。很有可能随着石英沉淀的进行，原来在硅质岩层中的 AOM 被浓缩到石英沉淀后留下的剩余孔隙中，导致 AOM 堵塞了部分孔隙。

5.3.5　孔隙度和渗透率

通过对泥岩和硅质岩层中孔隙的扫描电镜观察，在对个别样品进行仔细表征后，对其微孔孔隙度和渗透率进行了测定。Woodford 泥岩中的各类孔隙，包括粒间孔和粒内孔（Loucks 等，2009），既有原生孔隙又有次生孔隙。在 Woodford 泥岩层中，粒间孔是很常见的，它们也是原生孔隙。狭窄、伸长、槽状的微孔隙存在于黏土矿物薄片之间（图 5.13）。这些原生孔隙在沉积期间和之后不久可能会更大，但由于在埋藏过程中经历了压实和/或黏土片晶排列，它们又被缩小。虽然在 SEM 研究中没有进行详细的点计数，槽状孔隙在 Woodford 泥岩层中最为常见，其黏土矿物含量也最高。其他刚性碎屑颗粒（例如石英、钾长石和白云石）之间的接触面上发育有额外的粒间孔。

在 Woodford 泥岩中也存在粒内微孔隙，其中一些是自生的，其他则是次生的。在自生石英和 *Tasmanites* 微化石之间存在的槽状粒内孔隙（图 5.14a）可能是这些微化石中较大的原生孔隙残留物。球粒黄铁矿的各个黄铁矿微晶之间含有晶间孔隙（图 5.11）。次生粒内孔也存在于碎屑钾长石（有些有小的增生）部分溶解（高达 30%）的地方（图 5.14b），但这种孔隙的发育很可能发生在成岩作用后期，因为次生孔隙并没有被其他自生胶结物填满。

Woodford 硅质岩层的孔隙大部分是晶间孔隙。生物源二氧化硅的完全重结晶被认为是一个溶解和再沉淀的过程（即蛋白石 A—蛋白石 CT—石英）（Carr 和 Fyfe，1958；Kastner 等，1977；Rice 等，1995），该过程在地层中形成了自生石英，石英的内部及周围发育孔隙。因此，硅质岩层的任何孔隙都是在成岩过程中形成的。玉髓充填的放射虫内部，自形石英晶体

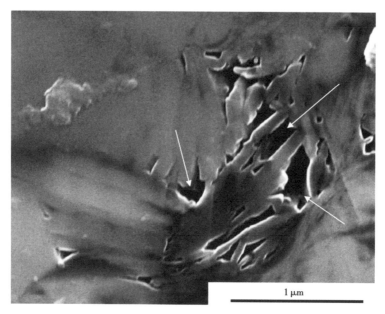

图 5.13　Woodford 页岩中的泥岩离子铣削面的扫描电子显微照片

显示碎屑伊利石片晶之间的原生孔隙（箭头）

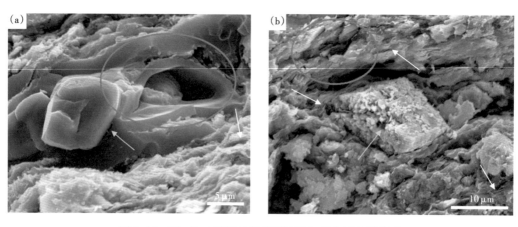

图 5.14　Woodford 页岩的泥岩微孔隙扫描电子显微照片

（a）在 *Tasmanites* 微化石中的微孔隙（圆）和槽状孔隙（箭头）；（b）由钾长石溶解
形成的次生孔隙（蓝色箭头），以及槽状孔隙（白色箭头）和微孔隙（圆）

之间发育晶间孔隙（图 5.15），其也在球粒黄铁矿中发育。此外，在硅质岩中，胶粒结构的球状玉髓、等粒状微晶和（或）隐晶石英之间也存在孔隙（图 5.15），这种孔隙最恰当的描述为晶间孔。自生石英群之间的一些孔隙包含 AOM，表明：（1）该 AOM 是在石英沉淀后进入或浓缩的；（2）硅质岩层中的一些晶间孔隙可能是相互联系的，这样少量的 AOM 就可以被挤压进入并积累。因为在硅质岩层中的石英是自生的，那么很可能大部分的晶间孔隙都是成岩作用形成的。因此，推断这种孔隙是次生的，尽管尚不能确定硅质岩层中的所有孔隙都是次生的。

　　泥岩样品的压汞毛细管压力数据表明，它们具有不同的孔隙度和较低的计算渗透率。泥

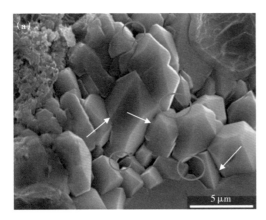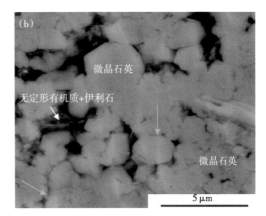

图 5.15　Woodford 页岩的硅质岩微孔隙扫描电子显微照片

（a）晶间孔隙（箭头）和微孔隙（圆）；（b）Woodford 页岩中的硅质岩离子铣削面的扫描

电子显微照片，显示自形石英之间的微孔隙（箭头）

岩的孔隙度为 1.97%～6.31%，并且计算出的渗透率范围为 0.0011～0.089mD（表 5.3）。压汞毛细管压力数据显示，泥岩样品具有不同的初始孔隙进入压力（图 5.16a）：420～13400 psi，但大多数样品都在 3000～7000psi 之间。中值孔径（汞饱和度达 50%）为 6.0～8.1nm（图 5.16b、表 5.3），该范围相对较小，可能是由于在泥岩样品中槽状孔隙类型（图 5.9）占据了主导地位。

表 5.3　压汞毛细管压力分析

样品编号	岩性	取样段	孔隙度 （%）	渗透率 （μD）	中值孔径 （nm）
080512-3	硅质岩	上段	0.59	0.0001	6.4
080512-4	硅质岩	上段	3.46	0.0033	7.9
080514-16	硅质岩	上段	0.98	0.0003	6.4
080514-17	硅质岩	上段	0.99	0.0003	5.8
080514-13	硅质岩	中段	4.90	0.0157	13.3
080514-14	硅质岩	中段	2.64	0.0016	6.0
HHC-10-3	硅质岩	中段	1.05	0.0004	5.3
HHC-10-22	硅质岩	中段	0.46	0.0001	5.7
080514-11	硅质岩	下段	1.61	0.0007	5.8
080514-12	硅质岩	下段	3.47	0.0274	18.6
HHC-10-59	硅质岩	下段	1.06	0.0013	13.5
HHC-10-64	硅质岩	下段	2.34	0.0170	7.6
080512-5	泥岩	上段	4.22	0.0045	7.7
080514-7	泥岩	上段	5.54	0.0074	8.1
080514-3	泥岩	中段	4.92	0.0050	6.2
080514-4	泥岩	中段	2.55	0.0017	7.3
080514-5	泥岩	中段	2.30	0.0014	7.0

样品编号	岩性	取样段	孔隙度 （%）	渗透率 （μD）	中值孔径 （nm）
080514-6	泥岩	中段	1.97	0.0011	7.0
080514-10	泥岩	中段	2.61	0.0017	6.7
HHC-10-23	泥岩	中段	2.50	0.0017	7.2
HHC-10-67	泥岩	中段	4.51	0.0042	6.0
080512-9	泥岩	下段	6.31	0.0089	7.7
080514-2	泥岩	下段	3.71	0.0031	6.4

注：Woodford 页岩样品来自 Henry House Creek 地区。

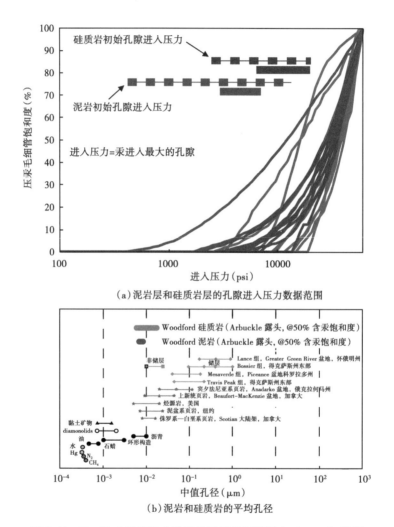

（a）泥岩层和硅质岩层的孔隙进入压力数据范围

（b）泥岩和硅质岩的平均孔径

图 5.16　Woodford 泥岩和硅质岩的压汞毛细管压力（MICP）数据

（a）泥岩（红色）和硅质岩（蓝色）的大多数值都在一个狭窄的范围内；（b）注意不管岩性如何，Woodford 页岩
的孔径值都位于其他页岩的孔径值范围内（据 Nelson，2009），参与比较的通常是致密气砂岩

硅质岩层的压汞毛细管压力数据也显示了变化的孔隙度和低值计算渗透率。硅质岩的孔隙度范围为 0.46%~4.90%，并且计算渗透率范围为 0.0001~0.0274 μD（表 5.3）。尽管压

汞毛细管压力数据显示，硅质岩样品也有可变的初始孔隙进入压力（图 5.16a），范围为 2700~19000 psi，大多数样品都在 6100~19000psi 的范围内。对于硅质岩样品，中值孔径（50%含汞饱和度）的范围为 5.3~18.6 nm（图 5.16b）。硅质岩的中值孔径范围更大，可能是由自生石英群之间孔隙的不规则形状造成的。

5.3.6　地层能干性

　　裂缝在露头中最易观察，可明显见其受岩性的控制。裂缝在硅质岩层中最易发育，其走向多与地层垂直（图 5.17a）。裂缝在硅质岩层的边界终止，或在邻近的泥岩中变得更加分散（图 5.17b），说明 Woodford 页岩裂缝受到岩性的控制（即地层能干性）。硅质岩层中的裂缝丰富，但除了局部含有剩余油的部位（图 5.17b），其很少被矿化。重要的是，硅质岩层中的剩余油看似被限制在裂缝之中，且几乎没有证据表明有剩余油渗透进入与裂缝面相邻的硅质岩中（图 5.17b）。因为露头中的裂缝与岩性十分相关且几乎没被矿化，尚不清楚它们与地下的裂缝及裂缝孔隙有何相关（岩性、时间等方面）。

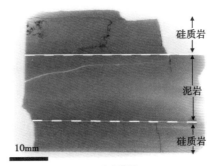

（a）裂缝发育的硅质岩与易裂的泥岩互层照片　　　　　　（b）薄片

图 5.17　地层能干性显示 Woodford 页岩的岩性对裂缝的控制作用

（a）照片来自 Henry House Creek 地区露头，注意裂缝是如何被岩性控制的：在硅质岩层（C）中，裂缝相对更发育且与地层垂直，裂缝在硅质岩边缘迅速终止，或在邻近的泥岩中（M）分散，硅质岩的脆性与其高含量的自生石英有关；（b）薄片显示硅质岩中裂缝发育，及裂缝在互层的泥岩中消失或分散，注意剩余油（黑色物质）沿裂缝的分布，及附近不发育裂缝的硅质岩中无剩余油的存在

5.4　讨论

　　尽管 Woodford 页岩中的泥岩和硅质岩层的孔隙度和渗透率都相对较低（图 5.16、表 5.3），其孔渗值都位于其他页岩储层（Hill 等，2008）的孔渗值范围内。对两种岩性进行详细的岩石学分析，此举为地层岩性对孔隙特征的影响提供了一种改进的观点。这些分析还为

101

比本次研究的样品埋藏更深的地层提供了一个整体的框架或环境，在此基础上，可以推断出可能的或可选的方案，从而对地层孔隙演化进行修正；这还与石油在 Woodford 页岩中的储藏机制有关。

泥岩和硅质岩层中孔隙的性质和演化是不同的，使得岩性成为整个 Woodford 页岩孔隙度的主要影响因素。假设黏土丰富的沉积物有高于 80% 的原始孔隙度（Potter 等，2005；Aplin 和 Macquaker，2011），那么 Woodford 泥岩层从沉积开始，其原生孔隙度就在明显地降低。韧性颗粒，包括伊利石和 *Tasmanites* 微化石（图 5.5b 和图 5.9）的机械压实很可能给 Woodford 泥岩层的原生粒间孔隙度造成了巨大的损失，一些自生相的沉淀同样导致了孔隙度的损失（图 5.11）。因此，多重物理和化学过程降低了 Woodford 泥岩层的原生孔隙度，它们发生在沉积之后，至少在宾夕法尼亚纪期间，即 Arbuckle 山脉最初隆起的时候（Cardott 和 Chaplin，1993）。

在 Woodford 泥岩层中次生孔隙的发育，是由于碎屑钾长石颗粒部分—大量溶解（图 5.14b）。次生孔隙的体积在一定程度上是由钾长石的溶解程度和碎屑钾长石的原始体积所决定的。定量 XRD 分析表明，在 Woodford 泥岩层中的钾长石目前质量分数大约为 9%（表 5.2）；然而，钾长石溶解的证据（图 5.14）表明，Woodford 页岩最初沉积时有更多的钾长石。在这种次生孔隙中，没有任何自生相的填充，也没有被围绕着钾长石颗粒的韧性碎屑物质所充填，很可能钾长石的溶解是一个相对较晚的成岩事件。干酪根中次生孔隙的发育过程曾在别的更加热成熟的页岩中被描述过（Loucks 等，2009），但因为在 Henry House Creek 地区出露的 Woodford 页岩并没有经过足够的埋藏来产生碳氢化合物，所以本次研究使用的样品中，不会见到任何干酪根中的次生孔隙。

与泥岩不同的是，在 Woodford 硅质岩层中的晶间孔隙几乎全是由早期成岩重结晶形成的，该过程发生了从生物（放射虫）硅到石英的转化。事实上，因为除了石英（即黏土）以外的矿物含量都较低，亚稳态硅质放射虫的重结晶很可能发生在硅质岩层沉积后作用阶段的早期。目前还不清楚该重结晶的过程是否包括其他硅质单元中记载的从蛋白石 A 到蛋白石 CT 再到石英的逐步过渡（Carr 和 Fyfe，1958；Kastner 等，1977；Isaacs，1981；Rice 等，1995）。由于石英的重结晶作用控制了 Woodford 硅质岩的孔隙度，因此，自成岩作用早期，硅质岩层的孔隙度和渗透率都较低（表 5.3）。由于硅质岩层早期的低渗透率条件，在其中出现的任何碎屑钾长石（表 5.2）都不太可能经历过大量的沉积后溶解。

尽管在 MICP 数据中有一些重叠，与 Woodford 页岩的硅质岩层相比，泥岩样品通常具有更高的孔隙度和渗透率（表 5.3）以及更低的孔隙进入压力（图 5.16a）。这些数据反过来又表明，Henry House Creek 地区的泥岩层很可能是流体（水和碳氢化合物）的运移通道，与以下事实是一致的：（1）Woodford 泥岩层被认为是该地区重要的烃源岩（Comer 和 Hitch，1987；Lewan，1987；Comer，1992；Higley 等，2011）；（2）Woodford 泥岩层经历了相对较晚的碎屑钾长石成岩溶解作用（图 5.14b），该过程需要流体的通过。虽然硅质岩层发育裂缝（图 5.17b），且这些裂缝可以为流体的运移提供渗流通道，但由于相邻硅质岩层的低渗透性，不太可能有大量的流体从裂缝中渗流出。有趣的是，岩石学研究发现，在与硅质岩层相邻的泥岩中，很少有或没有证据表明存在早期形成的自生石英，所以在 Woodford 页岩沉积后不久，似乎很少有或没有流体的层内流动。

来自 Henry House Creek 地区的 Woodford 泥岩及硅质岩的岩石学数据提供了一个重要的"终端单元"信息（即浅埋藏），对于相邻 Anadarko 盆地中热成熟—过成熟的地层（图

5.1），当考虑其孔隙性质以及由此产生的石油储藏潜力时，可以使用该信息（Cardott 和 Lambert，1985）。一般来说，泥岩孔隙度随深度的增加而降低（Yang 和 Aplin，1998；Mondol 等，2007），这取决于溶解的不稳定矿物（即碎屑钾长石）的体积以及相对韧性的岩石组分（即黏土、*Tasmanites* 微化石和其他有机显微组分）含量。在 Woodford 泥岩中，韧性颗粒和有机质含量丰富，表明这些在盆地中被深埋的地层，其孔隙度很可能被降低了（相对于 Henry House Creek 地区的地层），这是由粒间（伊利石片晶之间）孔隙的崩塌造成的压实所导致的。尽管如此，其中一些假设的粒间孔隙度的损失可以通过随时间推移而增加的次生（粒内）孔隙度和有机孔隙度来抵消。次生（粒内）孔隙是钾长石溶解的产物，其还可能是油气生成所产生的（Loucks 等，2009）。碎屑钾长石的溶解可导致孤立聚集的孔隙（其标记出了这些碎屑颗粒的原位置），而石油的生成则可在干酪根或沥青中形成一系列连通的次生亲油孔隙，分布在泥岩段中的各处。Loucks 等（2009）发现了干酪根中的次生孔隙，但很明显，它们直到岩石进入生油窗才开始形成。由于钾长石的质量分数高达 9%（表 5.2）、TOC 高达 22%（表 5.1），在 Woodford 泥岩层中存在大量次生孔隙的可能性很高；因此，次生孔隙对 Anadarko 盆地地层单元的油气储藏有重要的意义。重要的是，相对于石油的产生和运移，次生孔隙的发育时机至关重要；在石油（或天然气）生成之前和期间形成的次生孔隙可以用来储存一些碳氢化合物，但是在石油生成和运移后形成的孔隙对泥岩层的石油储存潜力几乎没有任何作用。

与泥岩层相比，Woodford 页岩深埋藏的硅质岩层与 Henry House Creek 地区的硅质岩层孔隙度不太可能有显著的不同，因为硅质岩的孔隙度与生物硅的早期成岩（埋藏前）重结晶有关，而该重结晶作用在 Woodford 页岩的各处都有发生。尽管在 Woodford 页岩尚未被充分掩埋以产生石油的地方（例如 Henry House Creek 地区），硅质岩层的孔隙度和渗透率也很低，但该孔隙度可能是在地质时期中一直持续存在的，这是因为硅质岩层中的自生石英提供了一个足够坚硬的框架。因此，硅质岩层中不太可能发生深埋压实造成的孔隙度降低。少量的钾长石（表 5.1）和 3%~6% 的 TOC 含量（表 5.2）表明，在硅质岩层中有次生孔隙的发育。然而，这种假定的硅质岩层孔隙度增加需要流体穿过硅质岩层，但是硅质岩层渗透率低（表 5.3），所以这种假设尚不能确定。事实上，硅质岩层的低孔隙度和渗透率很可能抑制了任何流体，包括碳氢化合物的运移和进出，这一抑制作用的持续时间占据了地层沉积后的大部分历史。因此，堵塞硅质岩层孔隙的 AOM（图 5.6 和图 5.15）可能是与地层中的其他孔隙隔离开的，这可能是在硅质岩层中产生的碳氢化合物得以保留的一种原理。

Henry House Creek 地区硅质岩层相对较高的 TOC 含量也表明，它们可以被认为是好—极好的烃源岩（Tissot 和 Tissot，1984；Peters 和 Cassa，1994）。Anadarko 盆地 Woodford 硅质岩层的 TOC 含量未知，但大致是可以比较的。然而，由于其低孔隙度和渗透率，在热成熟过程中产生的石油很少从硅质岩层运移到 Woodford 页岩的其他地方或者 Woodford 页岩之外的地方。此外，在硅质岩层中分散存在的 AOM 表明，任何产生的石油也会被类似地孤立，在硅质岩层中形成一个亲油系统是很困难的，从而使石油被排出的程度降至最低。因此，在硅质岩层中产生的大部分碳氢化合物很可能仍然存在其之中。这表明，硅质岩层是有效的烃源岩和储层，但就油气运移而言，它们与 Woodford 页岩的其他部分有一定的分离，尤其是在硅质岩层含量丰富的 Woodford 页岩上段。考虑到硅质岩层高石英含量和易碎的特征（表 5.2），Woodford 页岩的硅质岩层可能会产生大量的气体，这些气体由井中的增产措施产生。

5.5　结论

俄克拉何马州 Arbuckle 山脉南翼暴露的上泥盆统—下密西西比统 Woodford 页岩，提供了有关地层孔隙度的重要信息，其是未成熟或局部热成熟的。一般而言，地层孔隙度是总体岩性——泥岩和硅质岩的函数。泥岩具有较高的 TOC 含量（8%~22%）、范围广的渗透率（0.0011~0.089μD）和低孔隙度（2%~6%）。泥岩孔隙主要是原生和粒间孔隙，呈狭槽存在于伊利石片晶之间和一些 *Tasmanites* 微化石残留的小空间中；然而，由于埋藏过程中韧性颗粒（即碎屑伊利石和 *Tasmanites* 微化石）的压实，降低了这种孔隙度。泥岩中也发育粒内孔隙，存在于微球粒黄铁矿微晶之间，也存在于碎屑钾长石颗粒部分溶解的地方。

与泥岩相比，硅质岩层有较低的 TOC 含量（3%~6%）、低渗透率（0.001~0.024μD）和低孔隙度（0.6%~5%）。孔隙主要来自这些地层单元中丰富的生物（放射虫）硅的早期成岩重结晶作用。硅的重结晶形成了一种坚硬的结构，由紧密共生或相连、大小不规则的自生石英群组成，在这种结构中，晶间体积仍然存在，尽管石英群的不规则形状和大小可能导致小孔径（5.3~18nm）和低渗透率。石英重结晶的时间较早，表明在 Woodford 页岩沉积后不久，硅质岩层的低孔隙度和渗透率就已经存在。

在 Arbuckle 山脉出露的浅埋藏 Woodford 页岩，其孔隙特征可以合理地推断为邻近 Anadarko 盆地中被深埋的 Woodford 页岩的孔隙性质。据推测，在 Woodford 泥岩被充分埋藏达到或超过生油窗的地区，粒间孔隙进一步减少。尽管如此，一些粒间孔隙的减少可能被次生孔隙的产生所抵消，次生孔隙由碎屑钾长石的溶解产生，且可能是伴随着生油过程在干酪根中产生的。如果是这样的话，次生孔隙可能在地层中剩余碳氢化合物的储存和泥岩的生产潜力上起关键作用。

值得怀疑的是，深埋藏的 Woodford 页岩和在 Arbuckle 山脉出露的 Woodford 页岩具有显著不同的硅质岩层孔隙度，这是因为由大量自生石英所产生的坚硬的结构可以抵抗由埋藏导致的压实。由于自早期成岩作用中石英开始生成，Woodford 硅质岩层的孔隙度和渗透率都较低，硅质岩层内产生的碳氢化合物不太可能被轻易地排出，因此它们可能大部分仍残留在硅质岩层中。因此，硅质岩层可能为 Woodford 页岩提供一个意想不到的油气储存空间，尤其是在硅质岩层最丰富的 Woodford 页岩上段。

参 考 文 献

Aplin, A. C., and J. H. S. Macquaker, 2011, Mudstone diversity—origin and implications for source, seal, and reservoir properties in petroleum systems: AAPG Bulletin, v. 95, p. 2031-2059.

Aufill, M., 2007, High resolution magnetic susceptibility of the Oklahoma Woodford Shale and relationships to variations in outcrop spectral gamma-ray response: MSc thesis, Oklahoma State University, Stillwater, Oklahoma, 165 p.

Blakey, R., 2009, Paleogeography and geologic evolution of North America, Late Devonian (360 Ma), map: http://jan.ucc.nau.edu/~rcb7/namD360.jpg, accessed 5/2009.

Burgess, W. J., 1976, Geologic evolution of the Mid-continent and Gulf Coast areas—a plate tectonics view: Gulf Coast Association of Geological Societies Transactions, v. 26, p. 132-143.

Burruss, R. C., and J. R. Hatch, 1989, Geochemistry of oils and hydrocarbon source rocks, greater Anadarko Basin—evidence for multiple sources of oils and long-distance oil migration, in K. S. Johnson, ed., Anadarko Basin symposium, 1988: Oklahoma Geological Survey Circular 90, p. 53-64.

Cardott, B. J., 1989, Thermal maturation of the Woodford Shale in the Anadarko Basin: Oklahoma Geological Survey 90, p. 32-46.

Cardott, B. J., 2011, Four distinct Woodford Shale plays in Oklahoma—gas, condensate, oil, and biogenic methane: AAPG Hedberg Conference, http: //www. search anddiscovery. com/ abstracts/pdf/2011/hedberg-texas/abstracts/ndx_ cardott. pdf, accessed 7/22/2011.

Cardott, B. J., R. D. Andrews, G. W. Miller, and S. T. Paxton, 2007, Woodford Gas Shale Field Trip Guidebook, Oklahoma Geological Survey Open File Report 1-2007, 51 p.

Cardott, B. J., and J. R. Chaplin, 1993, Guidebook for selected stops in the western Arbuckle Mountains, southern Oklahoma: Oklahoma Geological Survey Special Publication 93-3, 55 p.

Cardott, B. J., and M. W. Lambert, 1985, Thermal maturation by vitrinite reflectance of Woodford Shale, Anadarko Basin, Oklahoma: AAPG Bulletin, v. 69, p. 1982-1998.

Cardott, B. J., W. J. Metcalf III, and J. L. Ahern, 1990, Thermal maturation by vitrinite reflectance of Woodford Shale near Washita Valley fault, Arbuckle Mountains, Oklahoma, in V. F. Nuccio and C. F. Barker, eds., Applications of thermal maturity studies to energy exploration: Society of Economic Paleontologists and Mineralogists, Rocky Mountain Section, p. 139-146.

Cardott, B. J., T. E. Ruble, and N. H. Suneson, 1993, Nature of migrabitumen and their relation to regional thermal maturity, Ouachita Mountains, Oklahoma, in F. Goodarzi and R. W. Macqueen, eds., Geochemistry and petrology of bitumen with respect to hydrocarbon generation and mineralization: Energy Sources, v. 15, p. 239-267.

Carr, R. M., and W. S. Fyfe, 1958, Some observations on the crystallization of amorphous silica: American Mineralogist, v. 43, p. 908-916.

Comer, J. B., 1991, Stratigraphic analysis of the Upper Devonian Woodford Formation, Permian Basin, west Texas and southeastern New Mexico: Texas Bureau of Economic Geology, Report of Investigation 201, 63 p.

Comer, J. B., 1992, Organic geochemistry and paleogeography of Upper Devonian formations in Oklahomaand northwestern Arkansas, in K. S. Johnson and B. J. Cardott, eds., Source rocks in the southern Midcontinent, 1990 symposium: Oklahoma Geological Survey Circular 93, p. 70-93.

Comer, J. B., and H. H. Hitch, 1987, Recognizing and quantifying expulsion of oil from the Woodford Formation and age-equivalent rocks in Oklahoma and Arkansas: AAPG Bulletin, v. 71, pg. 844-858.

Curtis, M., C. Sondergeld, R. Ambrose, and C. Rai, 2010, Microstructural observations in gas shales: AAPG Search and Discovery article 90122-2011, http: //www. searchand discovery. com/abstracts/pdf/2011/hedberg-texas/abstracts/ndx_curtis. pdf, accessed 3/7/2012.

Eberl, D. D., 2003, User's guide to ROCKJOCK—a program for determining quantitative mineralogy from powder X-ray diffraction data: USGS Open-file Report 03-78, 42 p.

Ellison, S., 1950, Subsurface Woodford black shale, west Texas and southeast New Mexico: Bureau of Economic Geology Report of Investigation 7, 17 p.

Feinstein, S., 1981, Subsidence and thermal history of Southern Oklahoma aulacogen—implications for petroleum exploration: AAPG Bulletin, v. 65, p. 2521–2533.

Fishman, N. S., G. E. Ellis, S. T. Paxton, M. M. Abbott, and A. R. Boehlke, 2010, From radiolarian ooze to reservoir rocks—microporosity in chert beds in the Upper Devonian–Lower Mississippian Woodford Shale in Oklahoma and implications for gas storage: AAPG Annual Meeting, Abstracts with Programs, p. 79.

Fishman, N. S., G. E. Ellis, S. T. Paxton, M. M. Abbott, and A. R. Boehlke, 2011, Gas storage in the Upper Devonian–Lower Mississippian Woodford Shale, Arbuckle Mountains, Oklahoma—how much of a role do the cherts play? AAPG Hedberg Conference, http: //www. search and discovery. com/abstracts/pdf/2011/hedberg – texas/abstracts/ndx _ fishman. pdf, accessed 7/22/2011.

Ham, W. E., 1969, Regional geology, part 1 of Regional geology of the Arbuckle Mountains, Oklahoma: Oklahoma Geological Survey Guidebook 17, p. 5–21.

Hass, W. H., and J. W. Huddle, 1965, Late Devonian and Early Mississippian age of the Woodford Shale in Oklahoma as determined by conodonts, in Geological Survey research: USGS Professional Paper 525–D, p. 125–132.

Heath, J. E., T. A. Dewers, B. J. McPherson, R. Petrusak, T. C. Chidsey, A. J. Rinehart, and P. S. Mozley, 2011, Pore networks in continental and marine mudstones—characteristics and controls on sealing behavior: Geosphere, v. 7, p. 429–454.

Hester, T. C., J. W. Schmoker, and H. L. Sahl, 1990, Logderived regional source–rock characteristics of the Woodford Shale, Anadarko Basin, Oklahoma: USGS Bulletin 1866–D, 38 p.

Higley, D. K., S. B. Gaswirth, M. M. Abbott, R. R. Charpentier, T. A. Cook G. S. Ellis, N. J. Gianoutsos, J. R. Hatch, T. R. Klett, P. Nelson, M. J. Pawlewicz, O. N. Pearson, R. M. Pollastro, and C. J. Schenk, 2011, Assessment of undiscovered oil and gas resources of the Anadarko Basin province of Oklahoma, Kansas, Texas, and Colorado, 2010: USGS Fact Sheet 2011–3003, 2 p.

Hill, D. G., J. B. Curtis, P. G. Lillis, 2008. Update on North America shale–gas exploration and development, in D. G. Hill, P. G. Lillis, and J. B. Curtis, eds., Gas shale in the Rocky Mountains and beyond. Rocky Mountain Association of Geologists 2008 Guidebook, 11–42.

Isaacs, C. M., 1981, Outline of diagenesis in the Monterey Formation examined laterally along the Santa Barbara Coast, California, in C. M. Isaacs, ed., Guide to the Monterey Formation in the California coastal area, Ventura to San Luis Obispo: Pacific Section of the AAPG, v. 52, 25–38.

Johnson, J. G., C. A. Sandberg, and F. G. Poole, 1988, Early and middle Devonian paleogeography of western United States: Canadian Society of Petroleum Geologists Memoir 14, p. 161–182.

Johnson, K. S., 1989, Geologic evolution of the Anadarko Basin, in K. S. Johnson, ed., Anadarko Basin symposium, 1988: Oklahoma Geological Survey Circular 90, p. 3–12.

Kastner, M., J. B. Keene, and J. M. Gieskes, 1977, Diagenesis of siliceous oozes—I. Chemical controls on the rate of opal–A to opal–CT transformation, an experimental study: Geochimica et

Cosmochimica Acta, v. 41, p. 1041–1059.

Kennedy, M. J., D. R. Pevear, and R. J. Hill, 2002, Mineral surface control of organic carbon in black shale: Science, v. 25, p. 657–660.

Kirkland, D. W., R. E. Denison, D. M. Summers, and J. R. Gormly, 1992, Geology and organic geochemistry of the Woodford Shale in the Criner Hills and western Arbuckle Mountains, in K. S. Johnson and B. J. Cardott, eds., Source rocks in the southern Midcontinent, 1990 symposium: Oklahoma Geological Survey Circular 93, p. 38–69.

Krystyniak, A. M., 2005, Outcrop–based gamma–ray characterization of the Woodford Shale of south–central Oklahoma: MS thesis, Oklahoma State University, Stillwater, Oklahoma, 145 p.

Lambert, M., 1993, Internal stratigraphy and organic facies of the Devonian–Mississippian Chattanooga (Woodford) Shale in Oklahoma and Kansas: AAPG Studies in Geology, no. 37, p. 163–178.

Lewan, M. D., 1987, Petrographic study of primary petroleum migration in the Woodford Shale and related rock units, in B. Doligez, ed., Migration of hydrocarbons in sedimentary basins: Paris, Editions Technip, p. 113–130.

Loucks, R. G., R. M. Reed, S. C. Ruppel, and D. M. Jarvie, 2009, Morphology, genesis, and distribution of nanometer–scale pores in siliceous mudstones of the Mississippian Barnett Shale: Journal of Sedimentary Research, v. 79, p. 848–861.

Macquaker, J. H. S., M. A. Keller, and S. J. Davies, 2010, Algal blooms and "marine snow" — mechanisms that enhance preservation of organic carbon in ancient fine–grained sediments: Journal of Sedimentary Research, v. 80, p. 934–942.

Milliken, K. L, 1994, Cathodoluminescent textures and the origin of quartz silt in Oligocene mudrocks, South Texas: Journal of Sedimentary Research, v. 64A, p. 567–571.

Mondol, N. H., K. Bjorlykke, J. Jahren, and K. Hoeg, 2007, Experimental mechanical compaction of clay mineral aggregates—changes in physical properties of mudstones during burial: Marine and Petroleum Geology, v. 24, p. 289–311.

Moore, D. M., and R. C. Reynolds, 1989, X–ray diffraction and the identification and analysis of clay minerals: New York, Oxford University Press, 332 p.

Nelson, P. H., 2009, Pore–throat sizes in sandstones, tight sandstones, and shales: AAPG Bulletin, v. 93, p. 329–340.

Owen, M. R., 1991, Application of cathodoluminescence to sandstone provenance, in C. E. Barker and C. E. Kopp, eds., Luminescence microscopy and spectroscopy—quantitative and qualitative applications: Society of Paleontologists and Mineralogists, p. 67–75.

Paxton, S. T., and B. J. Cardott, 2008, Oklahoma gas shales, field trip guidebook: Oklahoma Geological Survey Open File Report 2–2008, 87 p.

Perry, W. J., Jr., 1989, Tectonic evolution of the Anadarko Basin region, Oklahoma: USGS Bulletin 1866–A, p. A1–A19.

Peters, K. E., and M. R. Cassa, 1994, Applied source rock geochemistry, in L. B. Magoon and W. G. Dow, eds., The petroleum system—from source to trap: AAPG Memoir 60, p. 93–120.

Potter, P. E., J. B. Maynard, and P. J. Depetris, 2005, Mud and mudstones: New York, Springer,

297 p.

Rice, S. B., H. Freund, W. L. Huang, J. A. Cluse, and C. M. Isaacs, 1995, Application of Fourier transform infrared spectroscopy to silica diagenesis—the opal – A to opal – CT transformation: Journal of Sedimentary Research v. 65, p. 639–647.

Schieber, J., 1996, Early diagenetic silica deposition in algal cysts and spores—a source of sand in black shales?: Journal of Sedimentary Research, v. 66, p. 175–183.

Sentfle, J. T., 1989, Influence of kerogen isolation methods on petrographic and bulk chemical composition of a Woodford Shale sample: The Society for Organic Petrology, Research Committee Report, 35 p.

Shatski, N. S., 1946, The Great Donets Basin and Wichita System—comparative tectonics of ancient platforms: USSG, Akademii Nauk Izvestiya. Geological Serial no. 1, p. 5–62.

Slatt, R. M., and N. R. O'Brien, 2011, Pore types in the Barnett and Woodford gas shales—contributions to understanding gas storage and migration pathways in fine–grained rocks: AAPG Bulletin, v. 95, 2017–2030.

Swanson, B. F., 1981, A simple correlation between permeabilities and mercury capillary pressures: Journal of Petroleum Technology, p. 2488–2504.

Tissot, B. P., and D. H. Welte, 1984, Petroleum formation and occurrence: New York, Plenum Press, p. 381–414.

Urban, J. B., 1960, Microfossils of the Woodford Shale (Devonian) of Oklahoma: Master's thesis, Norman, University of Oklahoma, Norman, Oklahoma, 77 p.

Welton, J. E., 1984, SEM petrology atlas: Tulsa, Oklahoma, AAPG, 237 p.

Yang, Y. L., and A. C. Aplin, 1998, Influence of lithology and compaction on the pore–size distribution and modeled permeability of some mudstones from the Norwegian margin: Marine and Petroleum Geology, v. 15, p. 163–175.

Zinkernagel, U., 1978, Catholoduminescence of quartz and its application to sandstone petrology: Contributions to sedimentology, v. 8: Stuttgart, E. Schweizerbart'sche Verlagsbuchandlung (Nagele und Obermiller), 69 p.

第6章 "第三次亲密接触"——与流体注入有关的板块内地震

Cliff Frohlich, Eric Potter

Jackson School of Geosciences, University of Texas at Austin, 10100 Burnet Rd. (R2200),
Austin, Texas, 78758, U. S. A.

(e-mails: cliff@ utig. ig. utexas. edu, pottere@ beg. utexas. edu)

摘要 关于小型板块内地震的成因和性质，笔者提出了五个假设，有一定可能是由流体注入引发的。假设是基于经验观察提出的，但是与主流观点相一致，即小型板块内地震是区域构造应力的响应，常发生在已有断层中，注入的流体可以通过减小正应力进而减小断层强度而诱发地震。虽然这些假设尚未得到证实，但它们为以后更深入的研究提供了一种方案，以避免地震或减轻与注入有关的地震。

几十年来，地震学家们已经认识到人类活动偶尔会诱发地震。这些活动包括油气生产（Suckale，2009，2010）以及本文所关注的流体注入（Hsieh 和 Bredehoeft，1981；Nicholson 和 Wesson，1990）。诱发型地震研究比较多，因为在很多以前地震未知的地区，记录显示地震通常发生在注水、废物处理或大量浅层油气生产地区附近。

然而，由于人类活动与地震之间的"亲密接触"，人们很难确定这种活动是否会引发地震。"第一次亲密接触"（石油开采与地震）的例子是 1932 年 4 月 9 日得克萨斯州 Wortham-Mexia 地区的 4. 0 级地震（图 6.1）。此次地震是在很小的范围内，具有特别高的强度，表明震源深度很浅（Sellards，1933；Frohlich 和 Davis，2002），强度最高的地区与 Wortham 油田高产区的空间范围基本一致。"第二次亲密接触"（天然气开采与地震）的例子是得克萨斯州 Fashing 气田附近发生的一系列事件，包括 1993 年 4 月 9 日的 4. 3 级地震，强度较高地区与 Fashing 气田的高产区吻合度较好（Pennington 等，1986；Davis 等，1995）。"第三次亲密接触"（流体注入和地震）的例子是从 2008 年 10 月 31 日开始的 Dallas-Fort Worth（DFW）系列地震（Frohlich 等，2010，2011）。在该实例中，重新精细定位显示，地震发生在距离盐水处理井不到 1km 的地方，从流体注入 7 周后开始，而且震源深度与注入深度几乎一致。上述发生的三次地震都与油气生产或流体注入地区密切相关，而这些地区的地震历史尚未可知。因此，即便诱导产生地震的证据尚不充分，但目前看来可能性很大。

从公共政策的角度来看，即使没有绝对的证据，注水井的管理者也不能忽视引发地震的可能性，这可能涉及法律行为（Cypser 和 Davis，1994，1998）。尽管有研究项目正在关注流体注入与地震诱发之间的关系，但大多集中在地热能源上。与非常规天然气的注入井不同，地热能的生产井数量很少，而且能够保持高产几十年。因此，地热田更容易在生产前和生产过程中进行长期的仪器装备和研究。与页岩气生产有关的流体注入项目不能等待研究结果，管理者必须快速作出决定。

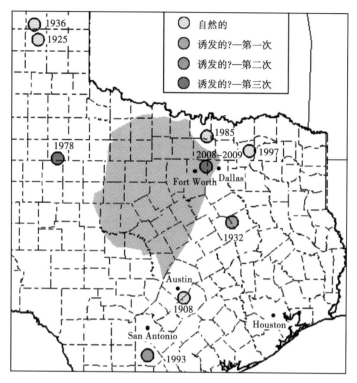

图 6.1　得克萨斯州天然地震和三种可能诱发地震的因素

1932 年 Wortham-Mexia 地区的地震可能是由石油生产诱发的（第一次）；1993 年 Fashing 气田的地震可能是由天然气生产诱发的（第二次）；1978 年 Snyder 和 2008—2009 年 Dallas-Fort Worth 地震可能是由流体注入诱发的（第三次）；即使有些地震（1925 年、1936 年）是发生在油气田或其附近的，但仍认为其（1902 年、1985 年和 1997 年）可能是天然诱发的；图中灰色阴影部分表示 Barnett 页岩；自 2000 年以来，大量的注入井用来处理 Barnett 天然气生产中的压裂液

　　本文对诱发型地震的现有文献进行了评价，重点关注"第三次亲密接触"（流体注入诱发型地震），并对其性质提出五种假设。这些假设还没有得到证实，每种假设（或针对特定的注入环境）都需要深入的研究来验证；进一步的研究也可能会发现假设是错误或需要修正的。这些假设有助于避免流体注入诱发型地震，并为制定相关策略提供指导。

6.1　关于流体注入诱发型地震的五个假设

6.1.1　假设一

　　天然和诱发型的小型板块内地震（2.5~4.0 级）通常指示，沿着有利的区域断层释放构造应力。

　　美国所有的 50 个州都发生过有震感的地震，其中也包括许多板块内小型地震。是什么造成了这些地震呢，特别是在那些以前没有地震活动记录的地区？

　　全球多个深部钻井的观测和地壳应力调查显示：

　　（1）几百千米到几千千米的区域内，大陆内部压力基本一致（Zoback 和 Zoback，1980）。

（2）脆性地壳处于平衡失稳状态（Zoback 和 Townend，2001）。

（3）应力水平受自然存在的断层控制。根据库仑摩擦理论，在流体运移影响下，应力沿着最优方向的挤压断层释放（Barton 等，1995）。

因此，任何应力场的变化（例如由侵蚀、沉积或岩石圈冷却引起的或者水库蓄水、流体抽取等人为活动引起的）都可能会增加局部应力并且沿有利断层方向破坏。该有利方向在区域应力中是由应力方向控制的。如果流体注入有利断层，降低了断层正应力及断层强度，也会释放应力诱发破坏。

如得克萨斯州构造图所示，2008—2010 年的 Dallas-Fort Worth（DFW）地震发生在北东—南西向地下断层中，位于约 1km 深处（Ewing，1990）。DFW 地区的三维（3D）地震证实了该断层的存在和分布位置。区域构造应力测量表明最大应力方向是垂直的，方向是北东—南西向，形成了北东—南西向的走滑断层（Sullivan 等，2006；Tingay 等，2006）。同样，Sellards（1933）研究发现，1932 年 4 月 9 日的 Wortham-Mexia 地震也是发生在 Mexia 断层带的一条北东—南西向断层上。鉴于上述地震事件，假设一是完全合理的。

然而，目前还不清楚假设一是否适用于大部分的小型板块内地震。首先，在大部分小型地震发生时，地下断层是否存在及其方位信息都不确定。其次，即使地下断层已经绘制出来，如 DFW 和 Wortham-Mexia 地震，但是因为很少有监测站记录小型地震，所以常常会缺乏震源信息。

想要确定假设一在一般或者特定的地理区域内都合理，需要对小型地震及其机制和地质环境进行系统的调查。近期，根据地震宽带数字地震记录结果，可通过正演模拟或地球物理反演、人工合成地震对比来确定震源机制（Dreger 和 Helmberger，1993）。在石油和天然气潜力地区，已经进行了大面积的商业性地下地球物理调查。从这些调查资料中获取地下断层是否存在、发育程度及方位信息是非常重要的，有助于准确地了解小型地震发生的时间和地点。

6.1.2　假设二

较大的诱发型地震（$M>2.5$）与水力压裂诱发型微地震截然不同。

虽然从技术上来说，水力压裂使岩石破裂能导致小型地震，但针对较大的可能是流体注入诱发型地震的研究表明，地震并不是水力压裂导致的，它们应该是不同的物理现象。也就是说，它们并不是压裂作业失控造成的，或者说与水力压裂没有直接关系。

首先，地震学家通过统计 b 值，发现水力压裂和诱发型地震群在大小事件的比例上有很大差异。在 Fort Worth 盆地的 Barnett 页岩中，水力压裂引起的地震 b 值通常为 $2.0 \sim 2.5$（Shapiro 和 Dinski，2009a，2009b）。自然地震和余震等的 b 值一般为 $1.0 \sim 1.3$（图 6.2）。尽管 b 值的解释还在研究中，但有定性的论据（Aki，1981）认为，b 值取决于地震破坏区域的几何形态，其中二维平面上的 b 值接近 1.0（例如已存在的断层），而三维区域的 b 值更高（例如 Barnett 页岩内的产气层）。

其次，3.0 级地震需要沿断层发生约 2cm 的滑动，其中断层大约为 2200m（65ft）长（Kanamori 和 Anderson，1975；Davis 和 Frohlich，1993）。针对某区域内的完整地层，水力压裂很难使整体同时发生破坏，而且一般水力压裂都会避开已存在断层。包括得克萨斯州在内，由于 3.0 级地震震级太小，地震台网一般很难确定其发生的位置，但是 3.0 级地震在地表已经有足够震感，人们也并不知道该地区正在进行压裂作业。

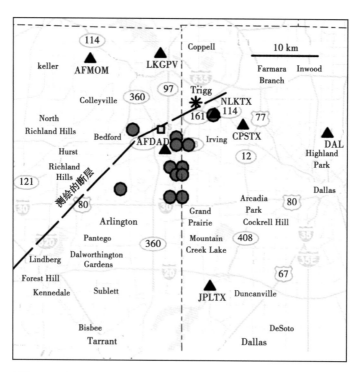

图 6.2 2008 年和 2009 年 Dallas-Fort Worth 地区居民经历的小型地震（据 Frohlich 等，2010）
黄色方块表示可能发生地震的 1km² 区域（由三角形所示的临时地震仪所获取的数据分析获得）；
红色圆点表示最初由美国国家地震信息中心在距离较远的监测站确定的震中

术语"微地震"用于表述压裂事件、由卤水处理引起的地震（Shapiro 等，2007）以及小型天然地震。但是，大多数文献仅指代部分现象。小型地震事件还没有统一的级数定义，这是因为大多数压裂事件都很小，微地震作业方提供的地震级数很难和 USGS（美国地质调查局）等官方地震台网确定的级数相比较。此外，典型的压裂信号通过井下检波器监测，而不是地面地震台网，而且地震级数通过短期和长期信号强度比例的相对规模来确定。这就解释了为什么不同的微地震作业者评估相同的数据时，得出的水力压裂地震级数千差万别（Shemeta 和 Anderson，2010）。

尽管如此，压裂事件的级数通常小于零，最大的级数也很少大于 1.0（Phillips 等，2002）。历史记录上只有两次伴随水力压裂发生的地震级数超过 2.0。首先，Kanamori 和 Hauksson（1992）描述了 1999 年 1 月 31 日在加利福尼亚州 Orcutt 油田发生的一次震源深度很小的 3.5 级地震，此次地震发生在水力压裂事件 [80bar 压力和 100～300m（328.8～984.25ft）深度] 几小时之后。其次，2011 年 4 月 1 日和 5 月 26 日，在英国 Blackpool 附近水力压裂作业期间分别发生了 2.3 级和 1.5 级地震。英国地质调查局的 Brian Baptie 认为，在两次地震发生时，水力压裂的流体是封闭的而不是能自由流回的。相比压裂诱发的小型地震，地热田或注水区块中多个地点长期注入诱发的地震级数较大（Davis 和 Pennington，1989；Ake 等，2005；Majer 和 Peterson，2007）。

若需要验证或推翻假设二的观点，需要统计各个区域中压裂诱发级数最大的地震记录。也可以询问现场工作人员能感知到的地震事件频率，以及在嘈杂现场环境下，能感知到的最小震级。

6.1.3 假设三

较大的诱发型板块内地震（$M>2.5$）经常发生在有利的区域断层靠近（几千米内）大容量注入井情况下。

如假设一所述，板块内应力模型表明，地壳处于失衡状态，且应力水平受自然断层控制。通常情况下，应力模型在区域上是统一的，最大主应力方向和最小主应力方向的中间最容易发生断层破坏；在逆断层和正断层环境中，最可能发生破坏的断层大致平行于中间主应力（Turcotte 和 Schubert，2002）。断层滑移很少是因为其被摩擦固定；如果局部应力发生变化或摩擦减小，可能会引起断层滑动。在高压条件下，流体注入后会发生扩散，当其到达有利断层，断层上的正应力减小，从而摩擦减小，引起断层滑动。

2008—2009 年的 DFW 地震发生在距离盐水处理井和地下断层约 1km 的范围内（图 6.2）。此外，发生地震之前有多个地点曾进行注入作业（Hsieh 和 Bredehoeft，1981；Pennington 等，1986），根据流体压力扩散模型，假设三观点成立。因为流体压力扩散缓慢，可能需要几个月或几年，压力的最前端才能到达断层并引发地震；而且，即便注入停止，地震可能仍会继续。

尽管假设三为诱发型地震提供了合理的解释，但是还不能完全理解为什么注入事件只在某些环境中会诱发地震。得克萨斯州有数千个活动的注入井（图 6.3），但大部分都没有诱发地震。一个可能的解释是，大多数注入井距离有利断层较远。然而，即使大多数注入点在

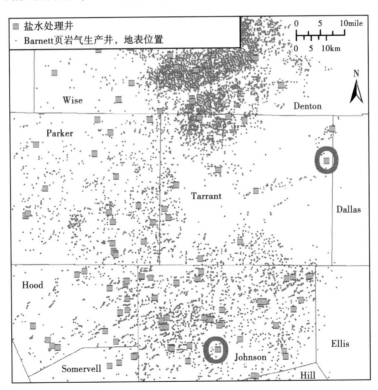

图 6.3 2009 年 Tarrant 及周边天然气井和盐水处理井（据 Frohlich 等，2011，修订）
2009 年 6 月之前，美国国家地震信息中心报告的地震，没有发生在天然气生产井附近的，只在图中两个红圈表示的盐水处理井，一个在 Dallas 机场的 Tarrant 县，另一个在得克萨斯州 Cleburne 附近的 Johnson 县

地震震源附近，关于地下断层的信息也很少或根本没有。

根据假设三的观点，需要对注入井附近地下断层的深度和方位深入调查，无论这些井是否会引发有震感的地震。如果调查显示不引发地震的井距离地下断层较远，则可以在注入井项目规划时提供重要信息，特别是在人口稠密的地区。显然，只有获得有关的地下信息，该项调查才是可行的。

6.1.4　假设四

注入诱发型地震级别一般小于区域内最大天然地震。

假设四的证据在很大程度上都是基于经验。

（1）Frohlich 等（2010，2011）认为 2008—2009 年的 DFW 地震（最大震级为 3.3）可能是注入诱发型地震；1997 年在距离 DFW 约 100km（62mile）的得克萨斯州 Commerce 地区曾发生过一场 3.4 级天然地震（Frohlich 和 Davis，2002）（图 6.1）。

（2）1966—1967 年，科罗拉多州丹佛市附近发生了一系列地震，最终统计有三次震级为 5.0~5.3 的地震，被认为是由美国陆军在落基山兵工厂处理流体废物引起的（Hsieh 和 Bredehoeft，1981）；1882 年，丹佛市曾发生过一场 6.6 级天然地震（Spence 等，1996）。

（3）2006 年 12 月，瑞士 Basel 地区附近发生了一次明显由流体注入引起的 3.4 级地震，最终导致该地区地热项目中止；Basel 地区曾在 1356 年的一次 6.5 级天然地震中受到严重破坏（Majer 等，2007）。

物理论据也表明假设四的观点是合理的。如果诱发型地震由沿断层释放区域的构造应力引起，则其大小受区域应力水平和最大有利断层方位控制，这些断层也会导致天然地震。

然而，假设四还需要进一步的调查和适当的修改。如上所述，假设四并没有明确定义发生类似地震的区域的地质特征或距离等条件。不同的物理关系可以描述不同来源（例如注水、流体注入、流体抽取或水库蓄水）或不同区域应力环境（正常、走滑或推断的断层）诱发的地震。

假设四具有一定的局限性，例如，得克萨斯州 Snyder 地区附近一个大规模注水项目诱发了一系列地震，其中包括 1978 年的 4.5 级地震（Davis 和 Pennington，1989）。该地区最近发生的地震是距离约 250km（155mile）的得克萨斯州 Panhandle 地区的 5.4 级地震（图 6.1）。Panhandle 地震明显较大，但需考虑以下问题：

（1）与 Snyder 地震距离约 250km（155mile），能否归为相同的区域？

（2）针对注水项目和盐水处理井注入项目，是否可以使用相同的原则？一般情况下，盐水处理井注入时仅影响局部范围，注入量相对较小。

（3）可以确定 1925 年发生的是天然地震吗？其强度最高区域与 Panhandle 油气田主产区一致（Frohlich 和 Davis，2002），但是 Pratt（1926）和 Coffman 等（1982）认为它是由石油生产引起的。

6.1.5　假设五

自然型和诱发型小型地震（M 约为 2.0）在得克萨斯州和许多非常规气藏中经常发生；大多数情况下，他们都因太小而不易察觉，不造成危险，是正常无害的自然现象。

对于某一区域内的地震，地震学家通常使用累计数量与震级的半对数图来表示其大小分布（图 6.4 和图 6.5）。通常情况下，震级较大时这些曲线的斜率（b）几乎是直的，约为

1.0（Frohlich 和 Davis，1993）。这意味着每发生一次 5.0 级地震，就会发生 10 次 4.0 级地震或 100 次 3.0 级地震。然而，当低于某震级时，由于一些地震较小未被报道，而出现斜率下降。地震事件太小，很难通过站台记录来定位；图 6.5 中的数据表明，美国中部震级约 3.5 时，数据记录较少。

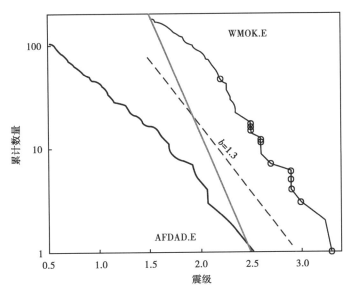

图 6.4　WMOK［Wichita 山，俄克拉何马州，距离 260km（162mile）］和 AFDAD［临时站，距离 3.5km（2.17mile）］记录的 Dallas-Fort Worth 地震的震级分布（据 Frohlich 等，2011，修改）
圆圈表示 USGS 报道的地震事件的震级；b 值（累计数量与震级的对数曲线的斜率）约为 1.3；斜率为 2.3 的红线表示 Barnett 页岩中由于水力压裂诱发的微地震的震级分布（Shapiro 和 Dinski，2009a，2009b）

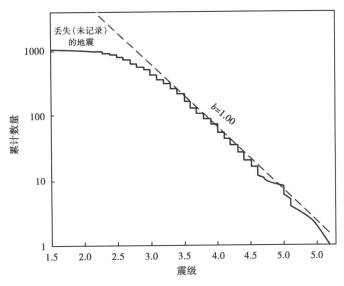

图 6.5　1973—2010 年美国国家地震信息中心报道的美国中部的地震震级累计分布
数据适用于北纬 25°～50°和西经 93°～107°之间的地震事件（见图 6.6）；b 值（斜率）约为 1.00；许多震级低于 3.0 的地震由于太小，站台很难记录下来导致"丢失"

115

地震记录难免会发生缺失，因为地震检测台显示小型地震不断发生。例如，图6.6中262个2.5级地震以及更小的地震中，70%都发生在俄克拉何马州。这是因为俄克拉何马州地质调查局在过去的35年里建立了整个州的地震台网，可以定位小型地震，而在其他大多数州却没有小型地震的记录。这就是地震学家经常说的"地震仪引起了地震"。得克萨斯州发生过天然地震和明显的诱发型地震，该区地震检测设备稀缺，但可以推测这里经常会发生未记录的小型地震。

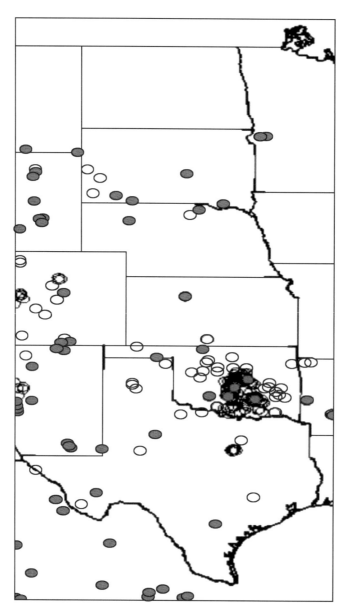

图6.6　1973—2010年由美国国家地震信息中心报道的美国中部较大
（红色圆圈：4.0级以上）和较小（空心圆：2.5级以下）地震
大型地震分布广泛，小型地震多数发生在俄克拉何马州，俄克拉何马州地质调查局运行着
整个州的地震台网，并聘请了地震学家来分析这些数据

6.2 讨论和建议

关于小型板块内地震的性质和起源，笔者提出了五个假设，其中关注重点是与流体注入有关的地震。所有这些观点都基于一个基本的假设，即受区域构造应力影响，微地震一般发生在原有断层上。当应力接近摩擦破坏极限时，就可能发生自然地震；注入流体到达断层时，也可以通过降低正应力和摩擦破坏极限来诱发破坏事件。

这些假设为非常规油气资源的开发提供了指导，以避免地震或降低潜在危害。观测结果说明诱发型地震很少是由于钻探、水力压裂作业或生产引起的，而可能由处理作业引起。对于注入诱发的地震，注入流体一定是到达了有利断层。因此，作业方应该提前研究该区域的应力模型，并根据地球物理手段确保附近没有有利断层，最后开展注入作业以避免诱发地震。由于注入诱发型地震强度一般小于区域内最强天然地震，因此，作业方可以将注入作业区限制在未经历过大型天然地震的区域内，以免诱发大型地震。

这些假设还没有被证实，进一步的研究可能会证明观点是错误或是需要修改的。例如，板块内区域发生小型地震时，很少能够确定震源机制，对于地下断层模型的了解也很少；因此，通常并不知道它们是否沿有利断层的应力释放（假设一）。根据部分资料，知道地震发生在靠近已知断层的注入井附近（假设三），但是在没有发生地震的注入井附近，不知道地下断层情况。如果诱发型地震不会强于区域性天然地震（假设四），那么如何客观地定义"区域"呢？该假设对于单井处理作业和大规模的多井注水作业都是正确的吗（Cornet 等，1997）？

在上述五个假设中，也许地震学家提出的假设五是最好的：小型板块内地震是普遍存在的，但大部分是无害的，而且很少预示大型破坏性地震。美国的每一个州都发生过地震，其中少数几个州记录的地震最大震级只有 4.0 或更小。此外，由于许多州（如得克萨斯州）的连续记录地震仪稀缺，所以 3.0 级或更小的地震大部分没有报道，除非它们发生在人口稠密的地区。几乎所有这些小型地震事件都没有确定的震中、震源深度和震源机制。

由于流体注入有时会诱发小型地震，因此规划注入项目的组织应该通过宣传让公众明白和躲避这些情况。地震相关灾害和风暴相关灾害之间有一定的相似之处。

（1）小型风暴：我们熟悉的暴雨和雷暴无处不在，通常人们都知道如何避免潜在的危险（躲避雷电，在潮湿或雨水淹没的道路上小心驾驶）。

（2）大型风暴：飓风是真正的危险，但很罕见，只发生在特定的环境里（海湾和大西洋沿岸）。

（3）小型地震：小型地震无处不在，危害通常很小或不存在。

（4）大型地震：大型地震确实很危险，但很少发生，只发生在特定的环境中（通常发生在活动板块边界）。

如果区域内规划了注入项目并有诱发型地震风险，应该考虑安装地震检测网络来监测小震级地震。地震仪可能会定期探测到小型地震。这些数据可向公众和监管机构证明小型地震是普遍存在但无害的。在发生大型地震时，检测台网可以确定震源，必要时可提前预警。

参 考 文 献

Ake, J., K. Mahrer, D. O'Connell, and L. Block, 2005, Deep- injection and closely monitored induced seismicity at Paradox Valley, Colorado: Bulletin of the Seismological Society America, v. 95, p. 664-683, doi: 10. 1785/0120040072.

Aki, K., 1981, A probabilistic synthesis of precursory phenomenon, in D. W. Simpson and P. G. Richards, eds., Earthquake prediction, an international review, Maurice Ewing series, v. 4: Washington, DC, American Geophysical Union, p. 566-574.

Barton, C. A., M. D. Zoback, and D. Moos, 1995, Fluid flow along potentially active faults in crystalline rock: Geology, v. 23, p. 683-686.

Coffman, J. L., C. A. von Hake, and C. W. Stover, 1982, Earthquake history of the United States: Publication 41-1, Boulder, Colorado, USGS.

Cornet, F. H., J. Helm, H. Poitrenaud, and A. Etchecopar, 1997, Seismic and aseismic slip induced by large scale fluid-injections: Pure and Applied Geophysics, v. 150, p. 563-583.

Cypser, D. A., and S. D. Davis, 1994, Liability for induced earthquakes: Journal of Environmental Law and Litigation, v. 9, p. 551-389.

Cypser, D. A., and S. D. Davis, 1998, Induced seismicity and the potential liability under U. S. law: Tectonophysics, v. 289, p. 239-255.

Davis, S. D., and C. Frohlich, 1993, Did (or will) fluid injection cause earthquakes?: Criteria for a rational assessment: Seismological Research Letters, v. 64, p. 207-224.

Davis, S. D., P. Nyffenegger, and C. Frohlich, 1995, The 9 April 1993 earthquake in south-central Texas: Was it induced by fluid withdrawal?: Bulletin of the Seismological Society of America, v. 85, p. 1888-1895.

Davis, S. D., and W. D. Pennington, 1989, Induced seismic deformation in the Cogdell oil field of West Texas: Bulletin of the Seismological Society of America, v. 79, p. 1477-1495.

Dreger, D. S., and D. V. Helmberger, 1993, Determination of source parameters at regional distances with threecomponent sparse network data: Journal of Geophysical Research, v. 98, p. 8107-8125, doi: 10. 1029/93JB00023.

Ewing, T., 1990, Tectonic map of Texas: Austin, University Texas Bureau of Economic Geology.

Frohlich, C., and S. D. Davis, 1993, Teleseismic b values; or, much ado about 1. 0: Journal of Geophysical Research, v. 98, p. 641-644.

Frohlich, C., and S. D. Davis, 2002, Texas earthquakes: Austin, University of Texas Press, 275 pp.

Frohlich, C., E. Potter, C. Hayward, and B. Stump, 2010, Dallas-Fort Worth earthquakes coincident with activity associated with natural gas production: Leading Edge, v. 29, p. 270 - 275, doi: 10.1785/0120100131.

Frohlich, C., C. Hayward, B. Stump, and E. Potter, 2011, The Dallas-Fort Worth earthquake sequence: October 2008 through May 2009: Bulletin of the Seismological Society of America, v. 101, 327-340.

Hsieh, P. A., and J. S. Bredehoeft, 1981, A reservoir analysis of the Denver earthquakes—a case

118

study of induced seismicity: Journal of Geophysical Research v. 86, p. 903–920.

Kanamori, H., and D. L. Anderson, 1975, Theoretical basis of some empirical relations in seismology: Bulletin of the Seismological Society of America, v. 65, p. 1073–1095.

Kanamori, H., and E. Hauksson, 1992, A slow earthquake in the Santa Maria Basin, California: Bulletin of the Seismological Society of America, v. 82, p. 2087–2096.

Majer, E. L., R. Baria, M. Stark, S. Oates, J. Bommer, B. Smith, and H. Asanuma, 2007, Induced seismicity associated with enhanced geothermal systems: Geothermics, v. 36, p. 185–222, doi: 10. 1016/j. geothermics. 2007. 03. 003.

Majer, E. L., and J. E. Peterson, 2007, The impact of injection on seismicity at The Geysers, California geothermal field: International Journal of Rock Mechanics and Mining Sciences, v. 44, 1079–1090, doi: 10. 1016/j. ijrmms. 2007. 07. 023.

Nicholson, C., and R. L. Wesson, 1990, Earthquake hazard associated with deep well injection: a report to the U. S. Environmental Protection Agency: USGS Bulletin 1951, 74 pp.

Pennington, W. D., S. D. Davis, S. M. Carlson, J. Dupree, and T. E. Ewing, 1986, The evolution of seismic barriers and asperities caused by the depressuring of fault planes in oil and gas fields of south Texas: Bulletin of the Seismological Society of America, v. 76, p. 939–948.

Phillips, W., J. Rutledge, L. House, and M. Fehler, 2002, Induced microearthquake patterns in hydrocarbon and geothermal reservoirs: six case studies: Pure and Applied Geophysics, v. 159, p. 345–369.

Pratt, W. E., 1926, An earthquake in the Panhandle of Texas: Bulletin of the Seismological Society of America, v. 16, p. 146–149.

Sellards, E. H., 1933, The Wortham–Mexia, Texas, earthquake. Contributions to Geology: University Texas Bulletin 3201, p. 105–112.

Shapiro, S. A., and C. Dinski, 2009a, Fluid–induced seismicity: pressure diffusion and hydraulic fracturing: Geophys. Pros., v. 57, p. 301–310, doi: 10. 1111/j. 1365–2478. 2008. 00770. x.

Shapiro, S. A. and C. Dinski, 2009b, Scaling of seismicity induced by nonlinear fluid–rock interaction: Journal of Geophysical Research, v. 114, p. B09307, doi: 10. 1029/2008JB006145.

Shapiro, S. A., C. Dinski, and J. Kummerow, 2007, Probability of a given–magnitude earthquake induced by fluid injection: Geophysical Research Letters, v. 34, p. L22314, doi: 10. 1029/ 2007GL031615.

Shemeta, J., and P. Anderson, 2010, It's a matter of size: magnitude and moment estimates for microseismic data: Leading Edge, v. 29, p. 296–302.

Spence, W., C. J. Langer, and G. L. Choy, 1996, Rare, large earthquakes at the Larimide deformation front—Colorado (1882) and Wyoming (1984): Bulletin of the Seismological Society of America, v. 86, 1804–1819.

Suckale, J., 2009, Induced seismicity in hydrocarbon fields: Advances in Geophysics, v. 51, p. 55–106, doi: 10. 1016/S0065–2687 (09) 05107–3.

Suckale, J., 2010, Moderate–to–large seismicity induced by hydrocarbon production: Leading Edge, v. 29, p. 310–319.

Sullivan, E. C., K. J. Marfurt, A. Lacazette, and M. Ammerman, 2006, Application of new seismic attributes to collapse chimneys in the Fort Worth Basin: Geophysics, v. 71, p. B111–B119, doi: 10. 1190/1. 2216189.

Tingay, M. R. P., B. Muller, J. Reinecker, and O. Heidbach, 2006, State and origin of the present-day stress field in sedimentary basins: New results from the World Stress Map Project, *in* Proceedings, 41st U. S. Symposium on Rock Mechanics: 50 years of rock mechanics: Landmarks and future challenges: Golden, Colorado, CD-ROM ARMA/USRMS 06-1049, 14 pp.

Turcotte, D. L., and G. Schubert, 2002, Geodynamics (2nd ed.): New York, Cambridge University Press.

Zoback, M. D., and J. Townend, 2001, Implications of hydrostatic pore pressure and high crustal strength for the deformation of intraplate lithosphere: Tectonophysics, v. 336, p. 19 – 30. Zoback, M. L., and M. D. Zoback, 1980, State of stress in the coterminous United States: Journal of Geophysical Research, v. 85, p. 6113–6156.

第7章　实验法评价页岩的扩容效应

M. A. Islam　P. Skalle

Department of Petroleum Engineering and Applied Geophysics, Norwegian
University of Science and Technology, 7491 Trondheim, Norway
（e-mails: amii@ statoil. com; pal. skalle@ ntnu. no）

摘要　众所周知，沉降过程中沉积作用导致页岩具有较高的各向异性。各向异性影响了页岩的变形、塑性和强度。本研究主要涉及页岩的扩容效应和屈服强度。该研究结论主要适用于岩土学的多方面应用，包括井眼稳定性建模与分析和页岩气的水力压裂模型。

为了评价页岩的扩容效应，主要分析排水应力路径和不排水应力路径下的页岩软化特征和硬化特征。事实上，在三轴不排水测试条件下，有效应力路径并不是完全垂直的，且平均有效应力经常发生改变，在剪切作用的影响下，所观测到的体积也会产生变化。上述观察到的特性其原因主要是扩容效应，其对破裂后井眼的稳定性和含气页岩的水力压裂模型具有较明显的影响。因此，本文主要目的在于通过实验评价和量化页岩中应力引起的扩容效应。

实验结果表明，由于围压和样品的几何特征，页岩具有显著的膨胀趋势。在岩石破裂分析等其他岩土力学应用当中，扩容效应的影响不可忽视，尤其是在塑性作用影响显著的情况下。

岩石与岩体的力学性质在土木工程和采矿工程中得到了普遍的应用。在实验条件和矿场条件下观察到的岩石裂缝表明，岩石的破裂过程与扩容效应具有紧密的关系，这是一种与微裂缝的开启和扩展有关的现象；岩石破裂的过程会导致孔隙空间的增加，并且当岩石被加载超过一定阈值的载荷时，会导致瞬间孔隙压力的降低。基于前人的研究（Brace 等，1966；Bieniawski，1967；Lajtai 和 Lajtai，1974；Martin 等，1994；Eberhardt 等，1998；Cai 和 Zhao，2004；Cai 和 Zhao，2010），脆性岩石的破裂过程可以划分成以下几个阶段：（1）裂缝闭合；（2）线性弹性形变；（3）裂缝开启；（4）稳定裂缝生长；（5）裂缝的合并与破坏；（6）不稳定裂缝生长；（7）裂隙；（8）峰后区特性。Zhao 等（2010）提出了一个关于岩石扩容效应过程的详细图解。此外，Cook（1970）证实岩石压缩生缝过程中，扩容效应是岩石的整体效果，而不是一个表面现象。扩容效应代表了岩石的真实体积变化过程，它与裂隙的形成过程具有紧密的关系。

在采矿和石油工业中需要确定岩石的破裂状态，尤其是对于井眼稳定性的建模和评估。作为井眼破裂分析的一部分，采用了各种岩石破裂本构模型（即 Mohr-Coulomb、Mogi-Coulomb、Drucker Prager、Modeded Cam-Clay 等）。所有上述模型均假设恒定的扩容过程（输入值为 0），即使当物质达到屈服状态时，扩张作用也会影响前期的非线性岩石变形。许多学者对井眼稳定性建模展开了研究，但是材料扩容效应对井眼破裂的影响尚未明确。剪胀角的重要性取决于所使用材料的位置及其目的。很明显的是，在浅部地层的稳定性设计中，由于其围压较低，扩容效应是一个关键因素（Cai 和 Zhao，2010）。然而，还需要进一步研究在更高的围压条件下扩容效应对井眼稳定性建模的影响。

为了更好地了解岩石破裂的过程，重点在于了解岩石在峰值应力前后的非线性特征；随后，使用本构模型进行数值模拟，测试各种负载条件下的破裂过程。然而，建立一个能够完全表征岩石应力—应变行为的本构模型是具有挑战性的，尤其是对于扩容效应的非线性响应。因此，在大多数的破裂准则中，如线性的 Mohr-Coulomb 和非线性的 Hoek-Brown 破裂准则，当岩体变形时，假定岩石的膨胀保持恒定。然而，恒定的剪胀角只是一个近似值，这在物理上是不可能存在的。通常假设膨胀恒定的原因是，超过峰值载荷时对岩石的扩容变化规律的了解甚少。一些研究（Lajtai 和 Lajtai，1974；Detournay，1986；Cai 和 Zhao，2010；Zhao 和 Cai，2010）表明，使用恒定剪胀角来建模是不现实的并且具有误导性，此外，人们还注意到剪胀角是塑性参数和围压的函数。

许多岩石样品的三轴压缩实验结果表明，随着围压的增加，岩石的膨胀逐渐降低（Scholz，1968；Scholz 等，1973；Besuelle 等，2000）。在低围压下，脆性行为占主导地位，同时伴随着应力下降时体积的明显膨胀（Brace，1978）。随着围压的增加，以轴向劈裂破坏为特征的脆性破裂逐渐变为剪切破裂，其具有局部剪切带的特征。变形过程包括应力的系统性下降，随后为局部的应变和膨胀的减小（Mari 等，2002）。需要根据剪胀角模型考虑围压和塑性剪切应变等两方面引起的影响。从文献（Lajtai 和 Lajtai，1974；Detournay，1986；Cai 和 Zhao，2010；Zhao 和 Cai，2010）中可以看出，剪胀角很重要，且在浅层稳定性建模中必须使用剪胀角模型 [<500m（1640ft）]。如果深层地层的岩石强度较强，建模时需要考虑扩容效应的影响。

在矿场已经观察到，在井眼附近岩石的破裂、变形和径向扩容高度依赖围压。在低围压条件下 [如在较浅深度，通常低于 500m（1640ft）]，钻进地下高应力的脆性硬岩时，胀裂是主要的破坏模式（Cai 和 Zhao，2010）。一旦超过裂缝破裂应力标准，岩石的体积形变就会急剧增加（Cai 和 Zhao，2004）。如 Kaiser 等（2000）所述，在井眼周围，应力性破裂岩体的体积增加主要来自三个方面：（1）新破裂生长导致的体积膨胀；（2）沿现存破裂或节理发育的剪切破裂；（3）大量破碎岩石进入井眼时，岩块相向移动导致体积膨胀。

因此，开采边界附近的岩石强度和扩容效应与在开采边界以外不同。Cai 和 Zhao（2010）最新的一项研究表明，随着围压的增加，井眼的位移量迅速下降，这意味着在不受支撑的钻孔边界（该处的最小水平应力 $\sigma_3 = 0$，切向应力为最大值），如果岩石破裂，岩石膨胀最大。随着远离开采边界，σ_3 增加，围岩的膨胀明显降低，并且在向更深的地层钻进时，其膨胀逐渐减小，直到在高围压条件下才最终消失。本文假设，在深部页岩层中，以钻井液相对密度设计的剪胀角恒定不变。然而，能证明该假设的模型并不存在。

（1）评估和量化 Pierre 页岩在不同围压条件下、不同层面角度下的扩容效应（通过体积—轴向应变关系进行三轴实验）。

（2）确定膨胀规模对钻井液设计的影响。

数据源于两个各向同性的固结排水三轴实验（CID）（倾角分别是 0° 和 90°），分析并确定本研究页岩的剪胀角。另外，在不同取样方向（0°、45°、60° 和 90°）的三轴实验（Islam，2011）和不同的围压条件下，观察不排水情况下页岩的应力路径。

7.1 扩容效应的回顾

本节重点介绍了扩容效应、扩容模型以及围压条件下与材料扩容相关的因素等基础理论。

7.1.1 剪胀角

在连续介质力学中，广泛用于测量扩容效应的参数是剪胀角（ψ），该参数可通过三轴压缩实验计算，即计算塑性轴向和体积应变的增量（Vermeer 和 de Borst，1984）。对于节理，剪胀角由直接剪切实验来确定，即沿着节理方向，水平面与切线方向位移的比值（Bandis 等，1983）。ψ 的物理意义可以理解为，沿着粗糙节理或颗粒的摩擦滑动，如图 7.1 所示。然而，在岩土工程中，特别是数值模拟研究考虑剪胀角的时候，大多数研究人员采用的方法往往很简单：通常假定剪胀角为 0°（非关联流动法则）或等于摩擦角（关联流动法则）。

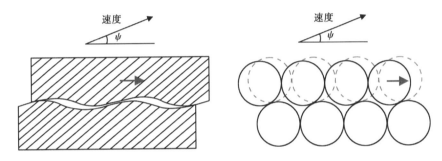

图 7.1　与沿着粗糙节理或颗粒界面的滑动有关的扩容效应（据 Vermeer 和 de Borst，1984）

Vemeer 和 de Borst（1984）从实验数据得出结论，对于土壤、岩石和混凝土来说，可以采用比摩擦角小的剪胀角（至少小 20°）。他们还推导出一个公式来估算剪胀角：

（1）正剪胀角（$\psi>0°$）表示土壤膨胀（扩大），导致体积增加。体积的增加对应于达到屈服点后剪切强度的增加。

（2）负剪胀角（$\psi<0°$）表示土壤收缩（塌陷），导致体积减小。体积的减小对应于达到屈服点后剪切强度的降低。

（3）$\psi=0°$ 是非关联流动法则的特殊情况。

Hoek 和 Brown（2002）根据其丰富的工程经验，提出了依赖岩体物性的恒定剪胀角。对于物性较好的岩石，他们建议剪胀角应约为摩擦角的四分之一；对于物性一般的岩石，建议取值为摩擦角的八分之一；对于物性较差的岩石，剪胀角微不足道。Ord（1991）使用数值模拟得出结论，对于大多数地质材料，尤其是脆性材料，剪胀角可能大于摩擦角，这在土壤或岩石力学中通常不被考虑。

7.1.2 恒定剪胀角模型

Detournay（1986）认为，假设剪胀角恒定是不切实际的。恒定剪胀角模型的缺陷是假设线性扩容；也就是说，扩容速率在一定的围压条件下是恒定的，并且随着岩石的变形，假设岩石的体积膨胀无限增加。然而，扩容率不是恒定的——当岩石发生形变较大时，它逐渐减小，最终达到 0°；也就是说，由于岩石不能无限膨胀，在较大的塑性应变之后，体积将不会扩大。因此，在大型塑性剪切过程中，线性膨胀并不能反映实际情况。

7.1.3 完整岩块的动态剪胀角模型

岩石和岩体通常表现为峰后应变软化或强度弱化，这是由于岩石的承载能力从峰值负荷状态逐渐减小到残余应力状态。可以引入塑性参数或软化参数（η）来说明强度变化的过程和模式，如图 7.2 所示。可以清楚地看出，完全脆性和完全塑性模型是应变—软化模型的特定情况：

（1）η 在弹性区域取值为 0。

（2）$\eta>0$ 表示应变软化，直到达到残余强度。如果强度下降（软化区域）的速率接近无穷大，即 $\tan s \to \infty$，则发生完全脆性形变。

（3）如果速率为零，即 $\tan s \to 0$，发生完全塑性形变。

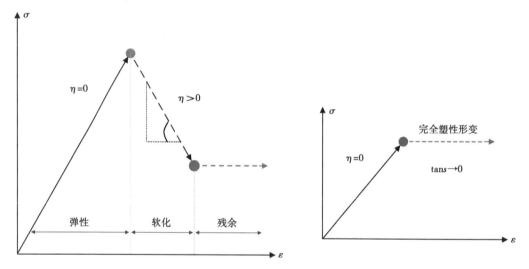

图 7.2 岩石的应变—软化模型（据 Alonso 等，2003）

s 表示软化倾斜角

从图 7.2 可以看出，塑性参数 η 在不同情况下有多种定义（Bieniawski，1967；Martin 等，1994）。本文不会描述扩容效应的本构模型，因为它已由 Lajtai 和 Lajtai（1974）、Detournay（1986）、Cai 和 Zhao（2010）、Zhao 和 Cai（2010）相继提出。他们的研究认为，塑性剪切应变速率和剪胀角之间的关系应符合动态剪胀角模型。然而，页岩实验很少描述剪切应变速率和剪胀角之间的关系。

7.2 剪胀角的确定

峰后区特性对于井眼稳定性来说很重要，因为它决定了测试材料在破坏发生后能承受多少负荷。峰后区特性由剪胀角表示，它表示塑性屈服期间体积的膨胀，也可以由 ε_v—ε_1 曲线的倾角来确定，如图 7.3 所示。正剪胀角意味着材料膨胀，而负剪胀角则意味着材料在破裂期间收缩。此外，在开始破裂之前，剪胀角与应力状态有关，因为材料发生了永久性的塑性变形。因此，可以通过画一条与塑性变形对应的轴向应变的线来获得剪胀角。

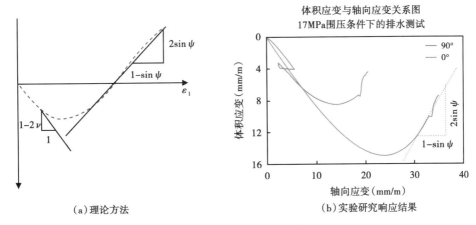

（a）理论方法　　　　　　　　（b）实验研究响应结果

图 7.3　材料膨胀的估计

ν 表示泊松比，ψ 表示剪胀角

Islam 等（2010）在另一项研究中分析了综合三轴应力模型，即在排水（CID）和不排水（CIU）测试条件下，不同围压和层理对材料变形和应力—应变行为的影响。本次研究采用了该测试数据。图 7.3b 显示了排水测试条件下的体积—轴向应变响应。当受力垂直于层理时（$\theta=0°$），对应的轴向应变程度为 27~33mm/m；当受力平行于层理时（$\theta=90°$），对应的轴向应变程度为 16~19mm/m。对于排水的三轴测试，垂直和平行于层理的剪胀角分别为 15°和 9.4°。垂直和平行于层理的材料摩擦角分别为 24.5°和 26°。如前所述，对于物性较好的岩石来说，假定剪胀角为摩擦角的四分之一，即 6.5°（对应于样品在 $\theta=90°$ 时）和 6.12°（对应于样品在 $\theta=0°$ 时）。这表明样品的几何结构对剪胀角的测量没有显著影响。然而，实验室的研究表明，不同几何形状样品的剪胀角的测量具有显著差异。因此，对于页岩来说，使用摩擦角来计算剪胀角的理论方法是不可行的。

7.3　压力路径与扩容

平均有效应力与偏应力（$p'—q$）曲线（图 7.4）显示了在三轴测试条件下不同平均有效应力的实验有效应力路径。理论上说，对于理想的不排水实验，有效应力路径应该是垂直的，因为在孔隙压力变化时，平均有效应力是不变的（总体积没有变化或 ε_v＝常数）。总应力路径将随孔隙压力的增加而倾斜，平均总应力等于孔隙压力的变化量。

理论上看，排水条件意味着样品中的孔隙压力是一个独立的变量，这意味着在测试期间孔隙流体压力可以保持在任何设定的值。在整个实验期间，样品内发生孔隙压力的平衡过程。由于孔隙压力恒定，有效围压也应该是恒定的（$\Delta\sigma'_3=0$）。在这种情况下，总应力路径在 $p'—q$ 图中具有 3:1 的倾斜度，这可以在数学上给出解释。

偏应力：$q=\sigma_1-\sigma_3$ （7.1）

或者 $\Delta q'=\Delta\sigma'_1-\Delta\sigma'_3$ （7.2）

平均有效应力：$p'=（\sigma_1+2\sigma_3）/3-p_f$ （7.3）

因为公式（7.1）和公式（7.3）中的 $\Delta\sigma'_3=0$ 且 $p_f=$ 常数，会产生如下关系：

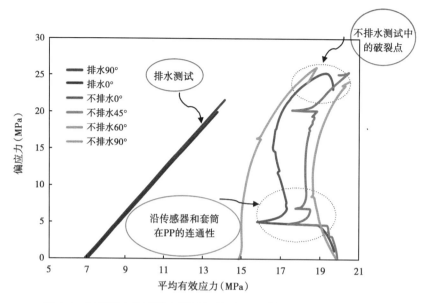

图 7.4　对于排水和不排水测试机制下，不同角度的 $p'-q$ 应力路径

$$\Delta q' = \Delta\sigma'_1 \qquad\qquad (7.4)$$

$$\Delta p' = \Delta\sigma'_1/3 \qquad\qquad (7.5)$$

$\Delta q'/\Delta p' = 3$ 意味着 $p'-q$ 图中有效应力路径的倾角受到为平均有效应力三倍的剪切应力的控制。然而，不排水（CIU）三轴实验中的有效应力路径则不同，它是由于孔隙压力增加引起的。此外，实验室实验表明，假设在不排水的条件下，弹性域内的有效平均应力也发生变化，可能是膨胀的迹象，即由于不排水的剪切载荷引起的孔隙压力的增加。通过对比 $p'-q$ 图中的应力路径响应，可以得出以下结论：

（1）平行于层理的样品（$\theta = 90°$），剪切强度略高于垂直于层理的样品（$\theta = 0°$）。对于平行于层理的样品（$\theta = 90°$），应力路径最初是垂直的（纯弹性），并且随后转向右侧，证明在剪切过程中表现为强烈的膨胀，因为在弹性区域中体积已发生膨胀。

（2）在钻井与层理法线呈 0°、45° 和 60° 角度下，得到的应力路径曲线最初向左倾斜，表明体积随着剪切的增加而减小（收缩）；而后向右侧倾斜，表明土壤的膨胀。

在真实的土壤中，实际上可以观察到由于剪切而导致的体积变化。弹性域中有效应力路径的倾斜度与膨胀系数 D_e 有关。弹性膨胀系数 D_e 不应与剪胀角（ψ）混淆。D_e 通常在屈服以前的弹性域内估算；在屈服点后，材料的膨胀用剪胀角表示。图 7.5 显示了在不排水的剪切条件下，由平均有效应力变化引起的 D_e 的响应。

从图 7.5a 可以看出，根据剪切作用下的材料膨胀行为，可观察到以下三种弹性膨胀参数响应：

（1）对于 $D_e = 0$（垂直曲线），膨胀为中性（弹性行为）。

（2）对于 $D_e > 0$（曲线向右倾斜），膨胀（在剪切过程中膨胀）。

（3）$D_e < 0$（曲线向左倾斜），收缩（在剪切期间紧缩）。

将弹性膨胀响应与实验室实验结果进行比较（图 7.6），可以看出，除了与层理呈 90° 的样品外，所有样品在剪切过程中均发生破裂，随后发生收缩。

126

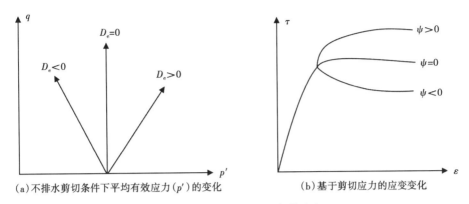

(a)不排水剪切条件下平均有效应力(p')的变化　　(b)基于剪切应力的应变变化

图 7.5　弹性膨胀系数（D_e）与剪胀角（ψ）

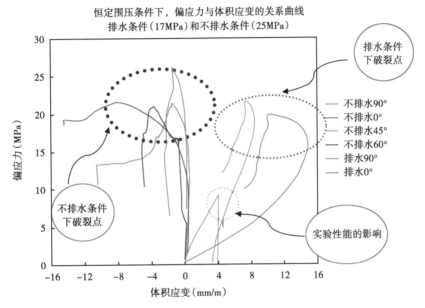

图 7.6　在恒定围压、排水和不排水条件下材料的膨胀响应

不排水条件下体积应变为负，意味着与轴向应变相比，两个径向变形变化较大；然而，排水条件下的
变化则完全相反，其轴向应变很大，净体积应变为正值

图 7.6 中的所有不排水实验样品表明，在偏应力增加到 10MPa 以前，体积应变为常数，属于弹性应变范围，之后数据发生分散。样品初始受到垂直于层理方向的载荷，产生弹性膨胀，而样品受到平行于层理的载荷时，偏应力到达更高值（23MPa）之前，体积应变为常数。对于排水测试，钻井垂直于层理的样品相比平行于层理的样品发生较大膨胀。样品受到与层理法线呈 45° 和 60° 的载荷时，峰值强度膨胀有限。

7.4　不同围压下材料的硬化—软化行为

改变围压对材料变形的影响较为显著。在围压的控制下，体积变化是不同的（图 7.7）。图 7.7 给出了应力下的材料硬化和软化响应。通过解释剪切引起的体积应变测试响应特征。

当载荷平行于层理（$\theta=90°$）时，体积应变不明显；但当载荷垂直于层理（$\theta=0°$）时，体积应变显著。样品的钻孔平行于层理时，弹性响应最大，与其他材料相比，该材料（$\theta=90°$）相对较硬。

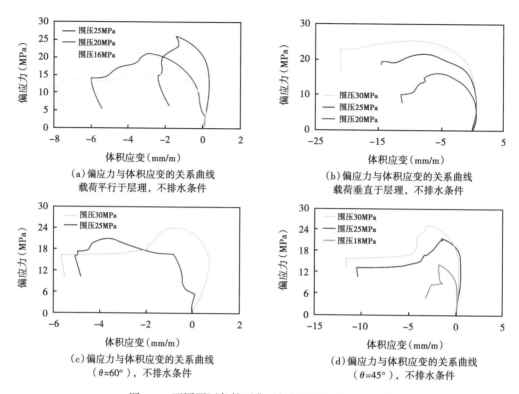

（a）偏应力与体积应变的关系曲线
载荷平行于层理，不排水条件

（b）偏应力与体积应变的关系曲线
载荷垂直于层理，不排水条件

（c）偏应力与体积应变的关系曲线
（$\theta=60°$），不排水条件

（d）偏应力与体积应变的关系曲线
（$\theta=45°$），不排水条件

图 7.7　不同围压条件下典型材料的硬化和软化特性

实验在不排水、单调载荷循环条件下操作；在弹性载荷区间，当样品在 30 MPa 围压条件下且载荷方向与
层理呈 60°时，显示出非线性的膨胀，可能是材料的非均质性导致的结果

从图 7.7 可以看出，在弹性部分，由于体积应变的变化几乎为零，所以曲线是垂直的。材料经过屈服点后，变成塑性，体积不再保持恒定，径向应变的总和大于轴向应变。此时，样品在横向上体积增大。例如，图 7.7a 可以观察到围压为 16 MPa 和 20 MPa 的样品向左移动，指示为短暂的弹性区域。此外，塑性区域内的偏应力保持不变。塑性区域内偏应力的下降，是材料达到其最大强度后的剩余强度。该结果在图 7c、d 中更为明显。还观察到，在 30 MPa 的围压下，对于载荷与层理呈 60°的样品来说，在弹性部分（体积减小期间）观察到收缩行为，而在塑性部分，材料体积增加（膨胀行为）。即使材料处于应力循环中的弹性载荷阶段，材料的非均质性、各向异性和早先存在的裂纹均可能导致收缩行为。

在不排水测试中看到完全相反的现象（图 7.8a）。在图 7.8a 中，由于较低的刚度，$\theta=0°$样品的体积变化较大。较硬的 $\theta=90°$ 样品不像 $\theta=0°$ 样品那样被压缩。在循环测试期间（图 7.8b），偏应力增加，但不是单调的，期间存在几次下降。这些下降代表卸载阶段。在卸载过程中，由于孔隙体积没有发生变化，曲线保持垂直。

尽管使用类似的实验材料，在循环和单调实验条件下，材料的硬化和软化响应也是不同的。在图 7.8b 中，循环测试中的材料比单调测试中使用的材料表现得更为强硬。体积应变线性增加，意味着材料的弹性变形达到一定程度（15MPa），随后开始膨胀。而在单调测试中，相同的材料表现不同。在初始加载阶段，材料由于软化而压实，导致孔隙体积减小，增加了孔隙压力并降低了有效应力。此外，随着剪切作用的加强，材料可能产生裂纹或微裂缝，将最终增加基质内的孔隙体积，此时材料开始发生膨胀，在 12MPa 的剪切强度下可观察到膨胀。

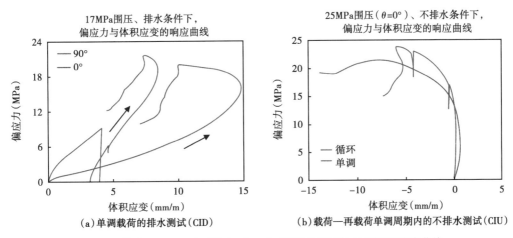

（a）单调载荷的排水测试（CID）　　　（b）载荷—再载荷单调周期内的不排水测试（CIU）

图 7.8　排水（CID）和不排水（CIU）测试条件下的材料膨胀响应曲线

样品在周期性载荷（b）中显示，在弹性载荷部分有时间更长的弹性响应

7.5　潜在应用

在排水和不排水条件下获得页岩的膨胀测量值被认为是一项极为困难且昂贵的任务。该项研究最显著的应用是解决页岩井眼稳定性数值模拟中的剪胀角问题（Islam 等，2010a）。这是一个苛刻的参数，不仅适用于钻井工程，还适用于岩土力学领域，即出砂分析、油藏压实、拱应力等。近年来，页岩气的潜力代表了一种新的非常规资源，页岩的相关信息可能对其他研究人员有价值。在模拟页岩气藏中压裂形成的复杂裂缝时，页岩剪胀角是一个非常重要的输入参数。地下储存的二氧化碳的应用也是如此。

7.6　实例——材料膨胀对孔隙压力和井眼位移的影响

研究材料膨胀对井壁周围材料屈服、孔隙压力分布的影响是很有必要的。Mohr—Coulomb 弹—塑性数值模型可用来实现该研究目标。Islam 等（2010b）介绍了该模型的建立、使用和输入参数的发展历程，他们使用该模型来量化近井壁区材料膨胀对井眼破裂的影响。同样地，他们也研究了膨胀导致的孔隙压力对钻井液设计的影响。然而，该项研究仅限于对不排水钻孔的分析。

模拟结果（图 7.9）表明孔隙压力的下降是显著的，并且与材料的膨胀相关，可通过模拟运算来进行量化。图 7.9a 显示了钻井在扩容时的孔隙压力响应。依赖应力的孔隙压力在井壁附近迅速下降，假设处于塑性区域。然而，当远离井眼时，孔隙压力显示为恒定的，假设进入弹性区域。该区主要受材料剪胀角的控制。较大的剪胀角可导致更高的压力下降和更大的塑性区域。在实验室调查研究中也观察到类似的现象。

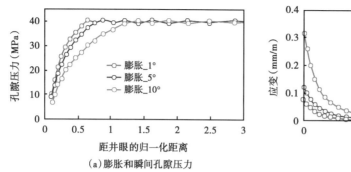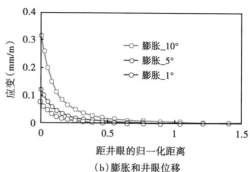

（a）膨胀和瞬间孔隙压力　　　　　　（b）膨胀和井眼位移

图 7.9　材料膨胀对瞬间孔隙压力和井眼位移的影响

在钻进过程中（a），孔隙压力在临近井壁附近下降

在本次研究中，还注意到井眼位移受材料膨胀的控制。剪胀角越大，井眼位移也越大（图 7.9b）。在这项研究中，使用三组数据，其中剪胀角变化（1°、5° 和 10°），其他参数保持不变。解释结果表明，剪胀角对井眼位移的影响非常显著。井壁处剪胀角为 10°，最大井眼位移是 35mm/m；而对于 0° 的剪胀角，最大井眼位移为 9mm/m。

7.7　结论

本文量化了页岩的扩容程度及其对井眼稳定性的影响及岩土力学相关应用。

（1）在排水测试中，材料的载荷平行于层理与垂直于层理（剪胀角通常为 15°）相比，前者具有较小的剪胀角（通常为 9°）。

（2）理论方法中，通过摩擦角来计算剪胀角并不是适用页岩的可行方法。

（3）由于孔隙压力的增加，材料在不排水实验期间收缩。然而，材料在不排水实验的弹性部分既不收缩也不膨胀，但在屈服开始后显示为膨胀特性。

（4）在井眼模型中，特别是在较浅的深度和较低的围压下，材料膨胀的影响是不容忽视的。

（5）材料扩容是屈服后影响钻孔位移的关键参数之一。扩张倾向较低的材料形变较小。对于韧性页岩，塑性和剪胀角是钻孔稳定性设计中的关键参数，为了获得更好的井眼稳定性，评估时必须将这两点考虑在内；而对于脆性页岩，可以忽略二者对井眼位移的影响。

（6）为了更好地了解压裂，塑性和剪胀角是页岩水力压裂模型的关键参数。

术语与缩写

UCS/C_0——单轴抗压强度，MPa；

p_f——孔隙压力，MPa；

θ——层理面的方向，°；

ψ——剪胀角，°；

D_e——弹性膨胀系数；

φ——摩擦角，°；

ε_v——体积应变，mm/m；

ν——泊松比；

E——杨氏模量，GPa；

q——偏应力，MPa；

p'——平均有效应力，MPa。

参 考 文 献

Alejano, L. R., and E. Alonso, 2005, Consolidations of the dilatancy angle in rocks and rock masses: International Journal of Rock Mechanics and Mining Sciences, v. 42, p. 481-507.

Alonso, E., L. R. Alejano, F. Varas, G. Fdez-Manin, and C. Carranza-Torres, 2003, Ground response curves for rock masses exhibiting strain-softening behaviour: International Journal for Numerical and Analytical Methods in Geomechanics, v. 27, p. 1153-1185.

Aoki, T., C. P. Tan, and W. E. Bamford, 1994, Pore pressure response of an anisotropic shale during loading in an undrained condition, in S. Shibuya, S. Mitachi, and T. Miura, eds., Pre-failure deformation of geomaterials: Rotterdam, Balkema, p. 451-456.

Bandis, S. C., A. C. Lumsden, and N. R. Barton, 1983, Fundamentals of rock joint deformation: International Journal of Rock Mechanics and Mining Sciences Abstracts, v. 20, p. 249-268.

Besuelle, P., J. Desrues, and S. Raynaud, 2000, Experimental characterisation of the localisation phenomenon inside a Vosges sandstone in a triaxial cell: International Journal of Rock Mechanics and Mining Sciences, v. 37, p. 1223-1237.

Bieniawski, Z. T., 1967, Mechanism of brittle fracture of rock, parts I, II and III: International Journal of Rock Mechanics and Mining Sciences Abstracts, v. 4, p. 395-430.

Brace, W. F., 1978, Volume changes during fracture and fractional sliding: a review: Pure and Applied Geophysics, v. 116, p. 603-614.

Brace, W. F., B. W. Paulding, and C. H. Scholz, 1966, Dilatancy in the fracture of crystalline rocks: Journal of Geophysical Research, v. 71, p. 3939-3953.

Cai, M., P. K. Kaiser, Y. Tasaka, T. Maejima, H. Morioka, and M. Minami, 2004, Generalized crack initiation and crack damage stress thresholds of brittle rock masses near underground excavations: International Journal of Rock Mechanics and Mining Sciences, v. 41, p. 833-847.

Cai, M., and X. G. Zhao, 2010, A confinement and deformation dependent dilation angle model for rocks, in Proceedings of the 44th US Rock Mechanics Symposium and 5th U. S-Canada Rock Mechanics Symposium, Salt Lake City, Utah, June 27-30.

Colmenares, L. B., and M. D. Zoback, 2002, A statistical evaluation of intact rock failure criteria constrained by polyaxial test data for five different rocks: International Journal of Rock Mechanics and Mining Sciences, v. 39, no. 6, p. 695-729.

Cook, N. G. W., 1970, An experiment providing that dilatancy is a pervasive volumetric property of brittle rock loaded to failure: Rock Mechanics and Rock Engineering, v. 2, p. 181-188.

Detournay, E., 1986, Elastoplastic model of a deep tunnel for a rock with variable dilatancy: Rock Mechanics and Rock Engineering, v. 19, p. 99-108.

Eberhardt, E., D. Stead, and B. Stimpson, 1998, Identifying crack initiation and propagation thresholds in brittle rock: Canadian Geotechical Journal, v. 35, p. 222-233.

Gazaniol, D., F. Thierry, M. J. F. Boisson, and J. M. Piau, 1995, Wellbore fail-mechanisms in shales-prediction and prevention: Journal of Petroleum Technology, v. 47, no. 7, p. 89-95.

Haimson, B. C., and C. Chang, 2000, A new true triaxial cell for testing mechanical properties of rock, and its use to determine rock strength and deformability of Westerly granite: International Journal of Rock Mechanics and Mining Sciences, v. 37, p. 285-296.

Hassani, F. P., M. J. White, and D. Branch, 1984, The behaviours of yielded rock in tunnel design: Stability in underground mining Ⅱ. Lexington, Kentucky.

Hoek, E., C. Carranza-Torres, and B. Corkum, 2002, Hoek-Brown failure criterion, *in* Proceedings of the Fifth North American Rock Mechanics Symposium, Toronto, p. 267-273.

Islam, M. A., 2011, Modeling and prediction of borehole collapse pressure during underbalanced drilling in shale. Doctoral dissertation, Norwegian University of Science and Technology, Trondhwim, Norway.

Islam, M. A., and P. Skalle, 2010a, Shale dilatancy impact on borehole failure. Poster presented at AAPG Shale Critical Resources, December 5-10, Austin, Texas.

Islam, M. A., P. Skalle, and O. K. Søreide, 2010b, Evaluation of consolidation and material yielding during underbalanced drilling well in shale—a numerical study. Paper presented at the 44th U. S. Rock Mechanics Symposium and 5th U. S. -Canada Rock Mechanics Symposium, Salt Lake City, Utah, June 27-30.

Kaiser, P. K., M. S. Diederichs, C. D. Martin, J. Sharp, and W. Steiner, 2000, Underground works in hard rock tunnelling and mining. Keynote lecture at GeoEng 2000, v. 1. Melbourne, Australia Technomic Publishing Co., p. 841-926.

Lajtai, E. Z., and V. N. Lajtai, 1974, The evaluation of brittle fracture in rocks: Journal of the Geological Society, London, v. 130, p. 1-16.

Mari, K., S. Elphick, and I. Main, 2002, Influence of confining pressure on the mechanical and structural evolution of laboratory deformation bands: Geophysical Research Letters, v. 29, p. 1-4.

Ord, A., 1991, Deformation of rock: a pressure sensitive, dilatant material: Pure and Applied Geophysics, v. 137, p. 337-366.

Scholz, C. H., 1968, Microfracturing and the inelastic deformation of rock in compression: Journal of Geophysical Research, v. 73, p. 1417-1432.

Scholz, R. N., H. C. Head, and D. R. Stephens, 1973, Stressstrain behaviour of a granodiorite and two graywackes on compression to 20 kilobars: Journal of Geophysical Research, v. 73, p. 1417-1432.

Vermeer, P. A., and R. de Borst, 1984, Non-associated plasticity for soils, concrete and rock: Heron, v. 29, p. 1-64.

Zhao, X. G., and M. Cai, 2010, A dilation angle model for rocks: International Journal of Rock Mechanics and Mining Sciences, v. 47, no. 3, p. 368-384.

第8章 克拉通盆地泥页岩的胶结作用

Kitty L. Milliken   **Ruarri J. Day-Stirrat**

Shell Technology Center Houston 3333 Highway 6 South Houston, Texas, U. S. A. 77082
(e-mails: kitty. milliken@ beg. utexas. edu, ruarri. day-stirrat@ shell. com)

摘要 本文回顾了泥页岩成岩机制的岩石学依据。与砂岩和石灰岩类似，泥页岩在成岩过程中也经历了明显的压实作用和胶结作用，但尚不确定泥页岩中这两个过程的重要性。泥页岩中的胶结物充填于原生孔隙和次生孔隙中。粒间胶结物、粒内胶结物以及裂缝充填中的胶结物在泥页岩中都能观察到。可见，泥页岩中胶结物的存在形式和分布特征包括了砂岩、石灰岩中呈现的所有类型。推移沉淀作用是一种化学—机械过程，在泥页岩中可以频繁发生，而在砂岩和石灰岩的胶结作用中较不常见。总体而言，在砂岩和石灰岩中常见的自生矿物，在泥页岩的自生矿物组合中同样常见。

沉积速率是影响泥页岩胶结作用的一个重要因素。在沉积物缓慢堆积的情况下，胶结物通常以碳酸盐和磷酸盐矿物高度富集的形式存在于沉积物—水界面附近。相反，由于地热影响下的碎屑物易发生成岩作用，快速沉积的泥页岩容易在更深的地层中发生岩化。

泥页岩中的自生石英对于了解泥页岩的力学性能具有特别的意义，需要对其更加深入地研究。石英矿物发生的颗粒置换和裂缝充填很容易记录在泥页岩中，但粒间的石英胶结是否存在缺乏有力证据。关于自生石英在泥页岩微孔中的富集，或许通过透射电子显微镜进行高分辨率成像才能解决。

在沉积岩如砂岩、石灰岩和泥页岩（页岩和泥岩）中，自生矿物在粒间孔隙空间沉淀，会堵塞孔隙并会使颗粒胶结，极大地改变了岩石的基本特性（Dvorkin 等，1991；Bernabé 和 Brace，1992；Storvoll 和 Bjorlykke，2004；Olson 等，2009）。在砂岩和石灰岩中做了很多实验以验证胶结作用（Scholle，1979；Scholle 和 Ulmer – Scholle，2003；Milliken 等，2007；Milliken 和 Choh，2011）。在砂岩中，综合考虑渐进式石英胶结与地下孔隙度、渗透率和岩石力学性质的演变，建立了预测模型（Lander 和 Walderhaug，1999；Laubach 等，2004；Lander 等，2008；Olson 等，2009）。由于泥页岩组分的晶体粒度较小（Schieber 和 Zimmerle，1998），导致目前对泥页岩，尤其是泥页岩中胶结作用的认识并不像其他类型碎屑岩那样完善。然而，人们逐渐认识到泥页岩可以作为天然气和石油的重要储层（Kerr，2010），为了更好地预测孔隙度、渗透率与储层物性相关的岩石力学性质，关于泥页岩中胶结作用的一系列研究应运而生。本文主要回顾了泥页岩中胶结作用的证据。

8.1 样品

表8.1中列出了从前几次研究及本次研究取得样品的岩石学数据。以泥页岩为主的地层单元主要分为两类：（1）在大陆边缘环境中，快速沉积形成的以厚层泥为主的沉积物；

（2）在被动边缘地台和克拉通盆地缓慢堆积形成的薄层泥页岩。目前人们所熟知的页岩含气单元大多都属于第二类泥页岩，本文列举的胶结作用实例以此类泥页岩为主；而针对大陆边缘厚层泥页岩的成岩特征，前人已经进行了一定研究（Milliken，1989，1992；Milliken 和 Land，1993；Milliken，1994，2004；Day-Stirrat 等，2010a，b；Milliken 和 Reed，2010）。

8.2　胶结物的定义

广义上的胶结物是指从水溶液中沉淀出来（自生物质）并进入岩石初始孔隙空间的矿物质。实际科研工作中，其在砂岩和石灰岩中的应用有所不同（图 8.1）。砂岩中，胶结物通常狭义地用来描述在颗粒表面成核并填充原生粒间孔隙的自生物质（图 8.1）（Milliken 等，2007）。结合砂岩胶结物，粒间体积（Lundegard，1992；Ehrenberg，1993；Paxton 等，2002）可广泛应用于衡量砂岩的压实程度：

粒间体积[1] =粒间孔隙+胶结物+（基质）

[1]所有参数都是相对全岩的体积分数。

在砂岩中，占据初始颗粒空间的自生矿物通常定义为沉积交代的产物。为了更好地理解压实作用，这些自生矿物也被计入颗粒体积。另外考虑到成岩过程中的物质平衡，对这些自生矿物的含量也进行了单独计算。

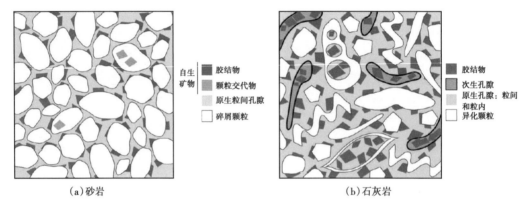

图 8.1　砂岩和石灰岩中胶结相关术语的用法对比

泥页岩研究中使用的术语与石灰岩中的用法相似

表 8.1　研究样品的岩石学数据

单元	位置	年代	沉积环境	沉积物源	最大厚度（m）	沉积时间（Ma）
未命名软泥[1]	日本东部近海	更新世	增生楔[8]	盆外	1000	15
Frio 组[2]	得克萨斯州南部墨西哥湾沿岸	渐新世	被动大陆边缘[9]	盆外	2000	8
Wilcox 组[3]	得克萨斯州中部墨西哥湾沿岸	古新世	被动大陆边缘[10]	盆外	1500	13

单元	位置	年代	沉积环境	沉积物源	最大厚度（m）	沉积时间（Ma）
Tuscaloosa 组[4]	密西西比州	白垩纪	被动陆架[11]	盆外及部分盆内	70	15
Haynesville 页岩[5]	得克萨斯州东部/路易斯安那州	侏罗纪	被动陆缘地台[12]	盆外、盆内混合型	90	10
Atoka 组[6]	得克萨斯州北部	宾夕法尼亚纪	克拉通前陆盆地[13]	盆外、盆内混合型	45	8
Barnett 页岩[7]	Fort Worth 盆地	密西西比纪	克拉通前陆盆地[14]	盆外、盆内混合型	100	22

之前的岩相学研究：

[1] Milliken 和 Reed（2010）；

[2] Milliken（1992）；Milliken 和 Land（1993）；

[3] Day-Stirrat 等（2010a，b）；

[4] Lu 等（2011）；

[5] Hammes 等（2011）；

[6] Carr 等（2009）；

[7] Milliken 等（2011）；

地层/构造研究：

[8] Kinoshita 等（2009）；

[9] Galloway（2001）；

[10] Galloway（2001）；

[11] Mancini 等（1987）；

[12] Hammes 等（2011）；

[13] Carr 等（2009）；

[14] Montgomery 等（2005）。

由于石灰岩中存在大量的原生粒内孔隙和不稳定的易溶文石颗粒，所以胶结物这一术语在石灰岩中的应用比较宽泛，可以用来表示所有孔隙充填矿物（Scholle 和 Ulmer-Scholle，2003；Milliken 和 Choh，2011）。在石灰岩中，如无法证明自生矿物（通常是白云石或微石英）是通过沉淀作用进入孔隙空间的，通常称之为交代物。

在本文中，胶结物的定义与石灰岩中应用的定义基本吻合。该定义基于大多数泥页岩和石灰岩的共同点，尤其是在常见生物含量和生物习性方面非常相似，体现了早期成岩作用的影响。

8.3 前人研究的限制因素

在研究泥页岩中可能发育的胶结物前，需要考虑泥页岩中胶结物的晶体尺寸和特点。孔隙度—深度图中的趋势线经常被描述为压实曲线，但在许多公开发表的图中，这些趋势线更精确的描述为孔隙度降低曲线，因为仅凭孔隙度值找不到压实作用和胶结作用导致孔隙度降低的直接证据（Athy，1930；Giles 等，1998）。自然系统中，胶结作用在埋藏过程中减少孔隙空间，理论上至少是可能的。

图 8.2 为 Proshlykov（1960）和 Velde（1996）的研究数据，两条泥页岩孔隙度降低曲线是通过实际岩心取样和测量获得的，另外图中还展示了石英砂岩（Paxton 等，2002）和岩屑砂岩的压实趋势线（Pittman 和 Larese，1991）。Velde（1996）通过现代大洋钻探获取的数据表明，沉积表面的软泥具有很高的初始孔隙度，同时由于此类泥页岩的孔隙度受到胶结作用的影响最小，从而具有很强代表性。Proshlykov（1960）研究了沉积盆地中白垩系和侏罗系泥页岩的数据，显示为在深埋阶段［>2km（1.2mile）］泥页岩的孔隙度变化范围。孔隙度逐渐下降反映的是压实作用和胶结作用的叠加效果，但还不清楚哪种作用占主导地位。

图 8.2 中的孔隙度下降趋势位于 Mondol 等（2007）根据大量数据总结的趋势线的中部至左侧。上述基于大量数据的趋势线是根据间接手段测量压实或室内实验等获得。从这些曲

线可以看出，对比砂岩，泥页岩明显地显示出更高的初始沉积孔隙度，并且在埋藏阶段孔隙度损失更多。深度在 1.5km（0.93mile）时，Paxton 等（2002 年）认为压实稳定后石英砂岩的粒间体积为 26%，而同等深度下泥页岩的孔隙度大部分低于该值。泥页岩孔隙度的下降趋势类似于含塑性页岩的岩屑砂岩的压实过程（图 8.2 中虚线；Pittman 和 Larese，1991）。通过对浅部快速沉积软泥的岩化过程定性研究发现，泥页岩主要的胶结作用需要在高温条件下进行。一种观点认为，与砂岩相比，泥页岩的胶结作用在早期埋藏阶段发生更为快速，说明早期埋藏阶段胶结作用对泥页岩孔隙度的影响也不能完全排除。Velde（1996）提出了大陆边缘厚层泥岩的孔隙度下降曲线，它们在相对较低的地热梯度条件下埋藏，减少了胶结作用发生的可能性。

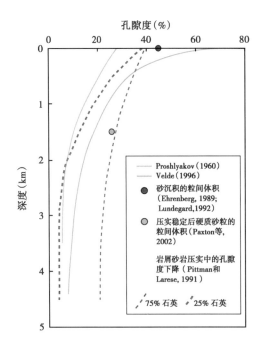

图 8.2　孔隙度下降曲线及其与砂岩
压实趋势（1km＝0.62mile）的对比

整个盆地的孔隙度下降曲线与 Athy（1930）提出的类似，即随着深度/有效应力的增加，孔隙度呈指数递减。初始孔隙度、颗粒大小和组分共同决定了这些孔隙度下降曲线的形状。简而言之，孔隙度下降曲线的形状是由显微组构决定的，反过来说，显微组构又控制了胶结作用时的空间特征。在浅埋藏阶段 [<1500m（<4921ft）]，颗粒的胶凝作用和复杂的内部排列决定显微组构，这种显微组构被 Terzaghi（1925）和 Casagrande（1932）称为蜂窝状结构。物理化学作用将胶凝物质结合到一起，片状颗粒中以边—面和面—面接触的形式呈现，而片状颗粒的接触关系取决于包含胶凝物质的孔隙流体的离子强度。胶凝物质的初始空间及其结合强度决定了孔隙的大小和分布，而这些孔隙在早期埋藏阶段可能充填了胶结物。

在自然压实状态下（Velde，1996）或在实验室的测量中（Skempton，1970；Burland，1990），随着有效应力的增加，孔隙度以指数形式下降，颗粒间彼此靠得更近，相互吸引更加强烈，形成更多的交织结构。在最初 1000m（3280ft）的埋藏过程中，孔隙度通常从最初的 30%~80% 开始下降，但是在该埋藏阶段，软泥通常仍可以通过水合作用和超声作用分解为其组成颗粒（表明缺少胶结作用），随着孔隙度的下降，不排水抗剪强度增加（Bartetzko 和 Kopf，2007），所以分解的难度也会不断增加。

在实验室中，当将垂直载荷施加到样品上时，样品孔隙度会下降。当释放该负载时，样品压力卸载，发现孔隙度相应增加，然而样品从未达到其初始孔隙度。当重新施加载荷时，孔隙度降低到与原始固结曲线重合的点（Lambe 和 Whitman，1969；Karig 和 Ask，2003），随后孔隙度持续呈指数形式下降。

为了测试机械载荷和化学过程的影响，Nygårdet 等（2006）对两个具有相似矿物成分的 Kimmeridge 组黏土样品设计了一个有趣的实验，其中一个样品初始孔隙度高、埋藏浅，另一个样品则具有较低的孔隙度、埋藏较深。他们发现仅根据机械压实和埋深理论，不足以解释两个样品在单轴和三轴测试中表现出的流体力学差异。他们得出的结论是，埋藏较深的样品通过孔隙间矿物质的淀析已经发生了化学成岩作用。在墨西哥湾的深水泥页岩中，成岩作用（特别是离散的蒙皂石消失）与孔隙度的下降及模态孔喉尺寸的减少相一致（Aplin 等，2006）。在恒定的有效应力下，蒙皂石的伊利石化（Hower 等，1976；Boles 和 Franks，1979）可以降低孔隙度（Lahann 等，2001；Lahann，2002）；其他研究证实了这一假设（Katsube 和 Williamson，1994；Nadeau 等，2002）。

Ahn 和 Peacor（1986）、Inoue 等（1987）应用高分辨率透射电子显微镜（TEM）进行研究表明，伊利石化的转变可能介于固态转变和溶解—沉淀之间，转化过程中矿物的生长取决于伊/蒙混层的形态（Ahn 和 Peacor，1986；Bell，1986）。如果伊利石化反应机制的本质是溶解—沉淀（Hower 等，1976；Boles 和 Franks，1979；Ahn 和 Peacor，1986；Inoue 等，1987）——要么直接成核、充填孔隙，要么在现有黏土矿物上成核、次生加大——那么黏土矿物淀析可能会是泥页岩中胶结作用的主要形式。胶结作用和载荷响下的压实作用（Athy，1930；Hedberg，1936）对泥页岩孔隙度的下降有显著的影响。

随着深度的增加，软泥会变得坚硬，间接证据表明在该过程中胶结作用也发挥着作用，但确切地说，软泥固结成岩的过程究竟是如何叠加的，目前仍属于未知。在最初 1km 左右的埋藏过程中，虽然泥页岩中含有大量孔隙空间供胶结物侵入（图 8.3），但是和粗粒岩石中的胶结作用相比，人们认为泥页岩中的胶结作用会受到明显抑制，原因如下。

（1）减小的成核面。在砂岩中，颗粒包壳特别是黏土颗粒，显著抑制了一些常见的胶结物，如石英、钠长石和铁白云石，这些胶结物分别需要碎屑石英、长石和白云石形成的特定核形基底（Heald 和 Larese，1974；Pittman 等，1992；Ehrenberg，1993；Aase 等，1996；Jahren 和 Ramm，2000；Bloch 等，2002）。通过类比可知，泥页岩中几乎不含这种类型的胶结物，从定义就可以知道，泥页岩可能提供合适成核位置的粉砂级颗粒中，几乎全被黏土级碎屑颗粒紧紧包裹。

（2）晶体—化学限制。晶体的成核和生长依赖晶体尺寸，这种依赖性对泥页岩的胶结作用会产生重大影响。在小尺寸（亚微米）晶体的情况下，与表面积有关的能量（界面能）可能比其他驱动成核和生长的能量更大，导致较大尺寸晶体继续生长，而小尺寸晶体发生溶解。Emmanuel 等（2010）研究发现，在尺寸为亚微米级别的石英晶体中，这些影响更加明显，因此限制了泥页岩主要孔径内的胶结作用数量。还有另外一种晶体尺寸效应，相比大的晶体，小晶体在成核后更快地达到自形形态，导致生长速率降低，这是砂岩中的一种效应，不同颗粒大小的次生加大边现象非常明显（Lander 等，2008）。对于泥岩中可用于胶结作用的微米—亚微米尺寸的晶体（图 8.3 说明了埋藏早期的尺寸界限），大多数晶体的生长速率都比相邻砂岩慢。

（3）在墨西哥湾厚层新生界泥页岩单元中，与砂岩相比，泥页岩中普遍缺乏碳酸盐胶结物（Milliken 和 Land，1993）。但是该泥页岩中有碳酸盐碎屑（陆源碳酸盐碎屑和海洋生物骨骼碎屑）溶解的证据，因此可以这样假设：有机质或黏土矿物反应产生的酸性孔隙流体可能会抑制泥页岩中碳酸盐的胶结作用（Milliken 和 Land，1993 年）。如果黏土矿物反应确实会产生酸性孔隙流体，则泥页岩中可能普遍缺乏与埋藏相关的碳酸盐胶结。

（4）运移限制。基于砂岩的研究结果表明，诸如石英（Walderhaug，1994，1996）和钠长石（Perez 和 Boles，2005）等矿物通常受到反应控制，导致沉淀速率太慢，以至于对元素迁移不敏感，即使当元素通过扩散的方式迁移时也是如此。对于这种矿物，运移（无论是通过扩散、平流还是某种组合）不会对胶结物的空间分布起作用，该观点符合砂岩中这些矿物相关的结核结构或晕结构较稀有的特征（Milliken，2004）。在泥页岩中，当其渗透率比典型的砂岩低几个数量级时，尚不确定是否受到相似的反应控制（Dewhurst 等，1999）。相对于沉淀速率，如果运移速率足够慢，那么相比相邻砂岩，泥页岩中胶结物的沉淀可能会受到抑制。

相应地，提出了几点有助于提高泥页岩胶结程度的因素。

（1）成核作用的近地表效应。在泥页岩的小孔隙中，晶体表面彼此接近。在砂岩（Boles 和 Johnson，1983）和粉砂质泥页岩（Lu 等，2011）中，与矿物表面局部条件相关的短程吸引力和排斥力会对矿物成核和生长产生重要影响（Alcantar 等，2003），并可能导致方解石和其他矿物在云母表面发生局部沉淀。由于页岩中存在大量层状硅酸盐表面，上述影响可能导致其胶结作用增强。

（2）运移限制。某些胶结物的沉淀需要元素输入，而岩石的低渗透率可能会抑制此类胶结物的形成。同理，由于泥页岩中的碎屑成分相互反应（Bjørlykke，1994），岩石渗透率过低也会抑制元素的输出，从而诱发局部沉淀。

关于上述抑制或增强胶结作用的几点，都不能排除或者证明泥页岩中胶结作用的存在。然而，无论泥页岩阻碍胶结物的相对趋势如何，这些都是证明泥页岩胶结作用的理论因素，并且泥页岩表现出的胶结作用与粗粒岩石有所不同。

通过扫描电子显微镜（SEM）对埋深较浅的泥页岩的孔隙进行观察发现，泥页岩中存在大量的原生粒间孔隙以及原生粒内孔隙（图 8.3）。因此，泥页岩的早期压实为胶结物的进入提供了充足的空间。即使处在埋藏的早期阶段，泥页岩中的孔隙也已经很小（平均为亚微米级），要想通过成像清楚地记录胶结作用，通常需要使用高分辨率手段，如透射电子显微镜（TEM）。在经历更久成岩作用的页岩中，深埋阶段可供胶结物进入的孔隙更小，尺寸为几十纳米甚至更小（Loucks 等，2009；Nelson，2009）。

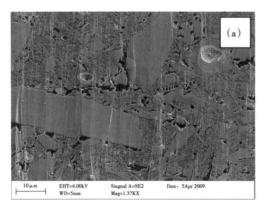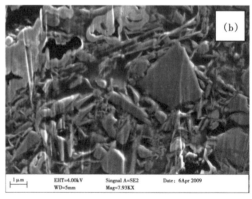

图 8.3 早期埋藏阶段泥页岩中的孔隙

更新世 Nankai 增生楔，深度 231m（757ft），氩离子抛光横截面的二次电子图像；（a）孔隙类型以原生粒间孔为主，并含有少量不同类型的粒内孔；（b）在高倍放大的图像中，可以分辨出黏土颗粒之间较小的原生粒间孔隙，该图像中孔隙的平均等效圆直径为 0.42μm，范围为 0.5~2μm，30%左右的孔隙肉眼可见，表明有相当大一部分孔隙（在该样品中接近 50%）在图中难以测量

8.4 泥页岩中胶结物的实例

通过多种岩相成像方法获得的显微照片（图8.4—图8.7）解释了泥页岩中的胶结物。图8.4显示了克拉通盆地泥页岩粒间胶结物的实例。Milliken和Land（1993）记录了一种在

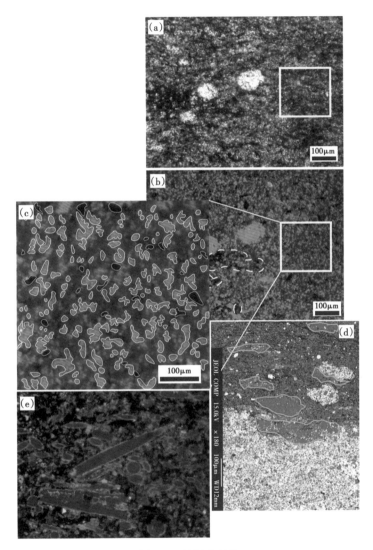

图8.4　粒间胶结物

所有样品均来自Fort worth盆地Barnett页岩；（a）层状黏土质微晶灰岩中的粒间方解石胶结物，该胶结物还充填了未压实的钙化放射虫（圆形结构），据Milliken等（2011），平面偏振透射光图像；（b）在基于冷阴极的阴极发光仪器中观察到的图（a）区域，岩石的颗粒结构明显，具有亮色和暗色组分，据Milliken等（2011）；（c）对图（b）中纹理细密且相对均匀区域的放大，亮色和暗色的粉砂级颗粒用黄色的轮廓圈出，位于这些颗粒空隙之间的是胶结物，这些胶结物包裹着其他亮色黏土级颗粒，具有均质性，亮度中等，据Milliken等（2011）；（d）潜在的硬石灰岩层内的微晶磷酸钙胶结物（图像下半部分的亮色物质），磷酸盐碎屑是在上覆粉砂质泥页岩中观察到的，大量凝集的有孔虫用绿线圈出，背散射电子图像；（e）明亮发光的方解石胶结物覆盖在钙化（方解石交代）海绵骨针的边缘，暗色物质为硅质沉积物，冷阴极—阴极发光图像

大陆边缘厚层泥页岩中普遍存在的孔隙充填胶结物。图 8.5 显示了超大原生粒内孔内（主要是生物颗粒的粒内孔和裂隙充填）形成的自生沉淀物。该类型的胶结物在大陆边缘的泥页岩中也有记录（Milliken，2004）。图 8.6 显示了粉砂级和砂级颗粒的交代。大陆边缘泥页岩中记录了大量的颗粒交代，这些交代发生的形式主要是碎屑蒙皂石的伊利石化（Rask 等，1997）以及碎屑长石的钠长石化和方解石化（Graniken，1992）。图 8.7 对自生沉淀物进行了解释，该沉淀物解释为在早期成岩过程中未固结软泥交代形成的。迄今为止，这种自生成岩作用类型在大陆边缘厚层泥页岩中还未被发现。图 8.8 说明 Barnett 页岩中的粉砂级石英颗粒普遍缺乏次生加大胶结，大陆边缘的厚层泥岩通常也具有该特征（Milliken，1994；Land 和 Milliken，2000；Day-Stirrat 等，2010b），仅少数地区异常（Land 和 Milliken，2000）。

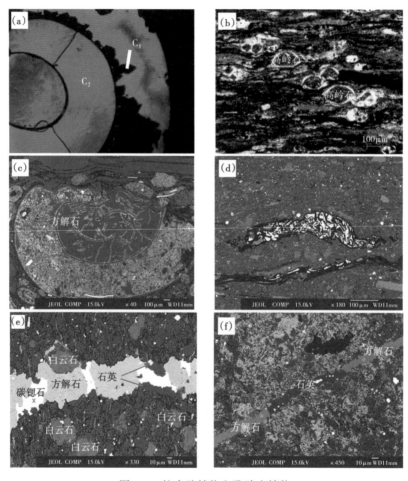

图 8.5　粒内胶结物和孔隙充填物

（a）两代方解石（C_1、C_2）——早期形成的为暗色（C_1），充填未压实的头足类动物介壳，Barnett 页岩，冷阴极—阴极发光图像；（b）高岭石充填未压实的浮游有孔虫介壳，Eagle Ford 组，正交偏振透射光图像；（c）含有少量压实碎片的头足类动物介壳被磷酸钙胶结物（亮色）和方解石充填，Barnett 页岩，背散射电子图像；（d）陆源有机质（黑色）的原生孔隙（细胞结构？）被黄铁矿充填（白色），Barnett 页岩，背散射电子图像；（e）近乎垂直的裂隙（图中的层理是垂直的）被复合矿物组合充填，石英似乎首先成核，但仅在局部，沿着裂缝壁分布，锶（钙）—碳酸盐（碳锶石）仅在石英上成核，并形成穿过裂缝的"桥梁"，方解石充填剩余的裂缝空间，Barnett 页岩，背散射电子图像；

（f）裂缝被方解石、石英和重晶石（石英中的白色夹杂物）充填，Barnett 页岩，背散射电子图像

140

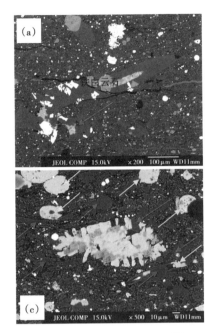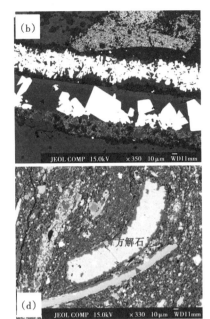

图 8.6 颗粒交代

（a）海绵骨针（以前的生物蛋白石）被复杂的矿物组合置换，该矿物组合包括石英（更大块的骨针）、铁白云石和黄铁矿（白色），另外，自生绿泥石填充了骨针内的原生粒内孔（中心管），注意破碎的骨针（箭头），其中裂缝横切充填孔隙的绿泥石颗粒，表明绿泥石（或其母体）为早期交代产物，Barnett 页岩，背散射电子图像；（b）两个被铁的硫化物交代的薄壁双壳类动物，下壳体中的自形晶体是黄铁矿，但是上壳体中更多的纤维状晶体可能是黄铁矿，Barnett 页岩，背散射电子图像；（c）放射虫介壳（以前的生物蛋白石）几乎完全被方解石（在背散射扫描电镜下更亮）和白云石（在背散射扫描电镜下更暗）交代，大的红色箭头表示一小部分被石英交代的区域，注意之前的蛋白石异化颗粒，现在大量被方解石（黄色箭头）和石英（小红色箭头）交代，原来具有相似组分的颗粒被不同矿物交代的原因还是未知，Barnett 页岩，背散射电子图像；（d）之前的文石质双壳类介壳被方解石充填，并且其边缘被硅化（石英，红色箭头），Barnett 页岩，背散射电子图像

8.5　讨论

总体而言，在砂岩和石灰岩中形成的矿物相在泥页岩中同样也可以观察到。泥页岩中的自生组分，可作为原生和次生粒间孔、粒内孔以及裂缝的填充物，这一点与砂岩和石灰岩中自生组分的存在形式和石空间分布也十分相似。

8.5.1　粒间胶结物

从大量的相关文献来看，成核胶结作用作为一种高度局部化的粒间胶结，在泥页岩中常见，并且许多文献判断其结核发育的时间代表了粒间物质在预压实阶段的富集。由于含碳酸盐的异化颗粒难以与周围的胶结物区分开来，所以根据结核体的粒间体积来评估其压实状态存在一定难度。然而，通过观察和实验通常可以证明泥页岩内部较大的粒间体积和一种预压实成因（Lash 和 Blood，2004a；Day-Stirrat 等，2008c；Milliken 等，2011）。局部区域发生磷酸盐胶结作用的现象在泥页岩中也很常见（Glenn 和 Arthur，1988；Soudry 和 Lewy，1990），并且这些区域通常也被认为代表沉积物—水界面附近的矿化带。

上文提到的例子是一些局部大量发育的胶结物，该特点使得它们比较易于记录。由于这些胶结物经历了早期的预压实阶段，因此它们充填的孔隙可以像存在于泥质沉积物中的孔隙一样大（尽管大部分仍然为亚微米级别）。

对于充填压实泥页岩中微米—亚微米孔隙的胶结物成像，技术上困难很大，所以很少有文献记录深埋阶段泥页岩的粒间胶结物。

砂岩中常见典型石英胶结物类型很少出现在泥页岩中：颗粒包壳型次生加大胶结（图8.8）。有研究提到，这种胶结物在墨西哥湾盆地的富黏土泥页岩（Land 和 Milliken，2000）以及结构近似细粒砂岩的粉砂层（Day-Stirrat 等，2010b）中孤立存在。Thyberg 等（2009）、Thyberg 和 Jarhren（2011）将北海白垩系泥页岩中阴极发光较弱且呈淡红色的微晶石英（直径一般在 1μm 范围内）解释为蒙皂石伊利石化期间释放二氧化硅的产物。虽然被解释为胶结物，但是所讨论的晶体（Thyberg 等，2009；Thyberg 和 Jarhren，2011）是否在黏土级石英颗粒上以次生加大的形式分布，或者作为游离晶体在黏土的层间孔隙内成核，从二次电子图像上是看不清楚的。

鉴于纯净的成核基质在石英成核过程中的重要性，以次生加大形式存在的自生石英在泥页岩中似乎并不常见。软泥的压实过程如上述描述一样，当岩石埋入适合石英胶结的地热带时，颗粒边缘的孔隙度通常会大大降低。生物或火山蛋白石向微晶石英的热力驱动转化在砂岩（Hendry 和 Trewin，1995）和页岩中（Pisciotto，1981；Spinelli，2007）形成了孔隙充填胶结物。

8.5.2　粒内胶结物和裂缝充填

原生粒内胶结物和裂缝充填物通常是在异常大的孔隙内发生沉淀作用的实例，并且这种现象在所有沉积环境形成的泥页岩中都能观察到。由于其晶体尺寸比较大，因此泥页岩中的这种胶结物形式易于记录。沉淀作用在小的原生粒间孔隙内（例如在球囊内）也是可能发生的，但是很少被记录下来。较大粒内孔隙中的胶结物具有重要意义，因为它们呈现出泥岩孔隙流体沉淀物的不同相态。很难确定这些较大孔隙中的沉淀物是否能反映相邻的较小孔隙内发生的胶结作用。

8.5.3　颗粒交代

大陆边缘厚层泥页岩中的颗粒交代遵循砂岩中建立的模式，其中长石的钙化和钠长石化具有非常重要的意义。在克拉通盆地泥页岩中，由于长石含量丰富（图8.7c），如果受热历程适宜，长石的钠长石化很容易发生，尽管这样的现象还没有记录。

克拉通盆地泥页岩中发生的颗粒交代在生物异化颗粒中最为明显。最初的蛋白石、霰石或方解石颗粒可以被复杂的矿物组合交代，该矿物组合包括石英、方解石、铁白云石、重晶石和磷酸钙。厚层泥页岩中的生物成因石英也被证明常遭受交代作用（Thyberg 等，2009）。

8.5.4　推移型胶结物

虽然在除泥页岩之外的岩石中也存在推移沉淀作用（Maliva，1987，1989；McBride 等，1992，2003），但是推移沉淀的大量发育是泥页岩胶结作用的一个特征，它与通常在其他岩石类型中观察到的有所不同。到目前为止，大多数观察到的推移胶结实例都发生在克拉通盆地的富有机质泥页岩中或者沉积相对缓慢的深海泥页岩中。推移胶结作用在大陆边缘厚层泥页岩中还未被发现。

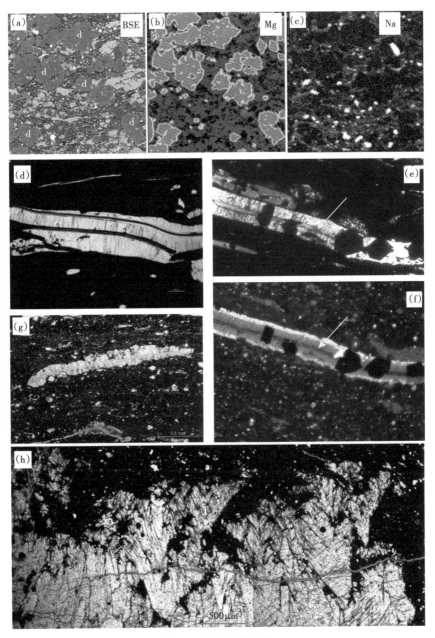

图 8.7　推移型胶结物

（a）—（c）在背散射扫描电镜（BSE）和 X 射线图（Mg、Na）中看到的白云石晶体（d），Barnett 页岩；（d）贝壳内成核的纤维状方解石，棕色的贝壳和双折射特征表明它们是磷质腕足动物，Atoka 组，平面偏振透射光图像；（e）、（f）贝壳内成核的纤维状方解石，图（e）是平面偏振透射光图像，图（f）是冷阴极—阴极发光图像，贝壳（黄色箭头）是薄壁的双壳类，以前充填文石，现在被黑色的方解石交代，在阴极发光图像中纤维状方解石被区分开来，表明方解石在一段时间内生长，并且在此期间，沉淀条件产生了不同组分的方解石，贝壳和纤维状方解石都已部分被黑色自形黄铁矿晶体（黑色）交代；（g）贝壳内成核的纤维状方解石，Bossier 页岩，平面偏振透射光图像；（h）叠锥状方解石（纯净/白色），Haynesville 组，平面偏振透射光图像

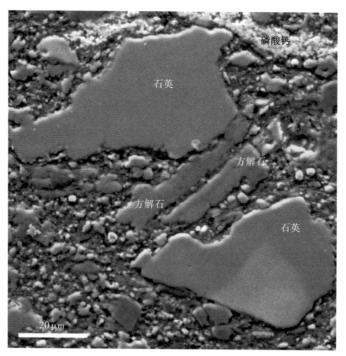

图 8.8　石英粉砂颗粒缺乏任何关于暗色发光石英次生加大的证据

载玻片中的其他颗粒是双壳类（现为方解石）和磷酸钙，Barnett 页岩，红—绿—蓝扫描仪阴极发光图像

　　以粉砂—细砂级晶体形式存在的铁白云石，在背散射扫描电镜下呈零星斑点状结构，这是克拉通盆地泥页岩（图 8.7a；Milliken 等，2011）和深海沉积物中明显推移型沉淀作用的一种常见类型。X 射线图谱表明，白云石一般不会包住泥页岩的碎屑矿物——例如钠—X 射线图指示出的长石（图 8.7c）。因此这些晶体肯定是泥页岩基质中所有矿物强烈交代的产物（需要输出大量的 Si、Al、K 等）或者是周围岩屑的迁移产物。位于图 8.7a 背散射扫描电镜图像中央部位的白云石晶体在一定程度上是连生的，表明它们属于原位生长，从而排除了严格的碎屑（盆外）成因理论。其他证据（由 Milliken 等人总结，2011）支持这些晶体为同沉积成因，从而支持晶体迁移的假说。

　　白云石的岩相和成分特征与海洋沉积物中有机成因的白云石相似（Baker 和 Burns，1985；Mazzullo，2000）。这种类型的白云石表明有机碳向碳酸盐循环，该循环是在近海底环境微生物的作用下，通过硫酸盐还原作用或甲烷生成作用实现的（Mazzullo，2000）。因为在硫酸盐还原期间铁会优先被吸收到硫化物中（Mazzullo，2000；Milliken 等，2011），所以根据 Barnett 页岩的白云石中通常含有含铁成分这一特征，可能证明甲烷生成作用在其成岩过程中占主导地位。

　　推移胶结作用的另一种常见形式是在贝壳内成核的纤维状方解石（图 8.7）。在岩心观察的尺度上，方解石聚集体的壳形核可能不明显，并且这些方解石可能很容易被误认为是被方解石充填的近水平裂缝。贝壳（主要是薄壁软体动物）的高度局部化、沉积物位移的大小、纤维状方解石颗粒压实破碎和再沉积的证据，表明这种方解石是早期成岩阶段在未固结沉积物中形成的产物（Milliken 等，2011）。在更加细粒的沉积物中，再沉积作用对纤维状方解石的破坏相对较小，但是在颗粒较粗的岩石中，贝壳内成核的方解石经历破碎和再沉积后

144

已经形成了大量颗粒成分，这些颗粒在透射光下表现为微亮晶（Milliken 等，2011）。

水平脉状结构中的纤维状方解石在形成时也不受贝壳核的制约（Lu 等，2011）。当这种形式的方解石发育很好时（表面打开程度更大），方解石组构倾向于形成叠锥状结构（图8.7h）。已经发表的关于推移沉淀作用类型的例子与富有机质泥页岩成分密切相关（Cobbold和 Rodrigues，2007）。

对于方解石和白云石而言，推移沉淀作用是一种标志性的矿物生长过程，这种矿物生长可能与低氧化条件下微生物分解有机质导致有机碱含量过高（碳酸盐过饱和）有关（Suess，1979；Vasconcelos 和 McKenzie，1997）。

8.6 未来研究方向

8.6.1 高分辨率 X 射线组构测角术

高分辨率 X 射线组构测角术（Van der Pluijm 等，1994）是一种可以测量压实和成岩过程中黏土矿物优选方位演变的技术。泥页岩中黏土矿物的随机优选方位（O'Brien，1970，1971）表明其埋藏较浅（Ho 等，1999；Day-Stirrat 等，2008a）。黏土矿物重结晶程度可通过测量伊利石结晶度或混合层相伊利石—蒙皂石的可膨胀性确定，随着结晶度的增加，可能获得更稳定的黏土矿物优选方位（Ho 等，1999；Day-Stirrat 等，2008a）。在低级变质作用下，黏土矿物优选方位的强度进一步增加（Ho 等，1995，1996；Jacob 等，2000）。因为早期胶结作用可以保存处于相对随机状态的层状硅酸盐颗粒，所以如果观察到的优选方位角度小于预期，考虑到成岩状态的其他指标，高分辨率 X 射线组构测角术可以用作判别胶结作用存在的间接指示。Barnett 页岩中的方解石胶结区（Day-Stirrat 等，2008b）保留了早期与压实相关的黏土矿物优选方位，这种优选方位与封闭围岩中的组构显著不同，因为这种围岩不是通过碳酸盐胶结的，而且很可能是后来通过其他过程胶结的。方解石胶结区和周围的黑色页岩都经历了相同的埋藏历史，并且在更大尺度上，结核相对于围岩的形成时间可以在Lash 和 Blood（2004b）的图中形象地看出来。

8.6.2 速度

在已采集测井资料的含油气盆地中，例如北海，Peltonen 等（2008）发现大约在 2.5km（1.55mile）埋深处显著的速度（v_p 和 v_s）和波阻抗变化，根据岩相学观察可以判断这两类变化都与整体的化学或岩性变化无关。Thyberg 等（2009）同样将速度随深度的变化归因于胶结过程的开始。这些观察结果可能与黏土矿物转化和地层化学岩化有关，另外由于测量的速度超过了简单压实的预期趋势，因此这些测得的速度可用作胶结作用的间接测量手段。当然，使用速度—深度趋势来表征泥页岩层段的成岩作用可能并不是完全简单可靠的（Storvoll等，2005，2006）。泥页岩中的粉砂和干酪根含量（Ortega 等，2009）、孔隙度、孔隙压力和一般埋藏史等相关因素都必须要进行考虑，并且仅仅一个成分效应就可能导致显著的速度转变（Storvoll 等，2005；Marcussen 等，2009）。

8.6.3 透射扫描电镜成像（TEM）

相对于泥页岩中的局部（结核状的）胶结而言，普遍的胶结作用最有可能以硅化的形式存在，这些硅化作用可能与生物二氧化硅（蛋白石 A—蛋白石—CT—石英转变）的溶解和再沉淀有关，或者与响应于碎屑组合（黏土和长石）反应的二氧化硅活动性相关。这两个过程都是受热控制的，因此发生于初始压实阶段之后。通过对处于早期压实阶段的软泥进行观察可知（图 8.2；Milliken 和 Reed，2010），在后期埋藏阶段，泥页岩中可用于胶结物充填的孔隙应该已经很小了（亚微米）。想要记录这种胶结物需要能够实现高分辨率的成像技术，如 TEM。阴极发光是区分自生石英与碎屑石英的标准技术（Sippel，1968），但阴极发光所需的束能（10~20kV 范围内的加速电压和以 nA 为单位测量的样品电流）与实现亚微米晶体成像所需的高分辨率不相容。因此，可能需要依靠诸如电荷对比成像（Watt 等，2000）或电子能量损耗谱（Lee，2010）等其他方法来最终确定泥页岩小孔隙中的自生石英晶体。

8.7 总结

（1）相比砂岩，虽然压实作用在泥页岩中更为重要，但是如果将泥页岩成岩作用过程中的压实作用与胶结作用进行比较，两者的相对重要性仍然是不确定的。

（2）在砂岩和石灰岩中观察到的胶结物的所有存在形式和分布特征，在泥页岩中都存在。

（3）推移沉淀作用是一种化学—机械过程，在泥页岩中观察到的频率很高。

（4）总体而言，砂岩和石灰岩中常见的自生矿物同样也是泥页岩中的主要自生矿物组合。

（5）沉积物的堆积速率影响着泥页岩中的胶结作用：缓慢的沉积物堆积速率与沉积物—水界面发生的局部胶结作用有关；在快速沉积的泥页岩中，由于碎屑矿物组合的热控成岩反应，岩化作用（尤其是胶结作用）主要发生在较大的深度和温度条件下。

（6）泥页岩中的自生石英证明其是以颗粒交代和裂缝充填的形式存在的，由于泥页岩孔隙的尺寸较小，对阴极发光成像技术的应用存在很大挑战，所以仍然难以获得粒间石英胶结物存在的有利证据。

（7）蒙皂石的伊利石化通常被视为一种颗粒交代的过程，但如果该过程部分由胶结作用引起，那么伊利石可能是泥页岩中含量最丰富的胶结物。

（8）透射光扫描电镜（TEM）的高分辨率成像技术可解决与自生石英和伊利石在泥页岩微小孔隙中的发育等相关问题。

参 考 文 献

Aase, N. E., P. A. Bjørkum, and P. H. Nadeau, 1996, The effect of grain-coating microquartz on preservation of reservoir quality: AAPG, v. 80, p. 1654–1673.

Ahn, J. H., and D. R. Peacor, 1986, Transmission and analytical electron microscopy of the smectite to illite transition: Clays and Clay Minerals, v. 34, p. 165–179.

Alcantar, N., J. Israelachvili, and J. Boles, 2003, Forces and ionic transport between mica surfaces: Implications for pressure solution: Geochimica Cosmochimica Acta, v. 67, p. 1289–1304.

Aplin, A. C., I. F. Matenaar, D. K. McCarty, and B. A. van der Pluijm, 2006, Influence of mechanical compaction and clay mineral diagenesis on the microfabric and pore-scale properties

146

of deep-water Gulf of Mexico mudstones: Clays and Clay Minerals, v. 54, p. 500-514.

Athy, A. F., 1930, Density, porosity, and compaction of sedimentary rocks: AAPG Bulletin, v. 14, p. 1-24.

Baker, P. A., and S. J. Burns, 1985, The occurrence and formation of dolomite in organic-rich communities: AAPG Bulletin, v. 69, p. 1917-1930.

Bartetzko, A., and A. J. Kopf, 2007, The relationship of undrained shear strength and porosity with depth in shallow (<50m) marine sediments: Sedimentary Geology, v. 196, p. 235-249.

Bell, T. E., 1986, Microstructure in mixed-layer illite/smectite and its relationship to the reaction of smectite and illite: Clays and Clay Minerals, v. 34, p. 146-154.

Bernabé, Y., and W. F. Brace, 1992, The effect of cement on the strength of granular rocks: Geophysical Research Letters, v. 19, p. 1511-1514.

Bjørlykke, K., 1994, Pore-water flow and mass transfer of solids in solution in sedimentary basins, in B. W. Sellwood, ed., Quantitative diagenesis: Recent developments and applications to reservoir geology: Series C: Mathematical and Physical Sciences, v. 453, NATO ASI Series, p. 189-221.

Bloch, S., R. H. Lander, and L. Bonnell, 2002, Anomalously high porosity and permeability in deeply buried sandstone reservoirs: origin and predictability: AAPG Bulletin, v. 86, p. 301-328.

Boles, J. R., and S. G. Franks, 1979, Clay diagenesis in Wilcox Sandstones of southwest Texas: Journal of Sedimentary Petrology, v. 49, p. 55-70.

Boles, J. R., and K. S. Johnson, 1983, Influence of mica surfaces on pore water pH: Chemical Geology, v. 43, p. 303-317.

Burland, J. B., 1990, On the compressibility and shear strength of natural clays: Geotechnique, v. 40, p. 329-378.

Carr, D. L., T. F. Hentz, W. A. Ambrose, E. C. Potter, and S. J. Clift, 2009, Sequence stratigraphy, depositional systems, and production trends in the Atoka Series and Mid-Pennsylvanian Cleveland and Marmaton formations, Western Anadarko Basin: Petroleum Technology Transfer Council.

Casagrande, A., 1932, The structure of clay as its importance in foundation engineering, contributions to soil mechanics: Boston Society of Civil Engineers, 1925-1940.

Cobbold, P. R., and N. Rodrigues, 2007, Seepage forces, important factors in the formation of horizontal hydraulic fractures and bedding-parallel fibrous veins ("beef" and "cone-in-cone"): Geofluids, v. 7, p. 313-322.

Day-Stirrat, R. J., A. C. Aplin, J. Srodon, and B. A. van der Pluijm, 2008a, Diagenetic reorientation of phyllosilicate minerals in Paleogene mudstones of the Podhale Basin, southern Poland: Clays and Clay Minerals, v. 56, p. 100-111.

Day-Stirrat, R. J., S. P. Dutton, K. L. Milliken, R. G. Loucks, A. C. Aplin, S. Hillier, and B. A. van der Pluijm, 2010a, Diagenesis, phyllosilicate anisotropy, and physical properties in two fine-grained slope fan complexes: Texas Gulf Coast and Northern North Sea: Sedimentary Geology.

Day-Stirrat, R. J., R. G. Loucks, K. L. Milliken, S. Hillier, and B. A. van der Pluijm, 2008b, Phyllosilicate orientation demonstrates early timing of compactional stabilization in calcite-cemented concretions in the Barnett Shale (Late Mississippian), Fort Worth Basin, Texas (U. S. A): Sedimentary Geology, v. 208, p. 27–35.

Day-Stirrat, R. J., R. G. Loucks, K. L. Milliken, S. Hillier, and B. A. van der Pluijm, 2008c, Phyllosilicate orientation demonstrates early timing of compactional stabilization in calcite-cemented concretions in the Barnett Shale (Late Mississippian), Fort Worth Basin, Texas: Sedimentary Geology, v. 208, p. 27–38.

Day-Stirrat, R. J., K. L. Milliken, S. P. Dutton, R. G. Loucks, S. Hillier, A. C. Aplin, and A. N. Schleicher, 2010b, Opensystem chemical behavior in deep Wilcox Group mudstones, Texas Gulf Coast, USA: Marine and Petroleum Geology, v. 27, p. 1804–1818.

Dewhurst, D. N., Y. Yang, and A. C. Aplin, 1999, Permeability and fluid flow in natural mudstones, in A. C. Aplin, A. J. Fleet, and J. H. S. Macquaker, eds., Muds and mudstones: Physical and fluid-flow properties: Special Publication, v. 158, GSL, p. 23–44.

Dvorkin, J., G. Mavko, and A. Nur, 1991, The effect of cementation on the elastic properties of granular material: Mechanics of Materials, v. 12, p. 207–217.

Ehrenberg, S. N., 1993, Preservation of anomalously high porosity in deeply buried sandstones by grain-coating chlorite: Examples from the Norwegian continental shelf: AAPG Bulletin, v. 77, p. 1260–1286.

Emmanuel, S., J. J. Ague, and O. Walderhaug, 2010, Interfacial energy effects and the evolution of pore size distributions during quartz precipitation in sandstone: Geochimica Cosmochimica Acta, v. 74, p. 3539–3552.

Galloway, W. E., 2001, Cenozoic evolution of sediment accumulation in deltaic and shore-zone depositional systems, northern Gulf of Mexico Basin, Marine and Petroleum Geology, p. 1031.

Giles, M. R., S. L. Indrelid, and D. M. D. James, 1998, Compaction—the great unknown in basin modelling: GSL, Special Publications, v. 141, p. 15–43.

Glenn, C. R., and M. A. Arthur, 1988, Petrology and major element geochemistry of Peru margin phosphorites and associated diagenetic minerals: Authigenesis in modern organic-rich sediments: Marine Geology, v. 80, p. 231–267.

Hammes, U., H. S. Hamlin, and T. E. Ewing, 2011, Geologic analysis of Upper Jurassic Haynesville Shale in east Texas and west Lousiana: AAPG Bulletin.

Heald, M. T., and R. E. Larese, 1974, Influence of coatings on quartz cementation: Journal of Sedimentary Petrology, v. 44.

Hedberg, H. D., 1936, Gravitational compaction of clays and shales: American Journal of Sciences, v. 31, p. 241–287.

Hendry, J. P., and N. H. Trewin, 1995, Authigenic quartz microfabrics in Cretaceous turbidites, evidence for silica transformation processes in sandstones: Journal of Sedimentary Research, v. 65, p. 380–292.

Ho, N. C., D. R. Peacor, and B. A. van der Pluijm, 1995, Reorientation mechanisms of phyllosilicates in the mudstoneto-slate transition at Lehigh Gap, Pennsylvania: Journal of Structural Geology, v. 17, p. 345–356.

Ho, N. C., D. R. Peacor, and B. A. Van der Pluijm, 1996, Contrasting roles of detrital and authigenic phyllosilicates during slaty cleavage development: Journal of Structural Geology, v. 18, p. 615-623.

Ho, N. C., D. R. Peacor, and B. A. Van der Pluijm, 1999, Preferred orientation of phyllosilicates in Gulf Coast mudstones and relation to the smectite—illite transition.: Clays and Clay Minerals, v. 47, p. 495-504.

Hower, J., E. V. Eslinger, M. E. Hower, and E. A. Perry, 1976, Mechanism of burial metamorphism of argillaceous sediment 1. Mineralogical and chemical evidence: GSA Bulletin, v. 87, p. 725-737.

Inoue, A., B. Velde, A. Meunier, and G. Touchard, 1987, Mechanism of illite formation during smectite—to—illite conversion in a hydrothermal system: American Mineralogist, v. 73, p. 1325-1334.

Jacob, G., H. J. Kisch, and B. A. Van der Pluijm, 2000, The relationship of phyllosilicate orientation, X—ray diffraction intensity ratios, and c/b fissility ratios in metasedimentary rocks of the Helvetic zone of the Swiss Alps and the Caledonides of Jamtland, central western Sweden: Journal of Structural Geology, v. 22, p. 245-258.

Jahren, J., and M. Ramm, 2000, The porosity—preserving effects of microcrystalline quartz coatings in arenitic sandsotnes: Examples from the Norwegian continental shelf, in R. H. Worden, and S. Morad, eds., Quartz Cementation in Sandstones: Special Publication, v. 29, International Association of Sedimentologists, p. 271-280.

Karig, D. E., and M. V. S. Ask, 2003, Geological perspectives on consolidation of clay—rich marine sediments: Journal of Geophysical Research—Solid Earth, v. 108.

Katsube, T. J., and M. A. Williamson, 1994, Effects of diagenesis on shale nano—pore structure and implications for sealing capacity: Clay Minerals, v. 29, p. 451-461.

Kerr, R. A., 2010, Natural gas from shale bursts onto the scene: Science, v. 238, p. 1624-1626.

Kinoshita, M., H. Tobin, J. Ashi, G. Kimura, S. Lallemant, E. J. Screaton, D. Curewitz, H. Masago, K. T. Moe, and E. Scientists, 2009, NantroSEIZE stage 1: Investigations of seismogenesis, Nankai Trough, Japan: Proceedings IODP, v. 314/315/316: Washington, DC (Integrated Ocean Drilling Program Management International, Inc.), doi: 10. 2204/iodp. proc. 314315316. 2009.

Lahann, R., 2002, Impact of smectite diagenesis on compaction modeling and compaction equilibrium, in A. R. Huffman, and G. L. Bowers, eds., American Association of Petroleum Geologists Memoir 76: pressure regimes in sedimentary basins and their prediction, American Association of Petroleum Geologists, Tulsa, Oklahoma, p. 61-72.

Lahann, R., D. K. McCarty, and J. C. C. Hsieh, 2001, Influence of clay diagenesis on shale velocities and fluid—pressure: Offshore Technology Conference Paper 13046.

Lambe, T. W., and R. V. Whitman, 1969, Soil mechanics: New York, Wiley.

Land, L. S., and K. L. Milliken, 2000, Regional loss of SiO_2 and $CaCO_3$ and gain of K_2O during burial diagenesis of Gulf Coast mudrocks, USA, in R. H. Worden and S. Morad, eds., Quartz cementation in sandstones: Special Publication, v. 29, International Association of Sedimentologists, p. 183-198.

Lander, R. H., R. H. Larese, and L. M. Bonnell, 2008, Toward more accurate quartz cement models: The importance of euhedral versus noneuhedral growth rates: AAPG Bulletin, v. 92, p. 1537-1563.

Lander, R. H., and O. Walderhaug, 1999, Predicting porosity through simulating sandstone compaction and quartz cementation: AAPG Bulletin, v. 83, p. 433-449.

Lash, G. G., and D. Blood, 2004a, Geochemical and textural evidence for early (shallow) diagenetic growth of stratigraphically confined carbonate concretions, Upper Devonian Rhinestreet Black Shale, western New York: Chemical Geology, v. 206, p. 407-424.

Lash, G. G., and D. R. Blood, 2004b, Origin of shale fabric by mechanical compaction of flocculated clay: Evidence from the Upper Devonian Rhinestreet Shale, western New York, USA: Journal of Sedimentary Research, v. 74, p. 110-116.

Laubach, S. E., R. M. Reed, J. E. Olson, R. H. Lander, and L. M. Bonnell, 2004, Co-evolution of crack-seal texture and and fracture porosity in sedimentary rocks: Cathodoluminescence observations of regional fractures: Journal of Structural Geology, v. 26, p. 967-982.

Lee, M. R., 2010, Transmission electron microscopy (TEM) of Earth and planetary materials: A review: Mineralolgical Magazine, v. 74, p. 1-27.

Loucks, R. G., R. M. Reed, S. C. Ruppel, and D. M. Jarvie, 2009, Morphology, genesis, and distribution of nanometerscale pores in mudstones of the Mississippian Barnett Shale: Journal of Sedimentary Research, v. 79, p. 848-861.

Lu, J., K. L. Milliken, and R. M. Reed, 2011, Diagenesis and sealing capacity of the Middle Tuscaloosa mudstone at the Cranfield CO_2 injection site, Mississippi, USA: Environmental Geosciences, v. 3, p. 35-53.

Lundegard, P. D., 1992, Sandstone porosity loss—a "big picture" view of the importance of compaction: Journal of Sedimentary Petrology, v. 62, p. 250-260.

Maliva, R. G., 1987, Quartz geodes: early diagenetic silicified anhydrite nodules related to dolomitization: Journal of Sedimentary Petrology, v. 57, p. 1054-1059.

Maliva, R. G., 1989, Displacive calcite syntaxial overgrowths in open marine limestones: Journal of Sedimentary Petrology, v. 59, p. 397-403.

Mancini, E. A., R. M. Mink, J. W. Payton, and B. L. Bearden, 1987, Environments of deposition and petroleum geology of Tuscaloosa Group (Upper Cretaceous), South Carlton and Pollard Fields, southwestern Alabama: AAPG Bulletin, v. 71, p. 1128-1142.

Marcussen, O., B. I. Thyberg, C. Peltonen, J. Jahren, K. Bjorlykke, and J. I. Faleide, 2009, Physical properties of Cenozoic mudstones from the northern North Sea: Impact of clay mineralogy on compaction trends: AAPG Bulletin, v. 93, p. 127-150.

Mazzullo, S. J., 2000, Organogenic dolomite in peritidal to deep-sea sediments: Journal of Sedimentary Research, v. 70, p. 10-23.

McBride, E. F., H. Honda, A. A. Abdel-Wahab, S. Dworkin, and T. A. McGilvery, 1992, Fabric and origin of gypsum sand crystals, Laguna Madre, Texas: Transactions of the Gulf Coast Association of Geological Societies, v. 42, p. 543-551.

McBride, E. F., M. D. Picard, and K. L. Milliken, 2003, Calcite-cemented concretions in Cretaceous sandstone, Wyoming and Utah, USA: Journal of Sedimentary Research, v. 73, p. 462–483.

Milliken, K. L., 1989, Petrography and composition of authigenic feldspars, Oligocene Frio Formation, South Texas: Journal of Sedimentary Petrology, v. 59, p. 361–374.

Milliken, K. L., 1992, Chemical behavior of detrital feldspars in mudrocks versus sandstones, Frio Formation (Oligocene), South Texas: Journal of Sedimentary Petrology, v. 62, p. 790–801.

Milliken, K. L., 1994, Cathodoluminescent textures and the origin of quartz silt in Oligocene mudrocks, South Texas: Journal of Sedimentary Research, v. 64A, p. 567–571.

Milliken, K. L., 2004, Late diagenesis and mass transfer in sandstone−shale sequences: treatise on geochemistry: Oxford, Elsevier Pergamon, p. 159–190.

Milliken, K. L., and S. −J. Choh, 2011, Carbonate petrology: An interactive petrography tutorial, v. 1. 0, Discovery Series, Tulsa, Oklahoma, AAPG.

Milliken, K. L., S. −J. Choh, and E. F. McBride, 2007, Sandstone petrology: a tutorial petrographic image atlas, v. 2. 0, Discovery Series, Tulsa, Oklahoma, AAPG.

Milliken, K. L., and L. S. Land, 1993, The origin and fate of siltsized carbonate in subsurface Miocene−Oligocene mudrocks, South Texas Gulf Coast: Sedimentology, v. 40, p. 107–124.

Milliken, K. L., P. K. Papazis, R. J. Day−Stirrat, and C. Dohse, 2011, Carbonate lithologies of the Barnett Shale, in J. Breyer, ed., Memoir: Tulsa, Oklahoma, AAPG.

Milliken, K. L., and R. M. Reed, 2010, Multiple causes of diagenetic fabric anisotropy in weakly consolidated mud, Nankai accretionary prism, IODP Expedition 316: Journal of Structural Geology, v. 32, p. 1887–1898.

Mondol, N. H., K. Bjorlykke, J. Jahren, and K. Hoeg, 2007, Experimental mechanical compaction of clay mineral aggregates—changes in physical propeties of mudstones during burial: Marine and Petroleum Geology, v. 24, p. 289–311.

Montgomery, S. L., D. M. Jarvie, K. A. Bowker, and R. M. Pollastro, 2005, Mississippian Barnett Shale, Fort Worth Basin, north−central Texas: gas−shale play with multi−trillion cubic foot potential: AAPG Bulletin, v. 89, p. 155–175.

Nadeau, P. H., D. R. Peacor, J. Yan, and S. Hillier, 2002, I−S precipitation in pore space as the cause of geopressuring in Mesozoic mudstones, Egersund Basin, Norwegian Continental Shelf: American Mineralogist, v. 87, p. 1580–1589.

Nelson, P. H., 2009, Pore throat sizes in sandstones, tight sandstones, and shales: AAPG Bulletin, v. 93, p. 329–340.

Nygard, R., M. Gutierrez, R. K. Bratli, and K. Hoeg, 2006, Brittle−ductile transition, shear failure and leakage in shales and mudrocks: Marine and Petroleum Geology, v. 23, p. 201–212.

O'Brien, N. R., 1970, The fabric of shale—an electron microscope study: Sedimentology, v. 15, p. 229–246.

O'Brien, N. R., 1971, Fabric of kaolinite and Illite floccules: Clays and Clay Minerals, v. 19, p. 353–359.

Olson, J. E., S. E. Laubach, and R. H. Lander, 2009, Natural fracture characterization in tight gas sandstones: Integrating mechanics and diagenesis: AAPG Bulletin, v. 93, p. 1535–1549.

Ortega, J. A., F. -J. Ulm, and Y. Abousleiman, 2009, The nanogranular acoustic signature of shale: Geophysics, v. 74, p. D65-D84.

Paxton, S. T., J. O. Szabo, J. M. Adjukiewicz, and R. E. Klimentidis, 2002, Construction of an intergranular volume compaction curve for evaluating and predicting compaction and porosity loss in rigid-grain sandstone reservoirs: AAPG Bulletin, v. 86, p. 2047-2067.

Peltonen, C., O. Marcussen, K. Bjorlykke, and J. Jahren, 2008, Mineralogical control on mudstone compaction: A study of Late Cretaceous to Early Tertiary mudstones of the Voring and More basins, Norwegian Sea: Petroleum Geoscience, v. 14, p. 127-138.

Perez, R. J., and J. R. Boles, 2005, An emipirically derived kinetic model for albitization of detrital feldspar: American Journal of Science, v. 305, p. 312-343.

Pisciotto, K. A., 1981, Diagenetic trends in the siliceous facies of the Monterey Shale in the Santa Maria region, California: Sedimentology, v. 28, p. 547-571.

Pittman, E. D., and R. E. Larese, 1991, Compaction of lithic sands: experimental results and applications: AAPG Bulletin, v. 75, p. 1279-1299.

Pittman, E. D., R. E. Larese, and M. T. Heald, 1992, Clay coats: Occurrence and relevance to preservation of porosity in sandstones, in D. W. Houseknecht, and E. D. Pittman, eds., Origin, diagenesis, and petrophysics of clay minerals in sandstones: Special Publication, v. 47: Tulsa, Oklahoma, SEPM, p. 241-256.

Rask, J. H., L. T. Bryndzia, N. R. Braunsdorf, and T. E. Murray, 1997, Smectite illitization in Pliocene-age Gulf of Mexico mudrocks: Clays and Clay Minerals, v. 45, p. 99-109.

Schieber, J., and W. Zimmerle, 1998, Introduction and overview: the history and promise of shale research: Stuttgart, E. Schweizerbart'sche Verlagsbuchhandlung Naegele u. Obermiller, p. 1-10.

Scholle, P. A., 1979, A color illustrated guide to constituents, textures, cements, and porosities of sandstones and associated rocks: Memoir, v. 28: Tulsa, Oklahoma, AAPG, 201 p.

Scholle, P. A., and D. S. Ulmer-Scholle, 2003, A color guide to the petrography of carbonate rocks: grains, textures, porosity, diagenesis: Memoir, v. 77: Tulsa, Oklahoma, AAPG, 474 p.

Sippel, R. F., 1968, Sandstone petrology, evidence from luminescence petrography: Journal of Sedimentary Petrology, v. 38, p. 530-554.

Skempton, A. W., 1970, The consolidation of clays by gravitational compaction: Quarterly Journal of the GSL, v. 125, p. 373-411.

Soudry, D., and Z. Lewy, 1990, Omission-surface incipient crusts on early diagenetic calcareous concretions and their possible origin, upper Campanian, southern Israel: Sedimentary Geology, v. 66, p. 151-163.

Spinelli, G. A., 2007, Diagenesis, sediment strength, and pore collapse in sediment approaching the Nankai Trough subduction zone, in P. S. Mozley, H. J. Tobin, M. B. Underwood, N. W. Hoffman, and G. M. Bellew, eds., GSA: Boulder, Colorado, GSA Bulletin, v. 119, p. 377-390.

Storvoll, V., and K. Bjorlykke, 2004, Sonic velocity and grain contact properties in reservoir sandstone: Petroleum Geosciences, v. 10, p. 215-226.

Storvoll, V., K. Bjorlykke, and N. H. Mondol, 2005, Velocity-depth trends in mesozoic and cenozoic sediments from the Norwegian shelf: AAPG Bulletin, v. 89, p. 359-381.

Storvoll, V., K. Bjorlykke, and N. H. Mondol, 2006, Velocitydepth trends in Mesozoic and Cenozoic sediments from the Norwegian Shelf: reply: AAPG Bulletin, v. 90, p. 1145-1148.

Suess, E., 1979, Mineral phases formed in anoxic sediments by microbial decomposition of organic matter: Geochimica et Cosmochimica Acta, v. 43, p. 339-341, 343-352.

Terzaghi, K., 1925, Principles of soil mechanics: I-phenomena of cohesion of clays. IV—settlement and consolidation of clay: Engineering News-Record, v. 95, p. 742-746, 874-878.

Thyberg, B. I., and J. Jarhren, 2011, Quartz cementation in mudstones: Sheet-like quartz cement from clay mineral reactions during burial: Petroleum Geoscience, v. 17, p. 53-63.

Thyberg, B., J. Jahren, T. Winje, K. Bjørlykke, J. I. Faleide, and Ø. Marcussen, 2009, Quartz cementation in Late Cretaceous mudstones, northern North Sea: Changes in rock properties due to dissolution of smectite and precipitation of micro-quartz crystals: Marine and Petroleum Geology, v. 27, p. 1752-1764.

Van der Pluijm, B. A., N. -C. Ho, and D. R. Peacor, 1994, Highresolution X-ray texture goniometry: Journal of Structural Geology, v. 16, p. 1029-1032.

Vasconcelos, C., and J. A. McKenzie, 1997, Microbial mediation of modern dolomite precipitation and diagenesis under anoxic conditions (Lagoa Vermelha, Rio de Janeiro, Brazil): Journal of Sedimentary Research, v. 67, p. 378-390.

Velde, B., 1996, Compaction trends of clay-rich deep sea sediments: Marine Geology, v. 133, p. 193-201.

Walderhaug, O., 1994, Precipitation rates for quartz cements in sandstones determined by fluid inclusion microthermometry and temperature-history modelling: Journal of Sedimentary Research, v. 64, p. 324-333.

Walderhaug, O., 1996, Kinetic modeling of quartz cementation and porosity loss in deeply buried sandstone reservoirs: AAPG Bulletin, v. 80, p. 731-745.

Watt, G. R., B. J. Griffin, and P. D. Kinny, 2000, Charge contrast imaging of geological materials in the environmental scanning electron microscope: American Mineralogist, v. 85, p. 1785-1794.

第9章 利用密度和中子测井表征盆地规模下含气页岩的"甜点"分布

——对页岩气资源定性及定量评估方法的启示

Mark Ver Hoeve

Cimarex Energy, 1700 Lincoln St., Denver, Colorado, 80203 U. S. A.

（e-mail：mverhoeve@ cimarex. com）

Corey Meyer

Endeavor, 1125 17th St., Denver, Colorado, 80202 U. S. A.

（e-mail：corey. meyer@ endeavourcorp. com）

Joe Preusser

Coastline Energy Partners, 25518 Foothills Dr. North, Colorado, 80401, U. S. A.

（e-mail：jpreusser@ coastlinenergy. com）

Astrid Makowitz

Tracker Resources, 1050 17th St., Denver, Colorado, 80265, U. S. A.

（e-mail：astridm@ tracker-resources. com）

摘要 表征"甜点"（气井产出经济效益最优区域）的分布对含气页岩储层勘探和开发至关重要。本文介绍了两种简单的方法，利用密度和中子测井辅助识别"甜点"和成图。第一种方法是利用原始密度孔隙度测井计算页岩的测井孔隙度×厚度图，用于定性评价、表征储层的物性和总量。在油田开发生产中常用该方法，然而，该方法没有使用岩石校准总有机碳（TOC）。第二种方法是利用中子测井的气体效应。与砂岩或碳酸盐岩含气储层中的现象类似，在许多含气页岩中，中子和密度测井也常发生收敛甚至交叉现象。目前，北美所有商业化含气页岩都出现中子测井的气体效应，表明该方法可以作为商业化含气页岩的有效探测技术。

本文介绍了在 2008 年建立的测井孔隙度×厚度图，数据来源为直井的密度、中子测井，研究区域为当时三个主力页岩气带：Haynesville、Eagle Ford 和 Marcellus 页岩。过去三年里，每一个页岩气带的水平井初期产量（IP）、产气主力区域都绘制在测井孔隙度×厚度图上。水平井的初期产量较高位置与测井孔隙度×厚度图厚层区（产气主力区域）相关性很好，说明该制图技术的实用性较强。

测井孔隙度×厚度图理应可用来预测"甜点"，因为该方法基于密度曲线，而密度曲线用于很多孔隙度、天然气地质储量中的岩石物理计算和制图中。但是，如果使用未校准的密度测井孔隙度来绘制测井孔隙度×厚度图，其效果却出人意料，这也让人质疑目前的岩石物理定量方法是否真的定量。许多工作人员都质疑一些含气页岩岩心的测量值，特别是孔隙度和含水饱和度。使用不可信的岩心测定参数来校准测井及绘制天然气地质储量分布图等方法都存在一些不足。另外，尺度方面的问题也需要重点关注。含气页岩储层的离子扫描电镜显示，非均质的孔隙结构尺度在 10~100nm 之间，而井下的测井采样间隔为 0.5ft（15.4cm），二者之间有 6~7 个数量级的差异。使用目前的测井工具和岩石校准法定量评估储层值得商榷，建议当前的天然气地质储量评估技术需要在根本上进行重新评估。

    页岩含气区带勘探面临的关键问题是识别"甜点"，即气井生产最具经济效益的地区。通常的方法是编制天然气地质储量（OGIP）图来解决该问题，图件包括岩心和测井数据校正，通常使用岩心评估、测井和地球化学来预测天然气在储层的位置。假定一个合理、一致的采收率，天然气地质储量图能预测气井最终采收率（EUR）最大的区域。然而，在绘制天然气地质储量图时存在许多难点。如在页岩气资源勘探、表征早期，岩心和地球化学数据往往很难获得。进一步说，页岩气储层基本参数，如孔隙度和含水饱和度的测量结果可疑，使资源的定量评估困难重重（Passey 等，2010）。此外，越来越多的油田一线通过先进的地球化学或扫描电子显微镜（SEM）分析解决这些问题，但在绘制一个全盆地规模的、能识别物性较好的页岩气储层展布范围图时，这些获取的数据很难被粗化或使用。

    由于目前天然气页岩区带的勘探竞争激烈，关于储层"甜点"的区域图很少出版。对页岩区带的早期评估更侧重于确定页岩是否具有作为目标的潜力及区域范围，而不是含气页岩的"甜点"位置。石油行业在过去几年中认识到，并非所有的页岩、页岩气藏整体都具经济效益，而且，因为天然气价格的波动，在"甜点"开采页岩气十分必要。

    美国地质调查局曾对 Fort Worth 盆地的 Barnett 页岩作过评价（Pollastro，2007；Pollastrod 等，2007），这是一个很好的早期实例。作为 Barnett 页岩资源评估的主要控制因素，该项研究强调了烃源岩的成熟度以及顶部、底部的盖层（图 9.1）。其他的研究把地球化学作为主

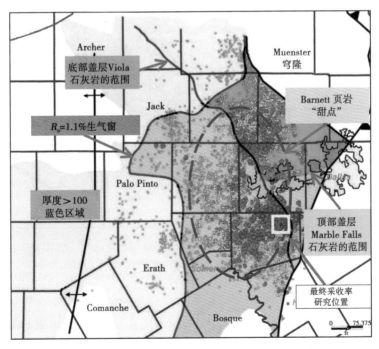

图 9.1　美国地质调查局评价 Barnett 含气页岩的单元
其中 30d 峰值产量的气泡图可预测最终采收率；注意，Barnett 页岩最好的生产井
（最终采收率高于 $2 \times 10^9 ft^3$/井）与美国地质调查局提出的评价单元边界不一致

155

要工具，形成了页岩气评价技术的基本框架（Montgomery 等，2005；Hill 等，2007；Jarvie 等，2007）。虽然他们的评价准确地显示了 Barnett 页岩的整体范围，但并不能预测 Barnett 页岩最具经济价值的部分，也就是"甜点"的位置。通过比较 30d 的气井峰值产量（可预测最终采收率），可清楚地预测"甜点"位置。Barnett 页岩最好的气井平面上呈南北向条带分布，范围从原来 Wise 县、Denton 县的 Newark East 油田到 Johnson 县的东北，其中只在 Fort Worth 市中断。"甜点"平面上超出了顶底盖层延伸范围，完全分布在 R_o>1.1%（美国地质调查局以此来定义 Barnett 页岩气评价单元的范围）的线上，似乎与页岩的成熟度没有任何明显的相关性。

　　Barnett 页岩下段的总厚度图可以更好地预测"甜点"的位置。在 Barnett 页岩总厚度图上，Barnett 页岩"甜点"位于厚度超过 300ft（91m）、R_o>1.1%的区域（图 9.2）。这表明，尽管盖层和成熟度可能有助于界定页岩气的平面范围，但并不是预测含气页岩"甜点"的最佳属性。Barnett 页岩的总厚度图可以用来预测气井的产能。这就引出了一个问题，即在早期探索和描述阶段，要了解页岩气藏并制图，哪些参数是最重要的？

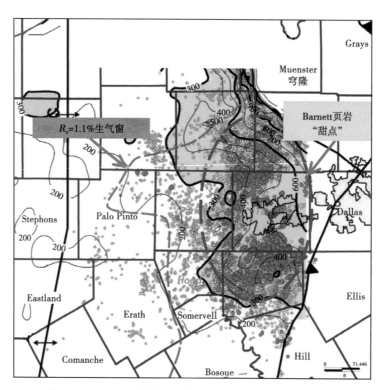

图 9.2　Barnett 页岩的总厚度图及 30d 峰值产量的气泡图
总厚度图比页岩成熟度和顶底盖层分布图能更好地预测"甜点"分布

　　2008 年时，笔者想要研究一种快速的方法来评估当时新兴的三个含气页岩区（Haynesville、Eagle Ford 和 Marcellus 页岩）的"甜点"位置。在对 Fort Worth 盆地 Barnett 页岩进行精细评价后，认为成熟度或顶底盖层分布都不一定是识别"甜点"的最佳方法。一开始，笔者认为绘制天然气地质储量图是最好的方法，但是该方法需要岩石数据来校准总有机碳（TOC）和孔隙度，还需要对含水饱和度作出假设，并且成本较高、时间周期较长。显然，使用最先进的测井曲线，如斯伦贝谢的元素俘获谱测井是不可能的，不仅是因为该测井尚未推广，还因为该测井也需要岩石校准。长期以来，部分测井属性与含气页岩有一定相关性，如高伽马（GR）、高电阻率和低密度。笔者利用这些属性绘制页岩气分布图，方法如下：在含气页岩的物性下限（参考伽马、电阻率测井）基础上，根据电阻率、密度以及含气页岩的厚度绘制该图（Meyer 和 Nederlof，1984；Passey 等，1990）。这些图难以准确预测"甜点"的位置。

在对 Haynesville 和 Eagle Ford 页岩进行评价时，测井显示上述两组页岩响应特征与 Barnett 页岩等其他古生界页岩的响应特征截然不同。不同于 Barnett 页岩的测井响应，Eagle Ford 和 Haynesville 页岩都有明显更高的伽马和更低的电阻率。这三种含气页岩以及 Marcellus 页岩中呈现的测井响应中，在目的层或含气页岩段有明显较高的密度孔隙度以及密度/中子测井曲线收敛或交叉等现象。因此，密度和中子曲线是绘制含气页岩中"甜点"的主要工具，利用密度孔隙度测井曲线绘制密度孔隙度×页岩厚度图，并根据密度/中子测井收敛或交叉等现象寻找含气页岩。本文提出了两种方法来确定"甜点"：测井孔隙度×页岩厚度图和中子测井的气体效应，并通过比较 Haynesville、Eagle Ford 和 Marcellus 页岩区带过去三年内水平井的初期产量和测井孔隙度×页岩厚度图，证明这些方法可以很好地预测气井产能。

9.1 页岩的视孔隙度

绘制测井孔隙度×页岩厚度图很简单。图件基于密度测井，在密度孔隙度的下限（通常5%~6%）以上，利用原始孔隙度与页岩厚度的乘积之和绘制测井孔隙度×页岩厚度图（图9.3）。本文所有图都是用精选的石灰岩光栅成像测井校正。通常实际工作中会修正密度测井孔隙度以计算天然气地质储量，较低的密度测井与有机质相关（从密度曲线上看是页岩孔隙度）。一般来说，密度测井的孔隙度值与 TOC 测量值交会，函数证明了大量存在的有机质对密度孔隙度测井响应的影响。笔者不作该校正或其他校正，也不作任何关于岩性变化的假设或推论。密度测井的孔隙度值直接与页岩厚度乘积求和。当然，需要考虑测井的质量问题，通过检查与页岩毗邻的致密灰岩中的曲线响应特征，并修正页岩的异常测井数据，以确保每条测井曲线的有效性。

之所以命名为测井孔隙度×页岩厚度图（PHIas×H），是因为研究发现，含气页岩中，密度测井响应是孔隙度、有机质和基质密度的综合反映，而未经校正的密度测井孔隙度并不代表页岩的真正孔隙度。当然，岩性变化限制了该方法，即页岩中富含石英的部分比石灰岩基质的密度测井有更高的视孔隙度。本文介绍的测井孔隙度×页岩厚度图法仅仅是针对测井响应制图，并没有尝试解释造成测井

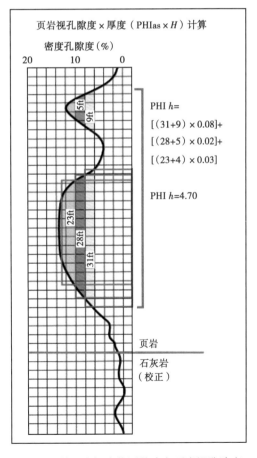

图 9.3 利用光栅成像测井确定页岩视孔隙度

157

响应的原因，例如岩性、TOC 或孔隙度。正如本文的含气页岩平面图所示，这些简单的图可以预测含气页岩中的"甜点"。含气页岩的测井孔隙度×厚度图在识别"甜点"方面的应用效果显著，表明含气页岩在密度测井中的响应主要取决于 TOC 及其与之相关的孔隙度。得克萨斯州大学经济地质系使用扫描电镜研究表明，含气页岩的孔隙结构与页岩中的有机质相关（Loucks 等，2009）。虽然与有机质有关的孔隙不是含气页岩的唯一孔隙，但该孔隙对渗透率、页岩气井初始产量和"甜点"等影响最大。

9.2 中子测井的气体响应

类似于砂岩和碳酸盐岩中的气藏，页岩气储层在中子测井曲线上呈现为气体响应。气体响应表现为含气页岩在中子和密度测井曲线重叠时，在某一点上收敛并交叉，而在非含气页岩中，中子和密度测井曲线形态相反。中子测井响应很复杂，但它主要是氢的响应（Schlumberger Educational Services，1989）。页岩在非含气、高含水的情况下，中子测井呈现为异常高的孔隙度，导致与密度孔隙度有 10~12 个百分点的差异。在充满气体的岩石中，气体中氢的密度较低，导致中子测井显示的孔隙度异常低（图 9.4）（Zaki，1994）。其他研究人员认为，页岩的成熟度和密度/中子测井曲线的响应相关。Hinds 和 Berg（1990）指出，在得克萨斯州南部的不成熟 Austin 白垩岩，密度/中子测井曲线计算的孔隙度有 6 个百分点的差异，相反，在成熟的 Austin 白垩岩中计算的孔隙度基本一致。同样，赵等（2007）利用中子测井预测了 Barnett 页岩的成熟度。研究认为，由于页岩孔隙中气体饱和度的增加导致中子孔隙度响应异常低，这与赵等（2007）的研究相似。

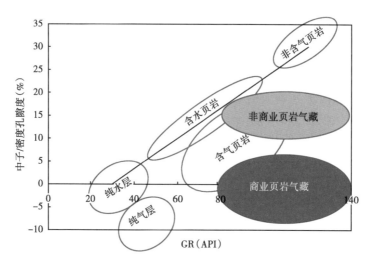

图 9.4 含气页岩影响下中子/密度测井（N/D）与伽马测井（GR）曲线交会图（据 Zaki，1994，修改）
显示商业页岩气藏和非商业页岩气藏在中子/密度测井中可明显区分

Haynesville 页岩是一个典型的例子，其中，Bossier 非含气页岩在 Haynesville 页岩之上。在路易斯安那州 Caddo Parish 的 Chesapeake Roy O. Martin #1-23，非含气 Bossier 页岩在密度/中子测井曲线显示有 10~12 个百分点的差异，表明 Bossier 页岩饱含水（图 9.5）。而 Haynesville 页岩的中子/密度测井曲线显示为收敛并交叉。虽然还需要考虑 Bossier 和 Haynesville 页岩的岩性和组分差异，但是中子和密度测井曲线显示为收敛而不是发散，表明中子测井在

Haynesville 页岩中可识别气层。

含气页岩中，尽管岩石物理学家一般不认可中子测井曲线的气体效应，但北美的每一个商业页岩气藏都显示出明显的中子/密度测井曲线收敛或交叉。图 9.5 显示了其他三个商业气田——Barnett、Eagle Ford 和 Marcellus 都显示出中子测井曲线气体效应。New Albany 页岩目前难以商业开发，将其与上述三个气田的密度/中子测井响应特征对比，发现 New Albany 页岩在中子/密度测井曲线中表现出明显的分散现象。New Albany 页岩在 TOC、厚度、硅质含量等参数方面显示为较好的含气页岩储层，然而，其缺乏中子测井曲线气体响应说明了饱和的天然气孔隙不足。很大可能是由于 New Albany 页岩在生气阶段处于临界成熟度。

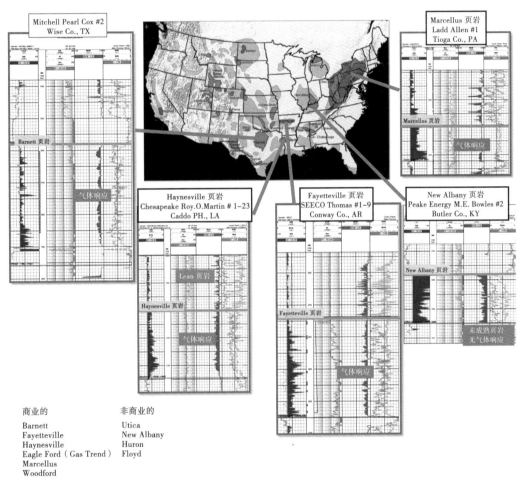

商业的

Barnett
Fayetteville
Haynesville
Eagle Ford（Gas Trend）
Marcellus
Woodford

非商业的

Utica
New Albany
Huron
Floyd

图 9.5　美国部分商业页岩气藏和非商业页岩气藏中子曲线的气体响应

这一实验证据，以及中子测井对氢的敏感程度和砂岩、碳酸盐岩的中子测井曲线气体响应，都充分地证明，中子测井曲线气体响应分析是一种可行的技术，可以直接探测页岩中气体是否适合商业开发。此外，中子测井可以更有效地用于识别和量化含气页岩储层。

通过对比测井孔隙度×页岩厚度图、中子测井曲线气体响应与 Haynesville、Eagle Ford 和 Marcellus 页岩气藏过去几年新钻水平井的初期产量，可以证明这两种方法都适用于识别和表征含气页岩的"甜点"。

9.3　Haynesville 页岩

Hayneville 含气页岩发育于侏罗系的钦莫利阶，位于得克萨斯州东北部和路易斯安那州中北部，沉积环境为潟湖（Ewing，2001）。Haynesville 含气页岩厚度为 200～350ft（60～106m），伽马响应中等、电阻率中等（10～15Ω·m），中子测井曲线的气体响应较好，测井孔隙度约 15%（图 9.5Martin 井）。

用光栅成像测井解释了 100 口井的孔隙度×页岩厚度图。大部分研究在 2008 年（钻探高峰之前）完成，因此，该图的目的是预测页岩含气区带，而不是钻探的事后分析。PHIas×*H* 值从 10 到 36 不等，其中孔隙度×页岩厚度大于 12 时，平面图显示为一个条状区带，面积约 380×10⁴acre。图 9.6 有 4 个明显的厚层发育区，分别在 Red River 和 Desoto 区、Harrison 和 Shelby 县。

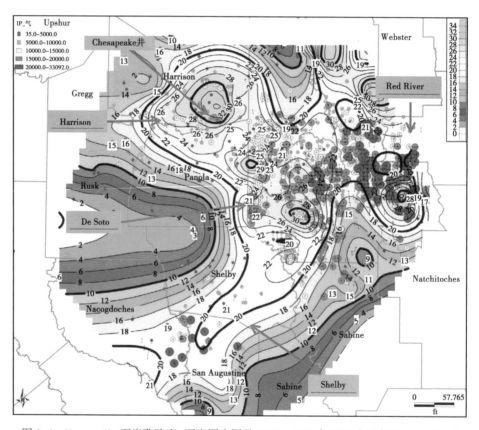

图 9.6　Haynesville 页岩孔隙度×页岩厚度图及 2008—2010 年 HIS 公司在 Haynesville 或
Bossier 页岩开钻的水平井初始产量（IP）

2008 年以来，HIS 公司在 Haynesville 或 Bossier 页岩设计了许多水平井，对比发现，所有水平井中的初始产量与 4 个明显的厚层发育区高度相关。其中，Red River 和 Desoto 厚层发育区是 Haynesville 气藏的主力富集区。Red River 区生产井的初始产量一般都较高，向西部 Desoto 区初始产量明显降低。随着向西至 Harrison 县，初始产量持续减少。Spain 和 Anderson（2010）研究认为，Harrison 县的 Haynesville 气藏黏土含量较高，可能是导致生产

160

井产能下降的原因之一。与 Haynesville 气藏的主力富集区相比，Shelby 县的生产井数量较少，但初始产量较高，孔隙度×页岩厚度图也能证实这点。

Haynesville 页岩的孔隙度×页岩厚度图证明，该孔隙度×页岩厚度图方法具有优点和缺点。孔隙度×页岩厚度图清楚地预测了 Red River 区、Desoto 区、Shelby 县的"甜点"，但在 Harrison 县应用效果较差。孔隙度×页岩厚度图的应用范围有限，适用于定性表征储层的物性和总量。含气页岩的其他性质，如黏土含量、岩石力学、结构、压力和温度等，在评估和预测"甜点"时也需考虑。

图9.7a、b除了叠合了构造图，还叠合了孔隙度×页岩厚度图、平均孔隙度图和厚度图。

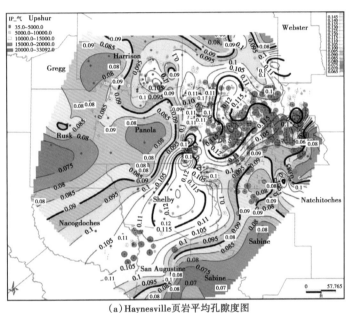

（a）Haynesville页岩平均孔隙度图

（b）Haynesville页岩总厚度及构造图

图9.7　Haynesville 页岩的平均孔隙度×页岩厚度图叠合初始产量（IP）、净厚度，及构造图叠合初始产量（IP）

161

平均孔隙度图预测生产井产量效果较好，可能由于 Haynesville 页岩向西北方向黏土含量增加。然而，在生产井钻前很难预测产能与黏土含量的关系。此外，Chesapeake 新钻井已有较高初始产量，也许更好的完井技术将会促进 Harrison 县的页岩气开发。Haynesville 页岩的总厚度图与生产井产能效果的相关性较差。此外，构造对生产井的产能几乎没有影响。

9.4　Eagle Ford 页岩

Eagle Ford 页岩发育于得克萨斯州西部上白垩统塞诺曼阶—土伦阶。Goldhammer 和 Johnson （2011） 的研究表明：沉积环境是一个局限的大陆架，介于白垩纪时期的两个生物礁带 （Edwards 礁和 Sligo 礁） 之间。页岩厚度为 50~250ft （15~76m），GR 值约 90API，电阻率为 10~30Ω·m，测井解释孔隙度约为 18%。

同样，2008 年利用约 100 个光栅成像测井数据绘制了 Eagle Ford 页岩孔隙度×页岩厚度图。孔隙度×页岩厚度的数据范围在 3~30 之间。其中发育 3 个明显的厚层区，分别是 Maverick 盆地 Lasalle、Karnes/Dewitt 和 Dimmitt 县 （图 9.8）。2007 年以来，所有已钻水平井的初始产量证明，Lasalle 和 Karnes/Dewitt 县的高产井集中分布。部分井也分布在页岩厚度较薄的 Live Oak 县，但在近期钻探，这些地区的井控储量非常有限。Maverick 盆地 Dimmitt 县厚层区的气井产能有限，毕竟该区域 Eagle Ford 页岩的成熟度较低。

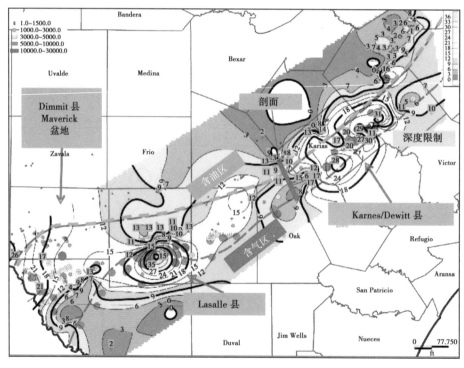

图 9.8　Eagle Ford 页岩的孔隙度×页岩厚度图叠合气井的初始产量

气井数据据 IHS 公司 2007 年以来在 Eagle Ford 页岩钻遇的所有水平井

图 9.9 为连井对比图，反映了随着从含气区到含油区，密度/中子测井曲线对成熟度的响应。Live Oak 县的 Spartan Oscar Stridde 井在 Eagle Ford 页岩地层含气，密度/中子测井曲线呈现明显交叉现象，而 Chevron Hurt 8 井地层含油，密度/中子测井曲线呈现为 3~6 个孔

隙单位的间隔。Hurt 井的密度孔隙度值也较低，为 3% ~ 6%，而在 Stridde 井中，测井解释孔隙度平均值为 15%。虽然这也能说明两口井之间的岩性变化，但主要的影响因素可能是 Stridde 井中的含气孔隙度更高，根本上说是因为 Stridde 井中干酪根的转化率更高，导致 Stridde 井中的孔隙度更大。

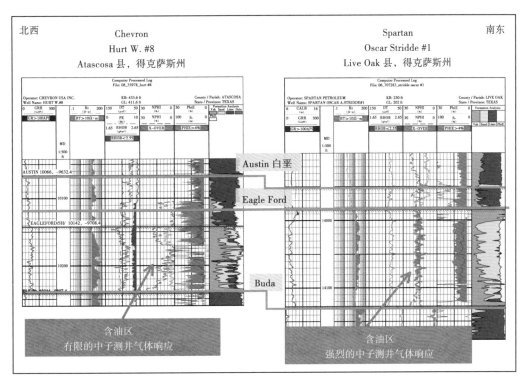

图 9.9　Eagle Ford 页岩的连井剖面，展示含油区和含气区的不同测井响应特征

9.5　Marcellus 页岩

Marcellus 页岩是中泥盆统艾菲尔阶页岩，发育于 Appalachian 前陆盆地（Millici 和 Swezey，2006；Nyahay 等，2007；Boyce 和 Carr，2010）。Marcellus 页岩厚度在 50 ~ 250ft（15 ~ 76m）之间，具有典型含气页岩的测井响应特征，GR 值介于 150 ~ 300 API 之间或更高，电阻率较高，大于 100Ω·m，密度较低，物性最好的页岩测井解释孔隙度为 10%。中子测井曲线可见明显的气体响应，特别是在 Marcellus Ladd Petroleum 附近的 Lottie Allen #1 井。

2008 年利用约 250 个光栅成像测井数据绘制了孔隙度×页岩厚度图。Marcellus 含气页岩内有 4 个页岩厚层发育区，均处于含气带的西侧（$R_o > 1\%$）和 Allegheny 构造前缘之间，分别是宾夕法尼亚州东北部、中部、西南部和西弗吉尼亚州（图 9.10）。其中宾夕法尼亚州西南部刚发布了测试结果，使用的所有初始产量均来自 2005 年以来 Marcellus 地层水平井的测试数据。

这些井的初始产量与孔隙度×页岩厚度一致性较好，尤其是在宾夕法尼亚州西南部和东北部。由于初始产量数据有限，未来结论更具不确定性。

连井剖面显示，与宾夕法尼亚州西南部的东部物性较差的储层相比，宾夕法尼亚州东南部产量较高，且呈明显不同的密度、中子测井响应特征（图 9.11）。

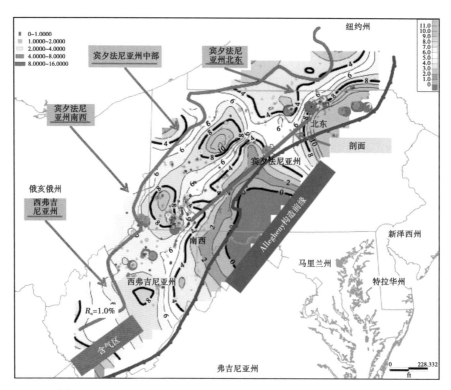

图 9.10 Marcellus 页岩的孔隙度×页岩厚度图叠合气井的初始产量

气井数据据 IHS 公司 2005 年以来在泥盆系 Marcellus 页岩钻遇的所有水平井

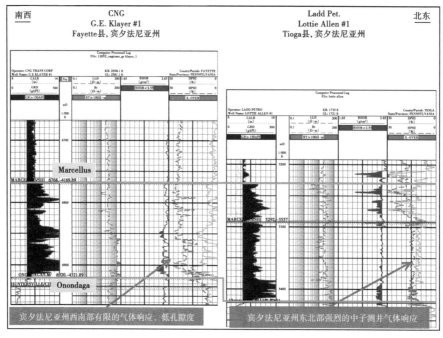

图 9.11 Marcellus 页岩的区域连井剖面

从宾夕法尼亚州 Tioga 县的东北到 Fayette 县西南

如 Eagle Ford 页岩的连井剖面所示，测井响应的不同与成熟度的相关性不大，可能与黏土含量的增加有关。

9.6 "甜点"内气井的生产动态

关于"甜点"另一个需要关注的是，根据统计"甜点"内气井的生产动态差别较大。Barnett 页岩就是一个很好的例子，目前 Barnett 页岩气的生产历史最长。在得克萨斯州东北部的 Johnson 县（Barnett 页岩产出的主力区域），根据递减曲线法分析了该区 5700acre 内共 91 口井的最终采收率（图 9.12 和图 9.13）。在这 5700acre 的区域内，不同井之间的最终采收率相差一个数量级，从 $0.3 \times 10^9 \text{ft}^3$ 到 $3 \times 10^9 \text{ft}^3$ 不等。取平均值来说，虽然在主力区域内井的生产动态比非主力区的好，但就单井而言，主力区域内井的生产动态千差万别。从 2005 年开始，Barnett 页岩的主要实施方在 5700acre 的土地上钻探了所有的气井，根据公开的数据显示，这些气井的完井方式和水平段长度基本相同。在实施方操作规范的前提下，采收率的不同可以反映出一个较小井距内的地质复杂多变的特征，或可能是由于裂缝压裂措施引起的整体变化。

因此，任何盆地尺度的图件在预测效果方面，如孔隙度×页岩厚度图等地质、地球化学图件，本质上很难预测单井的生产动态情况。因为即便是主力区域内，其单井生产情况也有所不同。

图 9.12　得克萨斯州 Johnson 县西北 Barnett 页岩气井的最终采收率气泡图
所有水平井的完井时间为 2005—2007 年，水平段长度、增产措施基本相同；
注意，在含气页岩的主产区，不同井之间，预测采收率发生数量级的变化

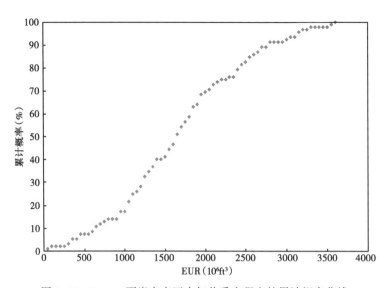

图 9.13　Barnett 页岩主产区内气井采出程度的累计概率曲线

图中可见，采出天然气总量从 $0.3×10^9 ft^3$ 到 $3×10^9 ft^3$，以及气井生产动态的统计学属性

9.7　定性和定量评估

　　孔隙度×页岩厚度图所呈现的是一种绝对的定性方法，即使图件并不很精确，Haynesville、Eagle Ford 和 Marcellus 页岩的厚度图也能预测范围内气井的生产动态，并识别出"甜点"。在评价一个盆地级别的页岩含气资源时，孔隙度×页岩厚度图提供了一种基本的地质绘图方法，类似于常规储层的净厚度或孔隙度图。希望可以进行校正岩石数据和量化天然气地质储量等一系列深入研究，以确定性评估页岩含气资源。通过孔隙度×页岩厚度图可以有效地预测气井生产的相对动态情况，厚度图的形态与"甜点"分布图、天然气储量分布图有很大的相似性，这些图件常见于石油公司投资者的演示文件中。尽管我们应该对投资者的演示文件持怀疑态度，但关于本文三个页岩气藏的"甜点"位置，它们的确与这些文件中图件标注的所一致。许多公司对岩石数据进行严密的整合并将其校正，以便分析和识别"甜点"。因而他们有信心保证，严格的岩石数据校正有利于更好地绘制"甜点"特征及估算天然气地质储量。本文所展示的定性的、未校正的孔隙度×页岩厚度图与气田中岩石标定后的"甜点"分布图有相似之处，表明原始的、未校正的密度测井响应是两者背后的主要驱动因素。如果这些图件的整体形态取决于未校正的密度孔隙度，那么通过岩石标定改变的是什么值？以目前的方法获得的页岩天然气地质储量是定量化的吗？可靠吗？

　　下面概述的几项结果表明，以目前的方法来量化页岩的天然气地质储量是值得商榷的，而且它们的实际效果可能要从根本上重新评估：

　　（1）根据特殊岩心分析，同一岩心的实测页岩孔隙度在不同实验室之间测算的结果可相差三倍（Passey 等，2010）。对不同孔隙度值进行校正的实际效果值得商榷。

　　（2）准确率较低的岩心孔隙度不仅用来校正密度测井的孔隙度值，还被用来修正 TOC 值。这种方法的稳定性存在问题，因为交会图通常呈现一定程度的分散。此外，不同井之间校正系数也不同，并非每口井都有取心资料，因此精确校正方法也存在问题。

　　（3）通过测井或岩心分析很难确定含气页岩中的含水饱和度。Passey 等（2010）认为在含气页岩中存在既浸水和又浸油气的孔隙结构。

（4）含气页岩的孔隙结构和测井工具采样间隔之间有 6~7 个数量级的差异。目前测井工具采样间隔为 0.5ft（15.24cm），而含气页岩的孔隙结构变化以纳米为测量尺度（1×10⁻⁹m）（图 9.14 和图 9.15）。如果当前测井工具难以定量评价非均质性大孔隙结构的储层，例如多孔的碳酸盐岩，那为什么我们还要寄希望于测井工具给出定量的结果呢，特别是含气页岩在纳米级别上发育相似的非均质性孔隙结构？

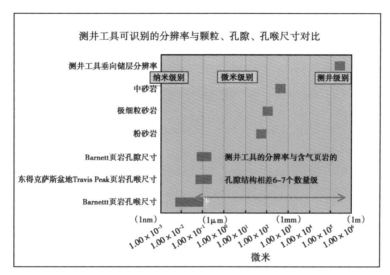

图 9.14　页岩气藏评价中数量级的差异

含气页岩的孔隙结构范围从几十纳米到几百纳米不等，而测井的采样间隔为厘米尺度，

两者之间相差 6~7 个数量级（据 Nelson，2009，修改）

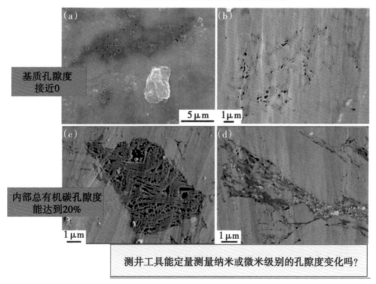

图 9.15　离子扫描电镜下 Barnett 页岩孔隙结构的非均质性

孔隙结构大小为几百纳米

9.8 结论

孔隙度×页岩厚度图和中子测井曲线的气体响应为我们在盆地级别表征"甜点"的特征提供了一种可靠的方法,然而该技术仍为定性分析并存在一定的局限性,原因是页岩气井采收率的数据来源受自身的统计学属性影响,以及除储层物性和数量外的其他因素,如力学性质等,这些都影响含气页岩经济上的最佳完井方式。这些定性分析方法的实际应用取决于页岩 TOC 值及与其相关的孔隙度,也是评价含气页岩储层物性的主要控制因素。利用现有的测井工具和方法,可以对含气页岩纳米级的孔隙结构进行定性分析,但是,在定量计算天然气地质储量时存在较大误差。

参 考 文 献

Boyce, M. L., and T. R. Carr, 2010, http://www.searchanddiscovery.net/documents/2010/10265boyce/ndx boyce.pdf.

Ewing, T. E., 2001, Review of Late Jurassic depositional systems and potential hydrocarbon plays, northern Gulf of Mexico Basin: Gulf Coast Association of Geological Societies Transaction, v. 40, p. 85−96.

Goldhammer, R. K., and C. A. Johnson, 2001, Middle Jurassic−Upper Cretaceous paleogeographic evolution and sequence−stratigraphic framework of the northwest Gulf of Mexico rim, in C. Bartolini, R. T. Buffler, and A. Cantú−Chapa, eds., The western Gulf of Mexico Basin: Tectonics, sedimentary basins, and petroleum systems, AAPG Memoir, v. 75, p. 45−81.

Hill, R. J., E. Zhang, B. J. Katz, and Y. Tang, 2007, Modeling of gas generation from the Barnett Shale, Fort Worth Basin, Texas, AAPG Bulletin, v. 91, no. 4, p. 501−521.

Hinds, G. S., and R. R. Berg, 1990, Estimating organic maturity from well logs, Upper Cretaceous Austin Chalk, Texas Gulf Coast: Gulf Coast Association of Geological Societies, v. 40, p. 295−300.

Jarvie, D. M., R. J. Hill, T. E. Ruble, and R. M. Pollastro, 2007, Unconventional shale−gas systems: The Mississippian Barnett Shale of north−central Texas as one model for thermogenic shale−gas assessment, AAPG Bulletin, v. 91, no. 4, p. 475−499.

Loucks, R. G., R. M. Reed, S. C. Ruppel, and D. M. Jarvie, 2009, Morphology, genesis, and distribution of nanometer−scale pores in siliceous mudstones of the Mississippian Barnett Shale, Journal of Sedimentary Research, v. 79, p. 848−861.

Meyer, B. L., and M. H. Nederlof, 1984, Identification of source rocks on wireline logs by density/resistivity and sonic transit time/resistivity crossplots, AAPG Bulletin, v. 68, p. 121−129.

Milici, R. C., and C. S. Swezey, 2006, Assessment of Appalachian Basin oil and gas resources: Devonian Shale—Middle and Upper Paleozoic total petroleum system, USGS Open−File Report, 2006−1237, 70p.

Montgomery, S. L., D. M. Jarvie, K. A. Bowker, and R. M. Pollastro, 2005, Mississippian Barnett Shale, Fort Worth Basin, north−central Texas: Gas−shale play with multitrillion cubic foot potential, AAPG Bulletin, v. 89, no. 2, p. 155−175.

Nelson, P. H., 2009, Pore–throat sizes in sandstones, tight sandstones, and shales, AAPG Bulletin, v. 93, no. 3, p. 329–340.

Nyahay, R., J. Leone, L. B. Smith, J. P. Marin, and D. J. Jarvie, 2007, Update on regional assessment of gas potential in the Devonian Marcellus and Ordovician Utica shales of New York, Search and Discovery Article #10136, adapted from presentation at 2007 AAPG Eastern Section meeting, September 16–18, Lexington, Kentucky.

Passey, Q. R., K. M. Bohacs, E. R. Klimentidis, and S. Sinha, 2010, From oil–prone source rock to gas–producing shale reservoir—geologic and petrophysical characterization of unconventional shale–gas reservoirs, Richardson, Texas, SPE, p. 1–29.

Passey, Q. R., S. Creaney, J. B. Kulla, F. J. Moretti, and J. D. Stroud, 1990, A practical model for organic richness from porosity and resistivity logs: AAPG Bulletin, p. 1777–1797.

Pollastro, R. M., 2007, Total petroleum system assessment of undiscovered resources in the giant Barnett Shale continuous (unconventional) gas accumulation, Fort Worth Basin, Texas, AAPG Bulletin, v. 91, no. 4, p. 551–578.

Pollastro, R. M., D. M. Jarvie, R. J. Hill, and C. W. Adam, 2007, Geologic framework of the Mississippian Barnett Shale, Barnett–Paleozoic total petroleum system, Bend Arch–Fort Worth Basin, Texas, AAPG Bulletin, v. 91, no. 4, p. 405–436.

Schlumberger Educational Services, 1989, Log interpretation principles/applications, Houston, 198 p.

U. S. Department of Energy, 2010, Impact of the Marcellus Shale gas play on current and future CCS activities, p. 1–32.

Zaki, B., 1994, Theory, measurement and interpretation of well logs, SPE Textbook Series: Richardson, Texas, SPE, 372 p.

Zhao, H., N. B. Givens, and B. Curtis, 2007, Thermal maturity of the Barnett Shale determined from well–log analysis, AAPG Bulletin, v. 91, no. 4, p. 535–549.

第10章 含有机质页岩的岩石物理和力学性质及其对流体渗流的影响

Fred P. Wang, Ursula Hammes, Robert Reed, Tongwei Zhang

Bureau of Economic Geology, Jackson School of Geosciences, University of Texas at Austin, 10100 Burnet Rd., Bldg 130, Austin, Texas, 78758, U. S. A.
（e-mails：fred. wang@ beg. utexas. edu；ursula. hammes@ beg. utexas. edu；rob. reed@ beg. utexas. edu；tongwei. zhang@ beg. utexas. edu）

Xiaohu Tang

Hermes Microvision Inc., 1762 Automation Parkway, San Jose, California, 95131, U. S. A.
（e-mail：xiaohutang@ gmail. com）

Qinghui Li

China Petroleum University, 18 Fuxue Rd., Changping, Beijing China 102249
（e-mail：liqinghui@ sina. cn）

  摘要 北美页岩气的成功开发已经引起了人们对关键物性的广泛关注，例如有机质孔隙网络、润湿性、原生水饱和度、地层压力梯度和岩石脆性。虽然人们对这些物性了解不多，但它们独有的特征对存储能力、流体流动和生产都会产生重大影响。本次研究的目的是探讨有机质孔隙网络、润湿性、低原生水饱和度、地层压力梯度和有效应力对富含有机质页岩的物性及流体通过页岩储层渗流的潜在影响。

  富含有机质页岩的润湿性是热成熟度、总有机碳含量、吸附性、极性组分含量及其他参数的复杂函数。尽管在低温低压下的结果表明，有机质的疏水性随着热成熟度的降低而降低，但是在储层条件下，气体吸附使得有机质趋向于疏水。

  有机质中的孔隙度比无机质的孔隙度高许多倍，由于孔隙度高且主要是单相流，气体在有机质中的渗透性大大高于在无机质中的渗透性，有利于提高气体在页岩储层的渗透性。此外，据估计有些页岩中有机质孔隙网络的孔隙体积比裂缝的孔隙体积大，因此有机质孔隙网络可能是气体高产的通道。

  优质含气页岩的原生水饱和度很低，在15%~40%之间。低原生水饱和度很可能是在高温高压下生烃、排烃过程中形成的，其与最大埋深处的原生水饱和度密切相关，而与目前埋深无关。低原生水饱和度降低了页岩储层产水的可能性，同时也降低了压裂液返排效率。

  对 Barnett 和 Haynesville 页岩样品力学性质的室内压缩测试表明，破裂失效和破裂剪切混合失效模式是页岩样品在低有效应力条件下的主要失效模式，而在较高的有效应力下，剪切失效模式是主要的失效模式。大多数测试中，应变小于1%时，样品就失效了，根据 Griggs 和 Handin 划分的标准，这些岩石是很脆的。

页岩品相、油气运移能力和产能的可持续性决定了页岩气藏能否成功开发。尽管不同富含有机质页岩的品相、岩石物理性质和地质力学条件差异明显，但由于水平井技术和多级水力压裂技术的进步，几个高品相的有机页岩储层已经实现高产能开发。北美这几处高品相页岩气藏的成功开发已经引起工业界和学术界对关键参数的广泛兴趣。如有机质孔隙网络、润湿性、低原生水饱和度、地层压力梯度和脆性。虽然人们对这些参数的独特特征和错综复杂的影响还不甚了解，但是它们对页岩储层的岩石性质、存储能力、流体流动和产能具有深刻影响。

Leverson（1954）认为有机质通常油相润湿，有机烃在页岩中通过连续路径运移。Hedberg（1980）阐明了有机烃生成过程中粉质有机页岩的演化阶段、演化过程和性质变化。Law 和 Dickinson（1985）提出了盆地气演化的概念模型，在过去 10 年中，对有机质对页岩影响的认识迅速突破生烃阶段的局限，扩展到存储、岩石性质、流体流动和产能等各方面。Jarvie 等（2007）设想了有机质分解作用在有机质中形成微孔隙的可能性。Reed 和 Loucks（2007）利用离子研磨制备的样品和扫描电子显微镜成像技术成功对有机质中的孔隙进行了成像。许多富含有机质页岩样品的有机质孔隙都已有记录，如 Barnett 页岩（Ruppel 和 Loucks，2008；Loucks 等，2009；Ambrose 等，2010；Curtis 等，2010；Loucks 等，2010；Milner 等，2010；Sondergeld 等，2010）、Haynesville 页岩（Bresch 和 Carpenter，2009；Loucks 等，2010；Milner 等，2010；Hammes 等，2011）、Marcellus 页岩（Milner 等，2010；Laughrey 等，2011）、加拿大的 Horn River 页岩（Curtis 等，2010）、Eagle Ford 页岩（Walls 等，2011）以及中国的志留系/奥陶系页岩（Li 等，2010）。

Wang 和 Reed（2009）研究了有机质孔隙网络对页岩中流体渗流的潜在影响。Wang 等（2013）利用 Haynesville 页岩的岩心数据研究了总有机碳含量对孔隙度、渗透率和原生水饱和度的影响。他们还建立了一种估计有机质孔隙度的经验方法。本次研究的目的是探讨有机质孔隙网络、润湿性、低原生水饱和度、地层压力梯度和有效应力对富含有机质页岩物性及页岩储层中流体渗流的潜在影响。本文测量了页岩干酪根的润湿性，拓展了 Law 和 Dickinson 关于有机页岩压力、孔隙度、原生水饱和度演化的概念模型，通过三轴压缩实验探讨了孔隙压力和有效应力对有机页岩力学性能和脆性的影响。

10.1 数据与方法

本次研究采用了 Barnett 页岩、Haynesville 页岩、Eagle Ford 页岩和 Marcellus 页岩的多种类型数据以及北美的露头数据（表 10.1）。用于研究岩相、岩石物理性质和岩石力学性质的 Barnett 页岩岩心数据和样品来自得克萨斯州 Wise 县 Blakely 1 号井和 T. P. Sims 2 号井，Haynesville 页岩的岩心来自得克萨斯州 Harrison 县 BP 公司的 George A8 井和 Hoffman 1 号井以及 Panola 县 Carthage 气田 13-17 区块，露头样品来自俄克拉荷马州 Woodford 页岩和科罗拉多州 Green River 页岩。此外，利用得克萨斯州 Fort Worth 盆地的 Barnett 页岩岩心数据（Cluff 等，2007；Bustin 等，2008；Walls 等，2011；Slatt 等，2011）和得克萨斯州西部及路易斯安那州的 Haynesville 页岩岩心数据建立了孔隙度和渗透率相关关系，利用 Barnett 页岩（Jarvie，2004）和 Haynesville 页岩（Wang 和 Hammes，2010；Hammes 等，2011）研究了总有机碳含量对气体含量、孔隙度、渗透率和原生水饱和度等岩石物理参数的影响。

表 10.1 本次研究所用的数据类型及来源

数据类型	数据来源
岩相	得克萨斯州 Fort Worth 盆地 Wise 县 T. P. Sims 2 号井的 Barnett 页岩（Reed，2009）； 得克萨斯州 Harrison 县 George A8 井 Haynesville 页岩（Hammes 等，2011）
总有机碳含量	得克萨斯州 Harrison 县 BP 公司 George A8 井 Haynesville 页岩（Hammes 等，2011）； 得克萨斯州 Panola 县 Carthage 气田 13-17 区块（Hammes 等，2011）
润湿性	得克萨斯州 Fort Worth 盆地 Wise 县 Blakely 1 号井 Barnett 页岩（Zhang 等提供样品，2012）； 俄克拉何马州 Woodford 页岩露头（Zhang 等提供样品，2012）； 科罗拉多州 Green River 页岩露头（Zhang 等提供样品，2012）
岩心分析	
孔隙度和渗透率	得克萨斯州 Harrison 县 BP 公司 George A8 井 Haynesville 页岩； 得克萨斯州 Panola 县 Carthage 气田 13-17 区块 Haynesville 页岩； 路易斯安那州 Elm GrovePlantation 63 号井 Haynesville 页岩（Stoneburner，2010）； （数据据 Soeder，1988；Cluff 等，2007；Bustin 等，2008；Walls 等，2011；Slatt 等，2011）
原生水饱和度	得克萨斯州 Harrison 县 George A8 井 Haynesville 页岩； 得克萨斯州 Panola 县 Carthage 气田 13-17 区块 Haynesville 页岩
三轴压缩实验	得克萨斯州 Fort Worth 盆地 Wise 县 T. P. Sims 2 号井 Barnett 页岩； 得克萨斯州 Harrison 县 Hoffman 1 号井 Haynesville 页岩
页岩含油气区带	Barnett 页岩（Curtis，2002；Johnston，2004；Montgomery 等，2005；Frantz 等，2005；Cluff 等，2007；Slatt 等，2012）； Haynesville 页岩（Buller 和 Dix，2009；Hanson，2009；Spain 和 Anderson，2010；Stoneburner，2010；Hammes 等，2011）； Eagle Ford 页岩（Cusack 等，2010；Mullen，2010；Rhein 等，2011）； Marcellus 页岩（DeWitt，2008；Lash，2008；Mayerhofer 等，2011）

本文选择了三个富含有机质的页岩——得克萨斯州北部的 Barnett 页岩、俄克拉何马州的 Woodford 页岩和科罗拉多州的 Green River 页岩样品进行润湿性初步研究。Green River 页岩和 Woodford 页岩露头的样品位于生油窗早期，Barnett 页岩样品位于生气窗。首先将这些样品粉碎，除去大量矿物质，提取干酪根碎片（表 10.2）。这些提取物中的总有机碳含量在 Green River 页岩中平均为 63.9%，在 Woodford 页岩中为 69.1%，在 Barnett 页岩中为 31.8%。环境扫描电镜（ESEM）用于测量这些干酪根提取物的接触角。通过逐渐增加孔室的压力，水滴在 5℃冷凝。

表 10.2 页岩样品的地球化学和岩石物理性质（据 Zhang 等，2012）

参　　数	Green River 页岩 （科罗拉多州）	Woodford 页岩 （俄克拉何马州）	Fort Worth 盆地 Barnett 页岩（得克萨斯州）
井名	露头	露头	Blakely 1 号井
深度（ft）			7191
干酪根类型	I	II	II
镜质组反射率（%）	约 0.5	0.58	1.35
总有机碳含量（%）	20.7	17.2	6.6
矿物含量（%）	80.3	82.8	93.4
提取物总有机碳含量（%）	63.9	69.1	31.8
提取物矿物含量（%）	36.1	30.9	68.2

中国石油大学（北京）岩石力学实验室通过三轴压缩实验，对得克萨斯州 Fort Worth 盆地 Barnett 页岩、得克萨斯州东部 Haynesville 页岩的地质力学性质进行了测试。从 T. P. Sims 2 号井 Barnett 页岩和 Hoffman 1 号井 Haynesville 页岩取心的直径为 1in，长度为 2~3in，三轴压力实验的围压变化范围为 1450~13152psi（10~90MPa）。

10.2 富含有机质页岩的岩石物理性质

高品相富含有机质页岩的特性之一就是集生烃、圈闭、成藏于一体（Montgomery 等，2005），尽管北美页岩气资源的成功开发使得高品相的富含有机质页岩成为今天最令人振奋的油气藏之一，但是人们对这些页岩的物性和其中流体的渗流还知之甚少，需要新的方法和理论来更深入地理解它们。

10.2.1 孔隙度

高产页岩气体系具有四种孔隙类型：无机质孔隙、有机质孔隙、天然裂缝和诱导裂缝。有机质中的孔隙似乎与热成熟度相关，而无机基质中的孔隙可分为粒内孔和粒间孔（Loucks 等，2010）。采用离子研磨制备样品和扫描电镜成像技术，对得克萨斯州 Fort Worth 盆地 Barnett 页岩和 Harrison 县 Haynesville 页岩有机质中的孔隙进行了成像（图 10.1），有机质孔隙的大小从几纳米到几微米不等，由于其表面既能吸附气体，自身又能储存自由气，因而是特别重要的孔隙类型（Reed 和 Loucks，2007；Loucks 等，2009；Milner 等，2010）。Fort Worth 盆地 Barnett 页岩中有机质的孔隙度从 0 到 55% 不等（Loucks 等，2009；Sondergeld 等，2010）。

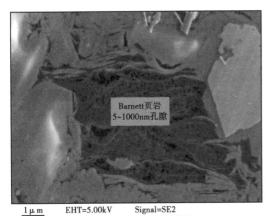
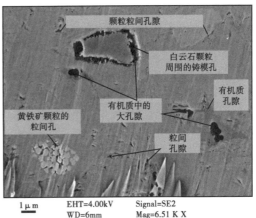

（a）Fort Worth 盆地 East Newark 气田 T. P. Sims 2 号井 Barnett 页岩孔隙　　（b）得克萨斯州 Harrison 县 George A8 井 Haynesville 组页岩孔隙

图 10.1　氩离子束研磨表面的扫描电镜成像显示的有机质孔隙（据 Loucks 等，2010，修改）

与 Barnett 页岩有机质孔隙占主导地位不同，异常高压的 Haynesville 页岩中基质孔隙占主导。Haynesville 页岩孔隙主要在白云石颗粒、黄铁矿骨架、有机质和黏土等矿物中和矿物周边发育，白云石颗粒周围和有机质中的大孔隙可能是由于高压和高地层压力梯度引起的。此外，Haynesville 页岩（Bresch 和 Carpenter，2009；Milner，2010）、Appalachian 盆地 Marcellus

页岩（Milner，2010；Laughrey 等，2011）、得克萨斯州南部 Eagle Ford 页岩（Walls 等，2011）和加拿大 Horn River 页岩（Curtis 等，2010；Milner 等，2010）也发育有机质孔隙。

10.2.2　总有机碳含量的影响

有机质中储存的自由气与无机质中的自由气无法分离，但可以通过气体含量和吸附量与总有机碳含量的关系来估算（Wang 和 Reed，2009）。图 10.2 为 T. P. Sims 2 号井 Barnett 页岩气体含量和吸附气量与总有机碳含量的关系（Jarvie，2004），该图表明，无论是总气量（绿色方块）还是吸附气量（红色圆圈）都随着总有机碳含量线性增加。自由气含量等于总气量减去吸附气量，零总有机碳含量处的截距可以视为无机质中存储的自由气量，总气体含量（上部黑线）和虚线气体含量之间的浅棕色区域表示存储于有机质孔隙中的自由气含量，其随总有机碳含量的增加而增加。

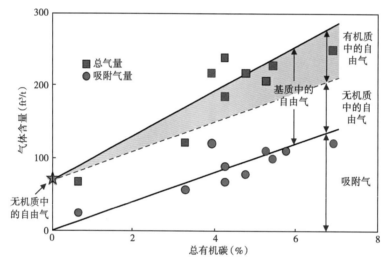

图 10.2　Fort Worth 盆地 East Newark 气田 T. P. Sims 2 号井 Barnett 页岩吸附气量和
总气体含量与总有机碳含量的关系（据 Jarvie，2004）

有机质和总有机碳含量除了对吸附气和总气体含量有影响外，对岩石物理性质也有明显影响。由于有机物质为多孔介质，可以预测在某些高品相含气页岩中，孔隙度随着总有机碳含量增加而增加。

Wang 等利用 Haynesville 页岩的岩心数据，观察到总孔隙度、含气孔隙度、渗透率和原生水饱和度、总有机碳含量之间具有有趣的相关性。岩心数据表明，含气饱和度、渗透率和原生水饱和度与总有机碳含量的相关性比它们与总孔隙度的相关性更好。在基质孔隙占主导的 Haynesville 页岩中，有机质孔隙网络在气体存储和流体渗流方面仍然起着重要的作用。

图 10.3a 绘制了得克萨斯州东部两口 Haynesville 页岩取心井的总孔隙度与总有机碳含量的关系。数据分散，孔隙度和总有机碳含量的相关性较弱。总孔隙度是有机质和无机质中总的孔隙度，并没有可靠的方法分别进行测量。然而，在孔隙度为 7.5% 的这条虚线上方，孔隙度随总有机碳含量增加而增加的趋势增强，似乎是对无机质中平均孔隙度较好的估计方法。根据有机质孔隙度为 10%、20%、30% 和 40% 计算了四条实线。尽管数据高度分散，特别是在总有机碳含量为 3% 附近，仍然显示出孔隙度随总有机碳含量增加而增加的微弱趋

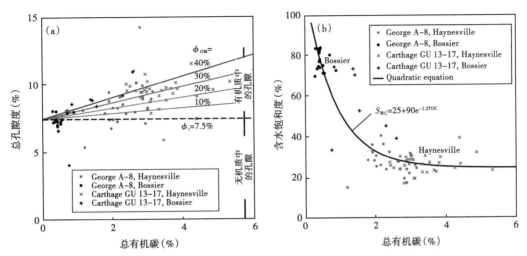

图 10.3　得克萨斯州东部 Haynesville—Bossier 页岩总有机碳含量对孔隙度（a）
和原生水饱和度（b）的影响

数据来源于得克萨斯州 Harrison 县 BP 公司 George A8 井和得克萨斯州 Panola 县 Carthage 气田 13−17 区块

势。这种弱趋势规律可以通过 30% 有机质孔隙度来近似回归。目前已有间接的经验性方程，用于估计大于扫描电镜成像（Ruppel 和 Loucks，2008；Loucks 等，2009；Sondergeld 等，2010）或聚焦离子束扫描电子显微镜（Ambrose 等，2010，Sondergeld 等，2010）尺度的有机质孔隙度。

10.2.3　润湿性

随着页岩气资源的快速开发和有机质孔隙网络的发现，有机质的重要性质，如润湿性，已经成为另一个可以加深对流体渗流和页岩气生产认识的关键参数。多孔介质和矿物质的润湿性在许多学科中是由来已久的课题，如油藏工程、地质学、土壤科学、矿业、化学工程和化学。储层岩石的润湿性是油、水、化学物质和岩石等物质的组成及性质的复杂函数（Leverson，1954；Amott 等，1959；Morrow，1986；Hirasaki，1991；Buckley 等，1997；Chenu 等，2000；Ellerbrock 等，2005；Bachmann 等，2007；Bowker，2007；Jarvie 等，2007）。在常规油藏中，大多数研究人员认为，油相中的极性组分可以吸附在岩石表面，使得油藏是油相润湿的（Leverson，1954；Morrow，1986；Buckley 等，1997）；在土壤中，润湿性是有机质、总有机碳含量、黏土类型和矿物表面有机质堆积类型等参数的复杂函数（Chenu 等，2000；Ellerbrock 等，2005；Bachmann 等，2007）。Odusina 等最新的研究显示：（1）有机页岩，如 Barnett 页岩、Eagle Ford 页岩、Woodford 页岩和 Floyd 页岩，可以自吸水和十二烷；（2）自吸水量随着黏土含量的增加而增加；（3）十二烷自吸量随总有机碳含量增加而增加。这些结果表明有机质是疏水性的，无机质是亲水的。

尽管干酪根通常被认为是疏水性的（Perrodon，1983；Bowker，2007），但是对富含有机质页岩的接触角的直接测量结果尚未充分证实这一点。因此，本文选择了三种有机页岩的样品以进行润湿性的初步研究，分别为得克萨斯州北部的 Barnett 页岩、俄克拉何马州的 Woodford 页岩和科罗拉多州的 Green River 页岩。这些样品的地球化学和岩石物理性质见表 10.2。来自 Green River 页岩和 Woodford 页岩的样品处于早期生油窗，镜质组反射率为 0.58%，总有机碳含量分别为 20.7% 和 17.2%。Barnett 页岩样品来自 Fort Worth 盆地 Blakely 1 号井 7191ft（2191m）深度处，位于生气窗，镜质组反射率约为 1.35%，总有机碳含量为 6.6%。Green River 页岩的干酪根类型为I型，而 Woodford 页岩和 Barnett 页岩的干酪根类型为II型。

图 10.4a、b 的增强扫描电镜图片显示，两个未成熟样品（镜质组反射率约为 0.5%）的干酪根提取物的接触角变化范围为 135°～175°，而成熟的 Barnett 页岩样品（镜质组反射率约为 1.35%）的干酪根提取物的接触角变化范围为 50°～80°。与增强扫描电镜图片结果类似，在常温常压下对粉碎样品进行的简单水滴实验也表明，Woodford 页岩和 Green River 页岩及其干酪根提取物都是强疏水性的。

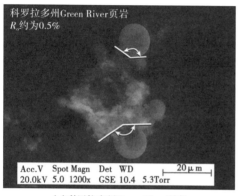
（a）科罗拉多州Green River页岩

（b）俄克拉何马州Woodford页岩

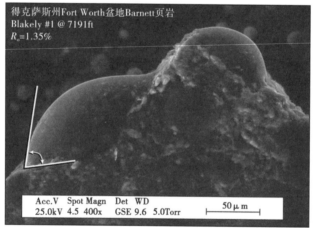
（c）得克萨斯州Fort Worth盆地Barnett页岩

图 10.4　增强扫描电镜成像显示的水对干酪根的接触角

上述结果表明，当镜质组反射率从 0.5% 增加到 1.35% 时，干酪根提取物的润湿性从强疏水性（油相润湿或者气相润湿）转变为中度亲水。这种润湿性随热成熟度变化的原因尚不清楚，可能与极性组分和总有机碳含量随热成熟度提高而减少有关。矿物类型和含量、裸露氧化、钻井、取心和洗井中所用的化学剂都会使润湿性的变化更加复杂。

然而，增强扫描电镜在低温低压下测得的接触角可能不代表储层条件下真实的接触角，特别是气体吸附量随压力增加而增加，干酪根上的吸附气使得有机质在储层条件下强疏水。根据这种疏水性可以推断，有机质可以作为微米和纳米过滤膜，利于烃流动的同时锁水

（Wang 和 Reed，2009），气体流过有机质孔隙时很可能是单相的。由于具有疏水有机质和亲水无机质，富含有机质页岩的润湿性很可能是混合润湿（Bowker，2007）。

10.2.4　渗透率

页岩的渗透率范围从纳达西以下到毫达西，是页岩类型、样品类型、孔隙度和有效应力的函数（Soeder，1988；Davis 等，1991；Luffel 和 Guidry，1992；Bustin 等，2008；Sondergeld 等，2010；Wang 和 Hammes，2010；Slatt 等，2011；Walls 等，2011）。岩心段和破碎岩心两种类型的样品可用于渗透率测量，图 10.5a 中 Marcellus 页岩（Soeder，1988）、Barnett 页岩（Slatt 等，2011）、Eagle Ford 页岩岩心段的渗透率测量值比 Haynesville 页岩（Wang 和 Hammes，2010）和 Eagle Ford 页岩（Walls 等，2011）破碎样品的渗透率测量值高几个数量级。随着孔隙度增加，这种差异逐渐减小。Walls 等（2011）对 Eagle Ford 页岩

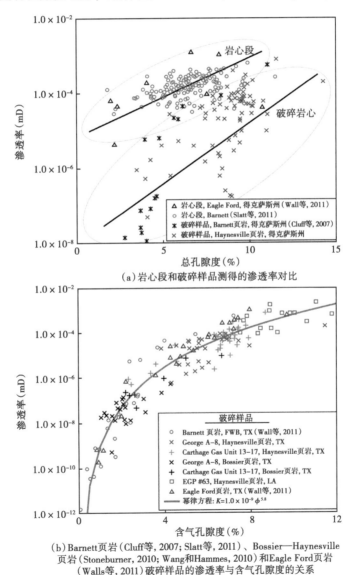

（a）岩心段和破碎样品测得的渗透率对比

（b）Barnett页岩（Cluff等，2007；Slatt等，2011）、Bossier—Haynesville
页岩（Stoneburner，2010；Wang和Hammes，2010）和Eagle Ford页岩
（Walls等，2011）破碎样品的渗透率与含气孔隙度的关系

图 10.5　页岩岩心段和破碎样品的孔渗关系

岩心段渗透率的测量结果表明，样品的有机质孔隙越多，渗透率越高。

虽然，破碎样品测量的是真实基质渗透率（Luffel 和 Guidry，1992），岩心段测得的较高渗透率可能更能代表含气页岩整个有效孔隙网络的渗透率，该渗透率与页岩具有高于预期的气体产能相吻合。然而，易破裂性使得真实岩心段的渗透率难以测量。

图 10.5b 绘制了 Barnett 页岩（Cluff 等，2007）、Bossier—Haynesville 页岩（Stoneburner，2010；Wang 和 Hammes，2010；）和 Eagle Ford 页岩（Walls 等，2011）破碎样品的孔渗关系，数据可以通过简单的幂律方程拟合：

$$K = 1.0 \times 10^{-9} \phi 5.8$$

式中，ϕ 是目前的孔隙度；K 为渗透率，单位达西。当含气孔隙度小于 3% 时，渗透率小于 1mD，渗透率—孔隙度关系呈现陡峭的斜率，主要是高黏土含量和高含水饱和度造成的相对渗透率效应导致的。当含气孔隙度大于 3% 时，渗透率—孔隙度关系具有平缓的斜率。Haynesville 和 Eagle Ford 页岩的渗透率高于 Barnett 页岩，是由于 Haynesville 和 Eagle Ford 页岩的孔隙度高于 Barnett 页岩的孔隙度。当含气孔隙度大于 3% 时，有机质孔占主导的 Barnett 页岩渗透率高于基质孔隙占主导的 Haynesville 页岩渗透率，这种差异部分源于 Barnett 页岩中有机质孔的高渗透率，虽然破裂作用已极大降低了有机质孔隙网络之间的连通性。

有机质的渗透率对于页岩气生产至关重要，但目前仍无法测量。只能通过有机质的性质定性推断。高孔隙度（Reed 和 Loucks，2007；Sondergeld，2010）、主要是单向流（Wang 和 Reed，2009）以及气体的滑脱效应（Klinkenberg，1941；Soeder，1988；Javadpour 等，2007）都意味着有机质中的渗透率明显高于无机质，反过来，又可以显著增强富含有机质页岩的渗透率（Wang 和 Reed，2009）。

10.2.5　有效应力对渗透率的影响

页岩的渗透率具有高度的应力敏感性，当有效应力从 500psi 增加到 5000psi 时，渗透率可以降低一到两个数量级（Soeder，1988；Bustin 等，2008；Sondergeld，2010）。对于埋藏较深的页岩，如 Haynesville 页岩和 Eagle Ford 页岩，在生产过程中，压力波及区的有效应力变化可达 5000psi 以上，应力增加导致的渗透率降低可能导致产量在第一年就急剧下滑，并造成低采收率。Haynesville 页岩第一年的产量递减率可高达 80%（Stoneburner，2010；Wang 等，2013）。

10.2.6　原生水饱和度

图 10.3b 绘制了 Haynesville 页岩及其上覆的 Bossier 页岩原生水饱和度与总有机碳含量的关系。该图显示原生水饱和度随总有机碳含量增加呈指数下降，当总有机碳含量小于 1% 时，原生水饱和度为 85%，总有机碳含量约 2.5% 时，原生水饱和度下降至 30%，总有机碳含量为 6% 时，原生水饱和度进一步下降到 25%。由于 Bossier 页岩的总有机碳含量低，但孔隙度相对较高，为 6%~11%，因此 Haynesville 和 Bossier 页岩的原生水饱和度与总孔隙度不相关（Wang 等，2013）。

如表 10.3 所示，高品相页岩气藏的原生水饱和度很低（Frantz 等，2005；Montgomery 等，2005；Boyer 等，2006；DeWitt，2008；Parker 等，2009；Cusack 等，2010；Stegent 等，2010）。这些页岩的埋深从 4000ft 到 18000ft 不等（1219~5486m）（表 10.3），但原生水饱和

度保持相对稳定在 20%~30%。Barnett 页岩（Ewing，2006）和 Marcellus 页岩（Lash，2008）在生烃过程中埋藏深，后来大幅度抬升。

低原生水饱和度与深埋过程中油气生成、运移和侵入有关（Hedberg，1974，1980；Law 和 Dickinson，1985；Meissner，1987；Montgomery 等，2005）。这些过程导致异常干燥和异常高压（Hedberg，1980；Meissner，1987；Law 和 Dickinson，1985）。在随后的抬升过程中，异常高压阻碍了水流入（Law 和 Dickinson，1985）。因此原生水饱和度似乎与目前的埋深或者抬升的幅度无关。水可以作为单独的液相与油气一起通过微观裂缝和宏观裂缝排驱出页岩，也可以作为水蒸气溶解于气相中（Newsham 和 Rushing，2002）。低原生水饱和度与最大埋深处的古高温和高矿化度密切相关。这拓展了由来已久的 Hedberg（1967）假设：许多油藏的原油性质与最大埋深的古高温有关，与目前温度和埋深无关，其他流体和岩石性质则相反。

表 10.3　美国四个主要页岩气储层——Barnett、Haynesville、
Eagle Ford 和 Marcellus 页岩的性质

性质	Haynesville 页岩，得克萨斯州东部/路易斯安那州北部	Eagle Ford 页岩，得克萨斯州南部	Barnett 页岩，得克萨斯州北部	Marcellus 页岩，Appalachian 盆地
深度范围（ft）	10000~18000[1]	10500~14000	6000~9000[9]	4000~8500
压力（psi）	8000~17000[2]		3400~5000	4600
压力梯度（psi/ft）	0.70~0.95[2]	0.5~0.86	0.45~0.52[9]	0.44~0.7[11]
原生水饱和度（%）	25（15~40）[2]	20[6]（7~31）[7]	25~35[9]	12~35[11]
温度范围（℉）	260~420[2]	260~340[8]	190	145
厚度（ft）	150~360[3]	125~230[6]	100~600[10]	50~300[11]
镜质组反射率（%）	1.25~2.3[4]	1.1~1.4[6]	1.1~1.7[10]	0.6~3.0[11]
总有机碳含量（%）	0.5~7.0（3.1）[5]	2~6[8]	2.0~7.0[10]	5.3~7.8[11]
总孔隙度（%）	12（3~15）[5]	10（8~18）[7]	4.0~7.0[10]	5.5~7.5[11]
基质渗透率（nD）	400[5]	100~600[8]	~100	700[12]
估算水平井生产指数（$10^6 ft^3/d$）	12[6]			
估算单井可采储量（$10^9 ft^3$）	7.5[5]（4.5~10）	5.6[6]	5.65[9]	3.75[11]

[1]IHS；[2]Wang 等；[3]Hammes 等（2011）；[4]Spain 和 Anderson（2010）；[5]Stoneburner（2010）；[6]Cusack 等（2010）；[7]Mullen（2010）；[8]Rhein 等（2011）；[9]Frantz 等（2005）；[10]Montgomery 等（2005）；[11]DeWitt（2008）；[12]Mayerhofer 等（2011）。

10.2.7　盆地演化模型

Hedberg（1980）提出了粉质富含有机质页岩中的油气从浅层生物气到深层热干气的八个演化阶段，描述了油气生成和排驱期间温度、生烃类型、孔隙压力、渗透率等随深度的变化。Law 和 Dickinson（1985）扩展了该模型，引入了抬升和剥蚀效应以及异常高压盆地中心型气藏的孔隙度和原生水饱和度的演化过程。图 10.6 从 Hedberg（1980）、Meissner 和 Thomasson（2001）及 Law 等（2009）建立的模型修改而来，图中表明页岩气的形成经历了四个主要阶段：（1）压实和生物气占主导的早期埋藏期（第一阶段）；（2）生成气占主导的深埋期（第二阶段）；（3）抬升和剥蚀期；（4）晚期大气—水交互和生物气占主导期（第四阶段）。

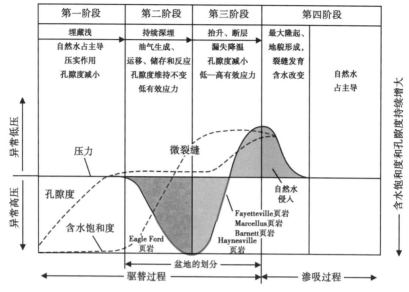

图 10.6　一个简化概念模型的示意图

描绘了有机页岩在深埋和抬升过程中四个主要阶段（根据 Law 等修正，2009）的压力、
孔隙度和原生水饱和度的演变历程；红线表示筛选出的四种页岩的推测位置

　　图 10.6 中的灰色曲线显示了孔隙度的一般演化趋势，包括压实主导的早期下降阶段，相对稳定的地层压力控制的孔隙度稳定阶段，晚期压实成岩作用主导的下降阶段。异常高压减小了有效应力，有利于保持孔隙度（Meissner，1980；Chillingar 等，2002）。天然气生成过程中有机质孔隙发育，或许提高了页岩气藏中的孔隙度。Haynesville 页岩和 Eagle Ford 页岩的目前埋藏深度处于或者接近于最大埋深（Condon 和 Dyman，2006；Dyman 和 Condon，2006；），而 Barnett 页岩（Ewing，2006）、Marcellus 页岩（Lash，2008）和 Fayetteville 页岩（Byrnes 和 Lawyer，1999）则发生了明显的抬升。

10.2.8　毛细管压力模型

　　温度和矿化度对多孔介质中毛细管力和含水饱和度具有重要影响。尽管温度和矿化度对富含有机质页岩的毛细管力的影响尚未完全明确，但文献中有限的数据表明，储层岩石的毛细管力和束缚水饱和度通常随着温度的升高而降低（Sanyal，1973；Somaroo 和 Guerrero，1981；Grant 和 Bachmann，2002）。温度对富含有机质页岩的影响可能非常显著。在几个埋藏较深的富含有机质页岩中都观测到了相对较高的矿化度，从 10000mg/L 到 30000mg/L（Luffel 和 Guidry，1992；Blauch 等，2009；Wang 等，2011）。

　　图 10.7 是一个概念模型，描述了高品相富含有机质页岩中温度、矿化度和润湿滞后对毛细管力的影响，以及相应的深度与含水饱和度关系。不同于常规油藏，在富含有机质页岩储层中原生水饱和度和束缚水饱和度的演化主要受控于温度、油气生成过程和地层水的矿化度。在早期埋藏阶段（图 10.6 和图 10.8 中第一阶段），高孔隙度页岩储层最初处于正常静水压力，在浅层时，完全被水所饱和。原生水饱和度大于束缚水饱和度。当进入生烃窗后，由于不均衡压实和生烃排烃作用，储层变得异常高压，所有这些都降低了原生水饱和度。此外，原生水饱和度和束缚水饱和度也随着储层温度、压力和矿化度的提高而降低。

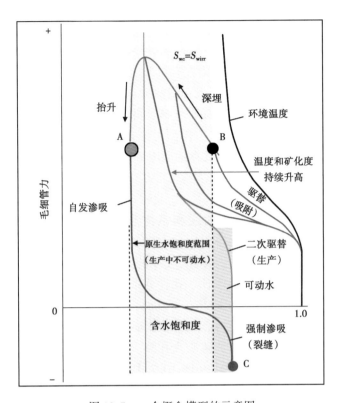

图 10.7　一个概念模型的示意图

描绘了温度、矿化度和滞后效应对有机页岩驱替毛细管力曲线和渗吸毛细管力曲线的影响，
以及高品相有机页岩在深埋和抬升过程中原生水饱和度和束缚水饱和度与深度的关系

在进一步深埋过程中，开始生成油气，油和水被排出，原生水饱和度逐渐向束缚水饱和度移动（图 10.6 中第二阶段），沿着束缚水饱和度的变化趋势一直达到最大埋深。在接下来的抬升和剥蚀过程中（图 10.6 和图 10.7 中第三阶段），温度和压力降低，束缚水饱和度提高，但由于页岩储层被束缚且异常高压，原生水饱和度基本保持不变，没有水流入页岩当中，页岩仍处于排驱过程（图 10.6）。值得注意的是，页岩体系的低原生水饱和度和高毛细管力与古高温和矿化度有关，与气柱高度无关，开放系统中常规的毛细管力与自由水面平衡的模型并不能很好地适用于受限制的页岩储层。原生水饱和度和束缚水饱和度不仅是温度、压力和储层品相的函数，而且在与相邻地层不处于毛细管平衡的系统中其变化也是不可逆的。

忽略成岩作用所有潜在的影响，原生水饱和度处于极限束缚水饱和度时，与最高埋藏处温度有关，该饱和度（图 10.7 中的 A 点）远低于在埋藏期间相同温度下对应的束缚水饱和度（图 10.7 中的 B 点）。因此页岩是不饱和的，能够通过自发渗吸和强制驱替吸附大量的水，此外，有机质孔隙的发育可以进一步降低原生水饱和度（Byrnes，2011），低原生水饱和度被称作亚毛细管平衡含水饱和度（Newsham 和 Rushing，2002）或者被称作异常束缚水饱和度（Bennion 等，1996）。

10.3　流体渗流机理

与常规气藏相反，页岩气藏中流体流动受到从微观到宏观所有尺度渗流机理的控制，包括：（1）自由气流动；（2）解吸附；（3）扩散；（4）水相捕集（Bennion 等，1996；Wang 和 Reed，2009）。由于纳米孔隙占主导，Klinkenberg 效应使得有机质和无机质中自由气的流动为非达西渗流（Klinkenberg，1941；Soeder，1988；Javadpour 等，2007），天然裂缝和水力裂缝中自由气的流动为达西渗流。吸附在有机质上的气体可以通过生产过程中产生的压力和浓度差造成的吸附和扩散作用进行开发，滑脱效应指压力低于 500psi 时，气体渗透率呈指数增加的效应，但对于深埋的高压页岩气藏，并不能显著提高气体渗透率。水相捕集（Bennion 等，1996）再加上双重基质孔隙模型可能是造成高品相页岩中压裂液返排效率低（高压裂液留置率）和气体高产能现象共存的原因（Wang 和 Reed，2009；Byrnes，2011）。

10.3.1　滞后和水相捕集

地质学家都知道，渗吸毛细管力曲线和驱替毛细管力曲线并不重合（Haines，1930；Leverett，1941；Fatt，1956；Mohanty 和 Salter，1982），这种曲线不重合现象被称为滞后。图 10.7 中的渗吸毛细管力曲线可用于描述水驱开发中的流体流动和钻井完井过程中的流体流动。

毛管压力曲线中的滞后现象是孔喉比、孔径分布和孔隙几何形态（Fatt，1956；Mohanty 和 Salter，1982）以及独立接触角（Melrose，1965；Anderson，1986；Patzek，2001）的函数。在驱替过程中，从大孔隙到小孔隙，气体依次驱替水；在渗吸过程中，不是按照从大孔隙到小孔隙的顺序，而是相反，水优先渗吸大孔隙，渗吸初期，水饱和大孔隙造成毛细管力急剧下降，而含水饱和度只有微小变化（图 10.7 中的蓝线）。低原生水饱和度的页岩毛细管力很高，尽管水相渗透率极低，但可以通过微裂缝和大孔隙自发渗吸裂缝中的水。除了自发渗吸，裂缝中的高压（图 10.7 中的负毛细管压力）可以进一步驱替大量的压裂液进入页岩（图 10.7 中的 C 点）。由于接下来的生产过程中，A 点和 B 点之间的水是不可动的 [Bennion（1996）称之为水相捕集]，大部分渗吸进来的压裂液在生产过程中很可能返排不出来。

10.3.2　压裂液返排效率

低原生水饱和度对含气页岩中流体流动有两方面重要影响：（1）降低了页岩产水的可能性；（2）降低了压裂液返排效率。得克萨斯州北部的 Barnett 页岩部分区域与下伏的 Ellenburger水层直接相连，其通过页岩中的断层和裂缝从含水层产出大量的水，而不是通过页岩基质。页岩气藏水平井的压裂液返排效率在 Barnett 页岩的核心区可低至 4%～30%（Johnston，2004；Leonard，2007），在 Haynesville 页岩（Hanson，2009；Stoneburner，2009；King，2012）和 Eagle Ford 页岩（Stegent 等，2010）可低至 5%～20%（表 10.4）。

表 10.4　页岩气藏压裂液返排效率

页岩气藏	压裂液返排效率（%）
Barnett 页岩	4～30[1,2]
Haynesville 页岩	5～20[3,4]
Marcellus 页岩	11.2[5]（10～50）[6,7]
Eagle Ford 页岩	10[8]

[1]Johnston（2004）；[2]Leonard 等（2007）；[3]Hanson（2009）；[4]Stoneburner（2009）；[5]Hoffman（2010）；[6]Blauch 等（2009）；[7]King（2012）；[8]Stegent 等（2010）。

水平井压裂液漏失可能是几种效应的综合作用：（1）水平井筒与裂缝面的几何配置关系和有限相交；（2）裂缝中的重力分异作用；（3）无机泥岩基质自吸水的水相捕集作用。由于重力分异作用，气体倾向于沿着裂缝上部流动，大量的压裂液滞留在水平井下方的裂缝下部，从而很可能被绕过。如果页岩的渗透率低至水难以流入，那么80%以上的压裂液滞留在裂缝中，页岩气的生产将受到严重干扰。然而，较高的初始压力和压裂液矿化度迅速增加到10000mg/L以上（Blauch等，2009）的事实表明大量的压裂液渗吸入泥岩基质，反过来会在裂缝中形成通道，利于气体流动。正如前文所讨论的，在深埋过程中，在相同的温度下，页岩气藏的原生水饱和度可能低于相应的束缚水饱和度，大部分渗吸入的压裂液可能滞留于无机质中成为不可动水（图10.7），从而在生产过程中无法动用（Wang和Reed，2009；Byrnes，2011）。压裂液在页岩储层中滞留的时间越长，压裂液的返排效率越低。Byrnes（2011）估计裂缝面附近渗吸入的压裂液的侵入深度在0.2~0.6in之间。

10.3.3 有机质孔隙网络对压裂液和气体流动的影响

渗吸和水相捕集对页岩气生产的影响尚不清楚。在低渗透砂岩中，渗吸和水相捕集往往导致水锁，不利于页岩气生产（Holditch，1979；Bennion等，1996）。由于页岩气和压裂液共用相同的渗流通道，渗吸入的压裂液减少了气体的渗流通道（图10.8a、b）。相比之下，页岩气藏的低压裂液返排效率和高气体产能现象共存（Wang等，2013）表明，页岩中气与水的流动不同于低渗透砂岩中气与水的流动。页岩气藏中的大型有机质孔隙网络和粒间弱边

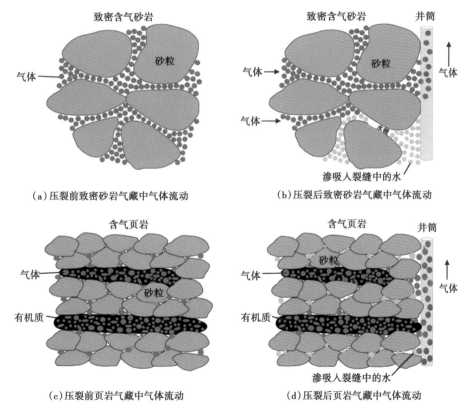

图 10.8　压裂液在致密砂岩气藏和页岩气藏中的流动示意图

页岩气藏有机质和无机质的双重孔隙网络为气和水分别提供了独立的渗流通道，最大程度降低了水锁的问题

界很少存在于低渗透砂岩储层中。由于有机质孔隙网络是疏水的，为气体流动提供了一条独特的通道，无机泥质基质渗吸入的压裂液造成的水锁程度也降到了最低（图 10.8d）。这种双孔双渗模型可以解释低压裂液返排效率和高气体产能共存的独特现象。

此外，高压压裂液的强烈自发渗吸作用和强制排驱作用将减少可能滞留于裂缝下部的水量，从而增加裂缝中气体流动的孔隙体积。

10.4 地层压力梯度的影响

在筛选页岩资源时，热梯度和地层压力梯度都是很重要的参数。由于不均衡压实、油气生成、构造、水热力膨胀和圈闭质量等因素的影响（Hubbert 和 Rubey，1959；Law 和Dickinson，1985；Swarbrick 和 Osborne，1998；Corcoran 和 Dore，2002），页岩储层的压力梯度从异常低压到异常高压都存在（表 10.5）。异常高压通常是密闭良好的页岩储层由于不均衡压实和生烃作用造成的。异常低压通常是抬升和剥蚀过程中漏失和冷却造成的（Law 和 Dickinson，1985；Swarbrick 和 Osborne，1998），抬升后和剥蚀过的页岩气藏是异常低压还是异常高压，是由埋藏和剥蚀历史、温度、圈闭质量等综合因素作用的（Corcoran 和 Dore，2002）。

表 10.5　页岩气藏的压力梯度

页岩气藏	压力梯度（psi/ft）
Fort Worth 盆地 Barnett 页岩	0.44~0.52[1]
得克萨斯州/路易斯安那州 Haynesville 页岩	0.70~>0.95[2]
得克萨斯州 Eagle Ford 页岩	0.50~0.80[3]
加拿大 Horn River 页岩	0.75[4]
Appalachian 盆地 Marcellus 页岩	0.42~<0.70[5]
Appalachian 盆地 Ohio 页岩	0.15~0.40[6]
科罗拉多州 San Juan 盆地 Lewis 页岩	0.22[7]

[1]Montgomery（2005）；[2]Wang 等；[3]Cusack 等（2010）；[4]Stoneburner（2009）；[5]Reynolds 和 Munn（2010）；[6]Curtis 等（2002）；[7]Dube 等（2009）。

表 10.5 中，Barnett 页岩（Montgomery 等，2005）、Lewis 页岩（Dube 等，2000）、Haynesville 页岩（Stoneburner，2010；Wang 等，2013）、Marcellus 页岩（DeWitt，2010）、Eagle Ford 页岩（Cusack 等，2010）和 Horn River 页岩（Reynolds 和 Munn，2010）的压力从轻微异常高压到超异常高压。其中，得克萨斯州东部和路易斯安那州北部的 Haynesville 页岩属于超异常高压，压力梯度从 0.7psi/ft 到 0.95psi/ft 以上。

异常高压有利于维持孔隙度（Meissner，1980；Grauls，1999；Chillingar 等，2002）、渗透率，提高自由气含量和脆性，因此提高页岩气藏的品相。此外，较高的孔隙度和较高的气体密度都有助于提高自由气含量。例如，Barnett 页岩的孔隙度为 5%，压力为 3500psi，而 Haynesville 页岩的孔隙度为 11%，压力为 10000psi，Haynesville 页岩的自由气含量比 Barnett 页岩的自由气含量高 3.5 倍（Wang 等，2013），这就解释了为什么异常高压的 Haynesville 页岩的初始压力比 Barnett 页岩的初始压力高 2~4 倍（Stoneburner，2010；Wang 和 Hammes，2010）。

10.5 有效应力对力学性质的影响

Hubbert 和 Rubey（1959）首次提出了高孔隙压力对岩石力学性质的影响。在他们的文献中指出，在高孔隙压力下，岩石在低剪切应力时产生裂缝，失效破裂，而在低孔隙压力下，在相同的围压下不会破裂。他们还将有效应力（Terzaghi，1936）的概念应用于解释岩石破坏机理和沿断层的水平位移现象。Handin 等（1958，1963）研究了孔隙压力和有效应力对岩石力学性质的影响，结果表明，岩石的塑性随有效应力的增加而提高。换句话说，岩石脆性随有效应力增加而降低，因为在 Mohr—Coulomb 屈服图上，高孔隙压力使应力圆更靠近拉伸破裂包络线（Secor，1965）。

垂向有效应力等于上覆压力减去孔隙压力，在实验测试中等于围压减去孔隙压力，图 10.9a 为得克萨斯东部井底压力与垂向有效应力随深度的变化关系。Bossier—Haynesville 页岩属于超异常高压，有效应力很小（Wang 和 Hammes，2010）。为了研究 Barnett 页岩和 Haynesville 页岩的脆性，在不同的围压下进行了一系列三轴压缩实验。图 10.9b 绘制了得克萨斯州 Harrison 县 Hoffman 1 号井 Haynesville 页岩样品在围压分别为 1450psi、7252psi、8702psi 和 13053psi（10MPa、50MPa、60MPa 和 90MPa）时测得的应力和应变曲线，以及 T. P. Sims 2 号井 Barnett 页岩样品在 4350psi、5802psi 和 8702psi（30MPa、40MPa 和 60MPa）围压下测得的应力和应变曲线，这些页岩的峰值强度和杨氏模量随着围压的提高而提高，特

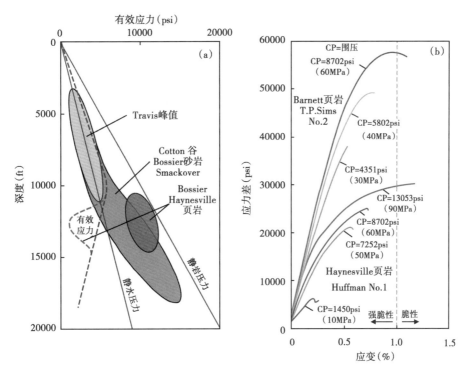

图 10.9　孔隙压力和有效应力对页岩气藏岩石力学性质的影响

（a）得克萨斯州东部和路易斯安那州北部不同储层的压力—深度关系表明，Bossier—Haynesville 页岩具有超异常高压（红色椭圆）和超低有效应力（红虚线）；（b）得克萨斯州东部 Haynesville 页岩样品和得克萨斯州北部 Barnett 页岩样品三轴应力—应变关系曲线说明了围压的影响

别是当围压高于 4351psi（30MPa）时。

在低围压下，劈裂破坏和劈裂—剪切破坏是页岩样品主要的失效模式，而在较高围压下则主要表现为剪切破坏。两种页岩的脆性都随着围压提高而降低（塑性随围压提高而提高），大部分样品破坏时的应变小于 1%，根据 Griggs 和 Handin（1960）提出的脆性标准，它们是很脆的。Barnett 页岩孔隙度低、杨氏模量高、强度高、非常脆；而 Haynesville 页岩孔隙度高、杨氏模量低、强度低，但是也很脆。虽然大多数页岩和泥岩被认为是塑性的，但高产的富含有机质页岩可能比许多砂岩和碳酸盐岩更脆。

10.6 生产通道

除了多级多簇压裂形成的裂缝外，有机质孔隙网络具有疏水性、高气体含量和高渗透率等特点，在有机质孔隙占主导的页岩中比裂缝网络更发达（Wang 和 Reed，2009），其形成的生产路径确保页岩气实现了高于预期产能和高于预期最终采收率。尽管采用了聚焦电镜/扫描电镜技术（Ambrose，2010；Sondergeld 等，2010），有机质碎片的尺寸、几何形态、堆积方式和连通性等尚未得到充分认识。细小的有机质碎片可能接触不牢，有机质碎片和岩石碎片之间形成大量弱连接边界（图 10.1），可以被水力压裂开启，可能是油气渗流的另一条通道。

10.7 结语

高产页岩气藏中存在四种孔隙类型：无机质孔隙、有机质孔隙、天然裂缝、水力压裂裂缝。有机质孔隙孔径从几纳米到几微米，由于其能吸附气体和存储自由气，因而特别重要。

有机质中的孔隙可以通过离子研磨和扫描电镜成像技术在微米尺度上估算。Barnett 页岩和 Haynesville 页岩的孔隙度可高达 30% 以上，高孔隙度以及单相流占主导的流态可以大大提高有机质孔隙网络的渗透率。总有机碳含量对岩石物理性质有深刻影响，除了吸附气含量和总气体含量，孔隙度和渗透率一般也随着总有机碳含量增加而增加，而原生水饱和度随着总有机碳含量增加而降低。

增强扫描电镜成像表明，低成熟度的 Green River 页岩和 Woodford 页岩为强疏水的，而 Barnett 页岩是中等润湿的。增强扫描电镜成像观测到的润湿性与自然条件下水滴法测得的润湿性是一致的。然而，在储层条件下，干酪根上吸附的气体往往会增强页岩气藏的疏水性。有机页岩可以描述为双重润湿的、双孔双渗储层。

原生水饱和度在 15%~40% 之间，与目前的埋深和抬升的幅度关系不大。低原生水饱和度与矿物组成、总有机碳含量、古高温高压下的生烃过程、异常高压、抬升过程中阻挡水流入等因素有关。在受限的异常高压页岩中，原生水饱和度与最大古高温和埋深条件下的原生水饱和度密切相关，而与目前的埋深无关。常规毛细管力/流体高度理论并不适用于受限页岩储层，其似乎缺少自由烃—水界面。

页岩大量存在的有机质孔隙网络和有机质颗粒与无机质颗粒之间的弱连接在低渗透砂岩气藏中是不存在的，其可能是页岩气高产的渗透通道，也是页岩气藏压裂液返排效率低的原因。水平井压裂液的返排效率通常低于 20%。有机质孔隙和无机质孔隙双重孔隙网络系统使得气和水能够分别流动。渗吸入的压裂液驱替气体从无机质孔隙进入与天然裂缝或者水力压裂诱导缝相连的有机质孔隙网络再进入井筒。与低渗透砂岩储层不同，在这些页岩中，压裂液返排效率低似乎并不会引起水锁问题。

在筛选页岩气投资机会时，地层压力梯度是一个重要的参数。异常高压能够维持孔隙度和渗透率，也能提高自由气含量和脆性，大大提高了页岩品相。异常高压页岩中较高的孔隙度和较高的气体密度都能提高自由气的含量。正如 Haynesville 页岩一样，根据 Griggs 和 Handin 的脆性—塑性分类标准，有机页岩破裂前的应变小于 1% 和出现近垂向裂缝都将其归为强脆性。Haynesville 页岩的高孔隙压力降低了有效应力，提高了页岩的脆性。

参 考 文 献

Ambrose, R. J., R. C. Hartman, M. Diaz-Campos, I. Y. Akkutlu, and C. H. Sondergeld, 2010, New pore-scale considerations in shale gas in-place calculations: SPE Paper No. 131772, 17 p.

Amott, E., 1959, Observations relating to the wettability of porous rock: Petroleum Transactions, AIME, v. 216, p. 156-162.

Anderson, W., 1986, Wettability literature survey—part 2: wettability measurement: Journal of Petroleum Technology, v. 38, no. 11, p. 1246-1262.

Bachmann, J., G. Guggenberger, T. Baumgartl, R. H. Ellerbrock, E. Urbanek, M. Goebel, K. Kaiser, R. Horn, and W. R. Fischer, 2007, Physical carbon-sequestration mechanisms under special consideration of soil wettability: Journal of Plant Nutrition and Soil Science, v. 170, p. 14-26.

Bennion, D. B., F. B. Thomas, R. F. Bietz, and D. W. Bennion, 1996, Water and hydrocarbon phase trapping in porous media diagnosis, prevention and treatment: Journal of Canadian Petroleum Technology v. 35, no. 10, p. 29-36.

Blauch, M. E., R. R. Myers, T. R. Moore, B. A. Lipinski, and N. A. Houston, 2009, Marcellus Shale post-frac flowback waters—where is all the salt coming from and what are the implications: SPE Paper No. 125740, 20 p.

Bowker, K. A., 2007, Barnett Shale gas production: issues and discussion: AAPG Bulletin, v. 90, no. 4, p. 523-533.

Boyer II, C., J. Kieschnick, R. E. Lewis, and G. Waters, 2006, Producing gas from its source: Oilfield Review, v. 18, no. 3, p. 36-49.

Bresch, C., and J. Carpenter, 2009, Preliminary analytical results: Haynesville Shale in northern Panola County, Texas: Gulf Coast Association of Geological Societies Transactions, v. 59, p. 121-124.

Buckley, J. S., Y. Liu, and N. R. Morrow, 1997, Asphaltenes and crude oil wetting-the effect of oil composition: SPE Journal, v. 2, p. 107-119.

Buller, D., and M. C. Dix, 2009, Petrophysical evaluation of the Haynesville Shale in northwest Louisiana and northeast Texas: Gulf Coast Association of Geological Societies Transactions, v. 59, p. 127-143.

Bustin, R. M., A. M. M. Bustin, X. Cui, D. J. K. Ross, and V. S. M. Pathi, 2008, Impact of shale properties on pore structure and storage characteristics: SPE Paper No. 119892, 28 p.

Byrnes, A. P., and G. Lawyer, 1999, Burial, maturation, and petroleum generation history of the

Arkoma Basin and Ouachita Foldbelt, Oklahoma and Arkansas: Natural Resources Research, v. 8, no. 1, p. 3-26.

Byrnes, A. P., 2011, Role of induced and natural imbibition in frac fluid transport and fate in gas shales: Proceedings of the Technical Workshops for the Hydraulic Fracturing Study – Fate and Transport: Office of Research and Development U. S. Environmental Protection Agency Washington, D. C., March 28-29, p. 70-78.

Chenu, C., Y. Le Bissonais, and D. Arrouays, 2000, Organic matter influence on clay wettability and soil aggregate stability: Soil Science Society of America Journal, v. 64, p. 1479-1486.

Chillingar, G. V., V. A. Serebryakov, and J. O. Robertson, 2002, Origin and prediction of abnormal formation pressures: Elsevier, Development in Petroleum Science, v. 50, New York, 373 p.

Cluff, R. M., K, W. Shanley, and M. A. Miller, 2007, Three things we thought we knew about shale gas but were afraid to ask: AAPG, Annual Convention, Abstracts, v. 16, 5 p.

Condon, S. M., and T. S. Dyman, 2006, 2003 geologic assessment of undiscovered conventional oil and gas resources in the Upper Cretaceous Navarro and Taylor Groups, Western Gulf Province, Texas: USGS Digital Data Series DDS-69-H, Chapter 2, 42 p.: http: //pubs. usgs. gov/dds/ dds-069/dds-069-h (accessed February 4, 2012).

Craig, F. F., Jr., 1971, The reservoir engineering aspects of waterflooding: SPE Monograph, v. 3, 134 p.

Curtis, J. B., 2002, Fractured shale-gas systems: AAPG Bulletin, v. 86, no. 11, p. 1921-1938.

Curtis, M. E., R. J. Ambrose, C. H. Sondergeld, and C. S. Rai, 2010, Structural characterization of gas shales on the micro-and nano-scales: CUSG/SPE Paper No. 137693, 15 p.

Cusack, C., J. Beeson, D. Stoneburner, and G. Robertson, 2010, The discovery, reservoir attributes, and significance of the Hawkville Field and Eagle Ford Shale trend, Texas: GCAGS, Transactions, v. 60, p. 165-179.

Davis, D., W. R. Bryant, R. K. Vessel, and P. J. Burkett, 1991, Porosity, permeability and microfabric of Devonian Shale, in R. H. Bennett, W. R. Bryant, and M. H. Hulbert, eds., Microstructure of fine-grain sediments: from mudstone to shale: New York, Springer-Verlag, p. 109-119.

DeWitt, H., 2008, Marcellus Shale overview: http: //www. thefriendsvillegroup. com/2008 _ Investor_ and_ Analyst_Meeting-Marcellus. pdf, 20 p.

Dube, H. G., G. E. Christiansen, J. H. Frantz Jr., and N. R. Fairchild Jr., 2000, The Lewis Shale, San Juan Basin: What we know now: SPE Paper 63091, 24 p.

Dyman, T. S., and S. M. Condon, 2006, Assessment of undiscovered conventional oil and gas resources—Lower Cretaceous Travis Peak and Hosston formations, Jurassic Smackover Interior Salt Basins Total Petroleum System, in the East Texas Basin and Louisiana – Mississippi Salt Basins provinces: USGS Digital Data Series DDS-69-E, Chapter 5, 39 p.: http: //pubs. usgs. gov/ dds/dds-069/dds-069-e/REPORTS/69_ E_CH_5. pdf.

Ellerbrock, R. H., H. H. Gerke, J. Bachmann, and M. O. Goebel, 2005, Composition of organic fractions for explaining wettability of three forest soils: Soil Science Society of America Journal, v. 69, p. 57-66.

Engelder, T., 1985, Loading paths to joint propagation during a tectonic cycle: An example from the Appalachian Plateau: Journal of Structural Geology, v. 7, p. 459-476.

Ewing, T. E., 2006, Mississippian Barnett Shale, Fort Worth Basin, north-central Texas: gas-shale play with multitrillion cubic foot potential: discussion: AAPG Bulletin, v. 90, p. 963-966.

Fatt, I., 1956. The network model of porous media III. Dynamic properties of networks with tube radius distribution: Transactions of the Society of Mining Engineers, v. 207, p. 164-181.

Frantz, J. H., Jr., J. R. Williamson, W. K. Sawyer, D. Johnston, G. Waters, L. P. Moore, R. J. MacDonald, M. Pearcy, S. V. Ganpule, and K. S. March, 2005, Evaluating Barnett Shale production performance using an integrated approach: SPE Paper No. 96917, 18 p.

Grant, S. A., and J. Bachmann, 2002, Effect of temperature on capillary pressure, in D. Smiles, D. ed., Heat and mass transfer in the natural environment: a tribute to J. R. Philip: American Geophysical Society, Washington, D. C., 29 p.

Grauls, D., 1999, Overpressures: causal mechanisms, conventional and hydromechanical approaches: Oil and Gas Science and Technology—Revue d'IFP Energies Nouvelles, v. 54, no. 6, p. 667-678.

Griggs, D., and J. Handin, 1960, Observations on fracture and a hypothesis of earthquakes, in D. Griggs and J. Handin, eds., Rock deformation: GSA Memoir, v. 79, p. 347-364.

Ground Water Protection Council and All Consulting, 2009, Modern shale gas development in the United States: A primer: U. S. Department of Energy Report, 116 p.

Guidry, K., D. Luffel, and J. Curtis, 1995, Development of laboratory and petrophysical techniques for evaluating shale reservoirs, final report: Gas Research Institute Report GRI-95/0496, 286 p.

Haines, W. B., 1930, Studies in the physical properties of soil: Journal of Agriculture Science, v. 20, p. 97-116.

Hammes, U., 2009, Sequence stratigraphy and core facies of the Haynesville mudstone, East Texas: Gulf Coast Association of Geological Societies Transactions, v. 59, p. 321-324.

Hammes, U., S. H. Hamlin, and T. E. Ewing, 2011, Geologic analysis of the Upper Jurassic Haynesville Shale in east Texas and west Louisiana: AAPG Bulletin, v. 95, no. 10, p. 1643-1666.

Handin, J., and R. V. Hager Jr., 1958, Experimental deformation of sedimentary rocks under confining pressure: Tests at high temperature: AAPG Bulletin, v. 42, no. 12, p. 2892-2934.

Handin, J., R. V. Hager Jr., M. Friedman, and J. A. Feature, 1963, Experimental deformation of sedimentary rocks under confining pressure: Pore pressure tests: AAPG Bulletin, v. 47, no. 5, p. 717-755.

Hanson, G. M., 2009, Water: a natural resource critical for development of unconventional resource plays: Gulf Coast Association of Geological Societies Transactions, v. 59, p. 325-328.

Hedberg, H. D., 1967, Geologic control on petroleum genesis: 7th World Petroleum Congress, Mexico City, Mexico, 9 p.

Hedberg, H. D., 1974, Relation of methane generation to undercompacted shales, shale diapirs, and mud volcanoes: AAPG Bulletin, v. 58, p. 661-673.

Hedberg, H. D., 1980, Methane generation and petroleum migration: AAPG Bulletin, v. 64, p. 179-206.

Hirasaki, G. J., 1991, Wettability: fundamentals and surface forces: SPE Formation Evaluation, v. 6, no. 2, p. 217-226.

Hoffman, J., 2010, Susquehanna River Basin Commission natural gas development: The Science of the Marcellus Shale Symposium at Lycoming College, Williamsport, Pennsylvania, January 29: http://www.srbc.net/programs/projreviewmarcellustier3.htm (accessed February 22, 2010).

Holditch, S. A., 1979, Factors affecting water blocking and gas flow from hydraulically fractured gas wells: Journal of Petroleum Technology, December, p. 1515-1524.

Hubbert, M. K., and W. W. Rubey, 1959, Role of fluid pressure in the mechanics of overthrust faulting. I: Mechanics of fluid filled porous solids and its applications to overthrust faulting: GSA Bulletin, v. 70, p. 115-166.

IHS, 2011, Data.

Jarvie, D., 2004, Evaluation of hydrocarbon generation and storage in Barnett Shale, Fort Worth Basin, Texas: University of Texas at Austin, Bureau of Economic Geology/PTTC, 116 p.

Jarvie, D., R. J. Hill, T. E. Ruble, and R. M. Pollastro, 2007, Unconventional shale-gas systems: the Mississippian Barnett Shale of north-central Texas as one model for thermogenic shale-gas assessment: AAPG Bulletin, v. 91, no. 4, p. 475-499.

Javadpour, F., D. Fisher, and M. Unsworth, 2007, Nanoscale gas flow in shale gas sediments: Journal of Canadian Petroleum Technology, v. 46, no. 10, p. 55-61.

Johnston, D., 2004, Reservoir characterization improves stimulation, completion practices: Oil & Gas Journal, v. 102, no. 4, p. 60-63.

King, G. E., 2012, Hydraulic fracturing 101: what every representative, environmentalist, regulator, reporter, investor, university researcher, neighbor and engineer should know about estimating frac risk and improving frac performance in unconventional gas and oil wells: SPE Paper No. 152596, 80 p.

Klinkenberg, L. J., 1941, The permeability of porous media to liquids and gases: Drilling and Productions Practices, American Petroleum Institute, p. 200-213.

Lash, G. G., 2008, Stratigraphy and fracture history of Middle and Upper Devonian succession, western New York—significance to basin evolution and hydrocarbon potential: Pittsburgh Association Petroleum Geologists 2008 Spring Field Trip, 88 p.

Laughrey, C. D., H. Lemmens, T. E. Rubble, J. Kostelnik, and G. Walker, 2011, Black shale diagenesis: Insights from integrated high-definition analyses of post-mature Marcellus formation rocks: Northwestern Pennsylvania: AAPG, Annual Convention, v. 20, p. 107-108.

Law, B. E., and W. W. Dickinson, 1985, A conceptual model for the origin of abnormally pressured gas accumulations in low-permeability reservoirs: AAPG Bulletin, v. 86, no. 4, p. 1295-1304.

Law, B. E., and C. W. Spencer, 1998, Abnormal pressures in hydrocarbon environments, in B. E. Law, G. F. Ulmishek, and V. I. Slavin, eds., Abnormal pressures in hydrocarbon Environments: AAPG Memoir no. 70, p. 1-11.

Law, B. E., J. Edwards, R. Wallis, M. Sumpter, D. Hoyer, G. Bada, and A. Horvath, 2009, Development of abnormally high pore pressures in a geologically young basin-centered oil and gas accumulation, Mako Trough, Hungary: Search and Discovery Article #110104, AAPG Annual Convention and Exhibition, Denver, Colorado, June 7-10, 25 p.

Leonard, R., R. Woodroof, and K. Bullard, 2007, Barnett Shale completions: a method for accessing new completion strategy: SPE paper 110809, 28 p.

Leverett, M. C., 1941, Capillary behavior in porous solids: Trans. AIME, v. 142, p. 152-169.

Leverson, A. L., 1954, Geology of petroleum, 2001 ed.: Tulsa, Oklahoma, AAPG Foundation, 724 p.

Li, X., C. Zou, Z. Qui, J. Li, G. Chen, D. Dong, L. Wang, S. Wang, Z. Lu, S. Wang, and K. Cheng, 2010, Upper Ordovician-Lower Silurian shale gas reservoirs in Southern Sichuan Basin, China: AAPG Search and Discovery Article#90122©2011, AAPG Hedberg Conference, December 5-10, 2010, Austin, Texas.

Loucks, R. G., R. M. Reed, D. M. Jarvie, and S. C. Ruppel, 2009, Morphology, genesis and distribution of nanoscale pores in siliceous mudstones of the Mississippian Barnett Shale: Journal of Sedimentary Research, v. 79, p. 848-861.

Loucks, R. G., R. M. Reed, S. C. Ruppel, and U. Hammes, 2010, Preliminary classification of matrix pores in Mudrocks: GCAGS, Transactions, v. 60, p. 435-441.

Luffel, D. L., and K. Guidry, 1992, New core analysis methods for measuring reservoir rock properties of Devonian Shale: Journal of Petroleum Technology, November, p. 1184-1190.

Mayerhofer, M. J., N. A. Stegent, J. O. Barth, and K. M. Ryan, 2011, Integrating fracture diagnostics and engineering data in the Marcellus Shale: SPE paper 145463, 15 p.

Meissner, F. F., 1980, Examples of abnormal pressure produced by hydrocarbon generation: Abstract, AAPG Bulletin, v. 64, p. 749.

Meissner, F. F., 1987, Mechanisms and patterns of gas generation, storage, expulsion-migration and accumulation associated with coal measures in the Green River and San Juan basins, Rocky Mountain region, U. S. A., in B. Doligez, ed., Migration of hydrocarbons in sedimentary basins: 2nd Institut Francais du Petrole Exploration Research Conference, Carcais, France, June 15-19, Paris, p. 79-112.

Meissner, F. F., and M. R. Thomasson, 2001, Exploration opportunities in the Greater Rocky Mountain Region, U. S. A., in M. W. Downey, J. C. Threet, and W. A. Morgan, eds., Petroleum provinces of the twenty-first century: AAPG Memoir 74, p. 201-239.

Melrose, J. C., 1965, Wettability as related to capillary action in porous media: SPE Journal, v. 5, no. 3, p. 259-271.

Milner, M., R. Mclain, and J. Petrillo, 2010, Imaging texture and porosity in mudstones and shales: Comparison between secondary and ion-milled backscattered SEM methods: CSUG/SPE Paper No. 138975, 1 p.

Mohanty, K. K., and S. J. Salter, 1982, Multiphase flow in porous media: II. Pore-level modeling: SPE Paper No. 11018-MS, 22 p.

Montgomery, S. L., D. M. Jarvie, A. Kent, K. A. Bowker, and R. M. Pollastro, 2005, Mississippian Barnett Shale, Fort Worth Basin, north-central Texas: gas-shale play with multi-trillion cubic foot potential: AAPG Bulletin, v. 89, no. 2, p. 155-175.

Morrow, N. R., H. T. Lim, and J. S. Ward, 1986, Effect of crude-oil-induced wettability changes on oil recovery: SPE Formation Evaluation, February, p. 89-103.

Mullen, J., 2010, Petrophysical characterization of Eagle Ford Shale in south Texas: CSUG/SPE 138145, 19 p.

Newsham, K. E., and J. A. Rushing, 2002, Laboratory and field observations of an apparent sub-capillary-equilibrium water saturation distribution in a tight gas sand reservoir: SPE Paper No. 75710, 31 p.

Odusina, E., C. Sondergeld, and C. Rai, 2011, An NMR study on shale wettability: CSUG/SPE Paper No. 147371, 15 p.

Parker, M., D. Buller, E. Petre, and D. Dreher, 2009, Haynesville Shale—petrophysical evaluation: SPE Paper No. 122937, 11 p.

Patzek, T. W., 2001, Verification of a complete pore network simulator of drainage and imbibition: SPE Journal, v. 6, no. 2, p. 144-156.

Perrodon, A., 1983, Dynamics of oil and gas accumulation: Elf Aquitaine, 368 p.

Reed, R. M., and R. G. Loucks, 2007, Imaging nanoscale pores in the Mississippian Barnett Shale of the northern Fort Worth Basin (abs.): AAPG, Annual Convention, v. 16, p. 115.

Reynolds, M. M., and D. L. Munn, 2010, Development update for an emerging shale gas giant field-Horn River Basin, British Columbia, Canada: SPE Paper No. 130103, 17 p.

Rhein, T., M. Loayza, B. Kirkham, D. Oussoltsev, R. Altman, A. Viswanathan, A. Peña, S. Indriati, D. Grant, C. Hanzik, J. Pittenger, L. Tabor, S. Makarychev-Mikhailov, and A. Mikhaylov, 2011, Channel fracturing in horizontal wellbores: The new edge of stimulation techniques in the Eagle Ford Formation: SPE Paper No. 145403, 15 p.

Ruppel, S. C., and R. G. Loucks, 2008, Black mudrocks: lessons and questions from the Mississippian Barnett Shale in the southern midcontinent: The Sedimentary Record, v. 6, no. 2, p. 4-8.

Sanyal, S. K., H. J. Ramey Jr., and S. S. Marsden Jr., 1973, The effect of temperature on capillary pressure properties of rocks: Proceeding of the SPWLA Fourteenth Annual Logging Symposium, May 6-9, 15 p.

Secor, D. T., 1965, Role of fluid pressure on jointing: American Journal of Science, v. 263, p. 633-646.

Slatt, R. M., P. R. Philip, N. O'Brien, Y. Abousleiman, P. Singh, E. V. Eslinger, R. Perez, R. Portas, E. T. Baruch, K. J. Marfurt, and S. Madrid-Arroyo, 2011, Pore-to-regional-scale, integrated characterization workflow for unconventional gas shales, *in* J. Breyer, ed., Shale reservoirs—giant resources for the 21st century: AAPG Shale Gas Memoir 97, p. 1-24.

Soeder, D. J., 1988, Porosity and permeability of Eastern Devonian Gas Shale: SPE, SPE Formation Evaluation, March, p. 116-124.

Somaroo, B. H., and E. T. Guerrero, 1981, The effect of temperature on drainage capillary pressure in rocks using a modified centrifuge: SPE Paper No. 10153, 12 p.

Sondergeld, C. H., R. J. Ambrose, C. S. Rai, and J. Moncrieff, 2010a, Micro-structural studies of gas shales: SPE Paper No. 131771, 17 p.

Sondergeld, C. H., K. E. Newsham, J. T. Comisky, M. C. Rice, and C. S. Rai, 2010b, Petrophysical considerations in evaluating and producing shale gas resources: SPE, SPE Paper No. 131768, 34 p.

Spain, D. R., and G. A. Anderson, 2010, Controls on reservoir quality and productivity in the Haynesville Shale, northwestern Gulf of Mexico Basin: GCAGS Transactions, v. 60, p. 657–668.

Stegent, N. A., A. L. Wagner, J. Mullen, and R. E. Borstmayer, 2010, Engineering a successful fracture-stimulation treatment in the Eagle Ford Shale: SPE Paper No. 136183, 20 p.

Stoneburner, R., 2009, The Haynesville Shale: A look back at the first year, in 8th Gas Shales Summit, Dallas, Texas, 23 p.

Stoneburner, R., 2010, The Haynesville Shale: What we have learned in the first two years: SIPES Quarterly, v. 46, no. 3, 7 p.

Swarbrick, R. E., and M. J. Osborne, 1998, Mechanisms that generate abnormal pressure: An overview, in B. E. Law, G. F. Ulmishek, and V. I. Slavin, eds., Abnormal pressures in hydrocarbon environments: AAPG Memoir 70, p. 13–34.

Terzaghi, K., 1936, The shearing resistance of saturated soils and the angle between the planes of shear: Proceedings for the 1st International Conference on Soil Mechanics and Foundation Engineering (Cambridge, MA), v. 1, p. 54–56.

Walls, J. D., E. Diaz, N. Derzhi, A. Grader, J. Dvorkin, S. Arredondo, G. Carpio, and S. W. Sinclair, 2011, Eagle Ford Shale reservoir properties from digital rock physics: In CSPG, CSEG, and CWLS Joint Annual Convention, Calgary, Alberta, Canada, May 9–13, 5 p.

Wang, D. M., R. Butler, H. Liu, and S. Ahmed, 2011, Surfactant formulation study for Bakken Shale imbibition: SPE, SPE Paper No. 145510-MS, 14 p.

Wang, F. P., and U. Hammes, 2010, Key petrophysical factors affecting fluid flow and production in the geopressured Haynesville Shale: World Oil, v. 231, no. 6, 4 p.

Wang, F. P., U. Hammes and Q. Li (in press), Overview of Haynesville Shale production: AAPG Bulletin, Haynesville Shale Special Issue.

Zhang, T., E. S. Geoffrey, S. C. Ruppel, K. Milliken, and R. Yang, 2012, Effect of organic-matter type and thermal maturity on methane adsorption in shale-gas systems: Organic Geochemistry, v. 47, p. 120–131.